外国美学

International Aesthetics

27

中文社会科学引文索引（CSSCI）收录集刊

中华美学学会外国美学学术委员会
中国社会科学院文学研究所文学理论研究室
扬州大学文学院 编

江蘇鳳凰教育出版社

图书在版编目(CIP)数据

外国美学. 第27辑/高建平主编. —南京:江苏凤凰教育出版社,2017.10

ISBN 978-7-5499-6291-4

Ⅰ. ①外… Ⅱ. ①高… Ⅲ. ①美学-国外-丛刊 Ⅳ. ①B83-55

中国版本图书馆 CIP 数据核字(2017)第 234471 号

书　　名	外国美学　第27辑
主　　编	高建平
责任编辑	吴文旲
装帧设计	张金风
出版发行	江苏凤凰教育出版社(南京市湖南路1号A楼　邮编 210009)
苏教网址	http://www.1088.com.cn
照　　排	南京理工出版信息技术有限公司
印　　刷	江苏中山印务有限公司(电话 0511-86917818)
厂　　址	丹阳市朝阳路1-3号
开　　本	787mm×1092mm　1/16
印　　张	15
版　　次	2017年10月第1版 2017年10月第1次印刷
书　　号	ISBN 978-7-5499-6291-4
定　　价	50元
网店地址	http://jsfhjycbs.tmall.com
公 众 号	江苏凤凰教育出版社(微信号:jsfhjyfw)
邮购电话	025-85406265，025-85400774，短信 02585420909
盗版举报	025-83658579

目　录

Contents

浪漫派自然哲学：一种美学现代性方案

黄金城

内容提要 现代性及其危机都源于世界图景的机械化，而浪漫派自然哲学便是对现代性的美学反动。德国浪漫派认为，二元论是现代性之分裂状况的哲学标志，其实质是一种权威性的支配与统治关系，因而，立足于先验主体的自由理念落空了；同时，他们也认为，只有自然与自由得到和解之处，自由成为可能，因而，拯救自由的根本途径在于拯救自然。浪漫派自然哲学通过对物质概念的动力学重构，提出一种有机论自然观和艺术观，最终在"新神话"理念中表达为一种美学现代性方案。浪漫派自然哲学诚然在现代科学中不具有建设性作用，但它触及现代世界的正当危机问题，从而获得深刻的思想史意义。

关键词 德国浪漫派 自然哲学 现代性 有机体 审美主义

一、赫尔德的出航

1769年，刚刚出版了《批评之林》的赫尔德并不如意。这本文集让他声名鹊起，但也遭致里加堂区内部的猜忌和疏离。他不想在里加这个商人城镇纠缠下去，于是踏上一艘驶往南特的货船，但他的航程没有明确的目标。他怀揣着这种不确定性出航，只想毫无牵挂地走进世界，去见识世界。1769年6月5日，赫尔德入海远航。

在波罗的海上，赫尔德获得前所未有的生命体验，而他的脑海中也开始酝酿着一场前所未有的思想风暴。这是赫尔德思想生涯的决定性时刻，甚至构成德国现代思想史的决定性时刻。两百多年来，当人们论及浪漫主义运动的发生时，总要把目光回溯到这个时刻。① 赫尔德在后来追述的《一七六九年游记》成为18世纪下半期的重要思想史文献，甚至被奉为"狂飙突进的大宪章"。狂飙突进运动和浪漫主义运动的许多思想主题就孕育在这趟航程当中，而其中至关重要的一个主题便是——转向自然。

在浩瀚的海面上，赫尔德涌起一股想成为自然哲学家的思想冲动。在游记中，他写道："在这艘船上，我已成为哲学家——但还是那种哲学家，几乎还没学会离开书本和工具而从自然出发来进行思考。站在这广阔的海面上的一支桅杆底下，就以此为立足点，对天空、太阳、星辰、空气、风、海洋、雨、洋流、鱼和海底进行哲学思考，要是我能够学会这一点，并且找到那种以所有这些事物本身为出发点的物理学，那该多好！"② 自然哲学的立足点便是生命本身，成为自然哲学家则意味着在本真性的自然体验和自然情感中，将自然提升到精神经验的领域。

在此次航程之后，赫尔德与青年歌德在斯特拉斯堡进行了一次历史性的会面。赫尔德的出航对于狂飙突进运动而言是典范性的，无论是维特游离于洛可可文明，还是浮士德出走于哥特式书斋，这些行动都可以溯及于此。狂飙突进一代已经深刻地体会到启蒙知性的干瘪和枯燥。《百科全书》这部启蒙成就的集大成之作，在青年歌德看来，俨然就是一个"大纺织工场"："打开他们所编的巨帙一看，我们便恍惚踏进大纺织工场中，无数的转动着的卷筒和织机之间，置身于响着嘎嘎嗒嗒的声音，使人目眩神迷的机械以及极其复杂而又彼此密切配合、种种色色不可思议的装置之前，亲眼看见和考虑一下要那么大的麻烦才制成一块布，因而连自己身上着的衣服也嫌弃起来。"③ 这个知识生产的场景，后来被海德格尔界定为"企业活动"（Betrieb）。④ 就像赫尔德意图摆脱一切书本和工具而体察自然的生命一样，浮士德也意图从启蒙的知识生产突围，到广阔的世界去冒

① Vgl. Rüdiger Safranski, *Romantik. Eine deutsche Affäre*, München: Carl Hanser Verlag, 2007, S.11f. u.a. 17f. 参见吕迪格尔·萨弗兰斯基：《荣耀与丑闻：反思德国浪漫主义》，卫茂平译，上海：上海人民出版社，2014，第11—12、21—22页。

② Johann Gottfried Herder, *Journal meiner Reise im Jahr 1769*, in: ders., *Werke*, Bd. 1, Berlin und Weimar: Aufbau-Verlag, 1964, S.114.

③ 歌德：《诗与真》（下），刘思慕译，见《歌德文集》，第5卷，北京：人民文学出版社，1999，第507页。

④ 参见海德格尔：《林中路》，孙周兴译，上海：上海译文出版社，2004，第85—86页。

险。可以说，赫尔德的出航，便是浮士德的突围。

因而，转向自然便意味着从启蒙现代性话语突围。现代性的本质是马克斯·韦伯所说的“世界的祛魅”(Entzauberung der Welt)。① 世界的祛魅进程，也就是世界的合理化进程，它贯穿着从科学革命到启蒙运动（乃至今天）的现代历史。祛魅的世界图景，其实质乃是现代科学所确立的机械论自然观。这种源自于笛卡尔的世界观，通过“普遍数学”(Mathesis Universalis)的方法论，将物质抽象为广延，进而将广延的空间转化为纯粹的几何空间。整个物理学领域从而被还原为纯粹的数学关系，并最终表达为牛顿的力学体系。在启蒙时代，这种世界观催生出一种自信可以施用于一切自然、社会以及精神领域的“几何精神”。笛卡尔自信地宣称：如果你给我物质和运动，我就给你建造世界。他由此将世界理解为一台自动机，只要有一个工匠给它上紧发条，它便能秩序井然地运转下去。世界由此也被表象为一座巨钟。钟体现人类技艺的最高典范，从而成为普遍秩序的意象。钟不再被视为神性的创造序列的摹仿，相反地，钟这种机械的人造物成为宇宙之合规律性的解释模型。世界作为一座巨钟，这不仅仅只是一个隐喻，毋宁说在 17 到 18 世纪，这个隐喻实实在在成为某种思想规范乃至社会规范。然而，不论这种世界秩序是怎样严整有序，都不能否认，这是一幅剥离了一切伦理和审美价值的异化图景。而在 18 世纪后半叶，狂飙突进一代已对世界图景的机械化深感不满。在青年歌德看来，启蒙哲学家霍尔巴赫所建构的自然体系，“显出那样的灰色、黝暗，带着死的气味”。② 这是因为，当物质被抽象为广延，被还原成惰性原子时，便被把握为死物。不妨说，自然科学本身便预设着：一个生命体只有被谋杀，才成其为认识的对象。自然科学将生命体肢解为部分，分析为原因和结果，却无法将这些抽象的部分重新联结为一个活生生的总体。在这个意义上，认识就是支配，知识就是权力。因而，梅菲斯特嘲讽道：“谁要想认识和描述一件活物，首先设法把精神从中撵走，然后才把各部分拿到手，可惜！单单缺少了精神的连贯

① 参见韦伯：《学术与政治》，钱永祥等译，见《韦伯作品集》，第1卷，桂林：广西师范大学出版社，2004，第 168 页。

② 歌德：《诗与真》（下），第 510 页。

[……]”①正是这种对机械论自然科学及其思想效应的不满，促使着赫尔德和歌德转向自然哲学。自然哲学因而被理解为自然科学的克服与超越，其使命正在于扬弃自然科学的计算性理智和操作性程序，而其策略则在于用“精神之眼”来看待自然，并重建精神与自然的关系。自然因之被经验为活生生的生命总体，被经验为精神的生成与发展。

在自然哲学的路向下，赫尔德与歌德乃是开风气之先的人物。著名哲学史家霍夫迈斯特曾评价道，赫尔德是第一个将自然提升为精神经验的人，从而在自然观察领域敞开了德国唯心主义的精神世界。而歌德在这个领域中的地位，则宛如一群行星当中的恒星。②在他们的指引下，早期浪漫派，如谢林、荷尔德林、诺瓦利斯以及青年黑格尔，都展开了自然哲学研究，这使得自然哲学在1800年前后成为哲学的核心问题。

二、问题式：从拯救自由到拯救自然

1784年，当康德在《什么是启蒙？》一文中对时代精神的本质加以界定之际，这个被称为“启蒙时代”的世纪，已然到了黄昏时分。这也许正印证了黑格尔后来的那句名言：“密纳发的猫头鹰只有在黄昏时分才起飞。”在19世纪的转折点，批判哲学已无法表达这个时刻的时代精神。相反地，以自然哲学为代表的新的时代精神，开始对那种奠基于笛卡尔并完成于康德和费希特的二元论体系展开正面强攻。

康德立足于先验的“我思”主体，将启蒙的原则界定为“自我思维”(Selbstdenken)，并将“敢于认识”(sapere aude)视为启蒙的口号。所以，启蒙的精神本质就在于科学精神，亦即知性(Verstand)。在《纯粹理性批判》中，康德通过其“哥白尼革命”回答了“先天综合判断何以可能？”这一问题，从而奠定了科学知识之普遍必然性的基础。然而，这场革命的代价则是，事物被划分为现象与自在之物，世界被

---

① 歌德:《浮士德》，绿原译，见歌德著:《歌德文集》，第1卷，北京：人民文学出版社，1999，第55页。

② Vgl. Johannes Hoffmeister, *Goethe und der Deutschen Idealismus. Eine Einführung zu Hegels Realphilosophie*, Leipzig: Verlag von Felix Meiner, 1932, S.1f.

划分为经验世界和本体世界。科学知识只从属于自然领域（现象世界），而无法触及自由领域（本体世界），只关乎事实，而不关乎价值。在以现代科学为基础的启蒙现代性方案的根基处，已潜藏着价值丧失和自由丧失的危机。当启蒙思想家拉·梅特利将机械论原则推向极致，并从而宣布“人是机器”时，“自由”的启蒙理想便从根本上落空了。为了拯救自由，康德在《实践理性批判》中将自由作理念悬设于自在之物领域。[①] 这种策略看似为自由在现代科学世界中争取到某种余地，但事实上却是在自然与自由之间设置起一道无法逾越的鸿沟。所以，康德才不得不在《判断力批判》中，通过内在合目的性原则来调和自然与自由的冲突。在某种程度上，康德哲学似乎通过这种折衷主义纠补了启蒙现代性的内在危机，但在根本意义上，康德哲学不过是启蒙现代性方案的修正版本。其根本的思想诉求仍在于确立科学与启蒙在现代世界中的优先性，而其深层的思维方式仍是主体 / 客体的二元论模式。而这最终表达为费希特的自我 / 非我。

在后康德语境中，康德的调和方案已经无法满足“哲学需求”。在新生的浪漫派思想家看来，康德虽然在自然与自由之间架起桥梁，但无法奠定它们的统一性基础，因而，一切康德主义式的尝试终归是贫乏的。在这种语境中，荷尔德林的《判断与存在》（*Urteil und Sein*, *1795*）是一份具有突破性意义的文献。荷尔德林力图指出，自我意识的同一性（Identität），即作为主体的我和作为客体的我的同一性，并不等于主体和客体的统一性（Vereinigung）。自我意识的逻辑原点建立在“我是我”这个判断上。而判断（Urteil），毋宁是一种原初的划分（Ur-Teilung）。“我是我”这个自我意识的表达式，恰恰表征着“最内在地统一于理智直观中的主体和客体的原初分裂”，因为只有在主体和客体的对立中，也就是在主体和客体的划分（Teilung）之后，自我意识才有自我确证的可能。所以，“我是我”这个命题，是理论上的原初划分。而在实践上的原初划分中，对立于“我”的，本质上不是“自身”（sich selbst），是“非我”（Nichtich）。因而，自我意识只有作为客体意识的相关项才得以设想，它不可能高于一切对立，相反地，它已经陷于分裂状态当中，从而也不可能成为

---

① 关于拯救自由的框架性策略，参见康德：《纯粹理性批判》，邓晓芒译，杨祖陶校，北京：人民出版社，2004，第 436 页。

统一性的基础。因此，根据只能是存在（Sein），存在是主体和客体的绝对的统一。[①] 立足于这种原初的、绝对的存在，形成了统一哲学（Vereinigungsphilosophie）的思想方案。

从思想史的视角看，统一哲学集中地表达出浪漫派的时代诊断方案。在荷尔德林的理解中，现代性的本质便在于主体与客体的"原初分裂"。在后康德语境之下，这种时代诊断形成了强烈的共鸣，无论是此前席勒所谓的"碎片化"（Zerrissenheit），还是后来黑格尔所谓的"分化"（Entzweiung），都同声相求。在这些思想家看来，只要存在着这种我/非我的分裂结构，就必然存在某种权威性的统治关系。在自然（知识、科学）领域中，它表达为"知性为自然立法"，这是人对自然界的支配，自由（道德、伦理）领域中，它表达为"理性为自身立法"，而这则是理性对感性的压抑。就此而言，自律的道德法则与他律的自然法则并没有本质的区别。所以，浪漫派认为，克服现代性危机的根本途径就在于，扬弃我/非我的二元论结构，重建主体与客体的原初统一性。

在统一哲学中的框架下，"爱"成为一种十分具有启发性的原则。"爱"被理解为重建原初统一性的直接方式。爱的关系是"我—你"的关系，不是"我—他"的关系。这不是目的—手段关系，因而也不是统治关系。爱者和被爱者所形成的统一体，乃是相互承认的同类的联合体。爱就是在这种统一体中发现自己的生命情感。爱扬弃了自我与他者的原初分裂，因为自我并不是将他者视为异己的客体，而是视为亲熟的同类。"爱"因之被升华为连通生命总体的原则，与此相应，诸如"存在""生命""美"等概念，都成为统一哲学的基本范畴，共同表达着本源性的"一体性感情"（Einsfühlung）。当浪漫派诗人在荒野的自然体验到诗意并重新赋予它以魔魅时，他们在本质上是将自然经验为活生生的同类，而不是冰冷僵死的客体。诺瓦利斯在一个断片中写道："我们应该将一切转化为'你'——第二个'我'——只有这样，我们才能将我们自身提升为那个'大我'——它同时是一

① 参见荷尔德林：《判断与存在》，见荷尔德林著：《荷尔德林文集》，戴晖译，北京：商务印书馆，1999，第196—197页。关于手稿《判断与存在》的哲学史地位，参见迪特·亨利希：《在康德与黑格尔之间——德国观念论讲座》，乐小军译，北京：商务印书馆，2013，第436—458页。

和一切。”[①] 自然的浪漫化，本质上就是自然重新被理解为一个“你”。自然哲学的问题式，就在于如何重建精神与自然的同一性。

在这里，康德的自由理念仍然是绕不开的话题。尽管康德后学对乃师有诸多不满，但他们始终确信，“朝霞伴随着康德升起”，“自由贯彻全部哲学而始终”。[②] 所以，如何在统一哲学的框架下重建自由理念，便成他们首要的致思方向。这种问题式在《最初的体系纲领》[③] 中得到一种框架性的表述。《体系纲领》的理论出发点，仍是自我规定的绝对者。作者认为，未来的形而上学必须作为伦理学而出现。这种伦理学乃是一切理念或实践悬设的完善体系。而首要的理念便是作为绝对自由的本质的**我自身**。而与这个理念同时出现的便是**世界**。然而，作者并没有在我 / 非我的框架下把这两个理念理解成对立的。相反地，他让这两个理念产生于虚无——“唯一真实而可设想的是**从虚无中的创造**”。[④] 这种构思的别致之处在于，通过我与世界在创造序列中的对等性，我与非我在起源中便是一致的。这种构思反映了统一哲学那种源于康德而又超离康德的思想旨趣。康德在《判断力批判》中试图缔结自然与自由的亲和关系，但他只是在反思性判断力的意义上将自然合目的性限定为一种调节性原则（即不是构成性的立法原则）。在伦理神学的意义上，世界可以被这样理解，即它**好像是**为了作为道德存在者的人而被创造出来的。或者说，“没有人，这整个创造都将是一片荒漠，是白费的和没有终极目的的”。[⑤]

---

① 诺瓦利斯：《百科全书》，见刘小枫主编：《夜颂中的革命和宗教：诺瓦利斯选集卷一》，林克等译，北京：华夏出版社，2007，第 180 页。

② 谢林：《致黑格尔》（1795 年 2 月 4 日），见苗力田编译：《黑格尔通信百封》，上海：上海人民出版社，1981，第 40—41 页。

③ 自 1917 年罗森茨威格发现这份手稿以来，手稿的作者问题，仍是争论不休的公案。但无论作者是荷尔德林、谢林或黑格尔，这份手稿所表达的，无疑是他们这个“无形的教会”所共享的观念。而荷尔德林的统一哲学对于手稿的形成，具有决定性的作用，这一点也是无疑的。

④ [Das älteste Systemprogramm], in: Rüdiger Bubner (hrsg.), *Das älteste Systemprogramm. Studien zur Frühgeschichte des deutschen Idealismus*, Bonn: Bouvier Verlag Herbert Grundmann, 1973, S.263. 参见荷尔德林：《荷尔德林文集》，戴晖译，北京：商务印书馆，1999，第 281 页。另参见菲利普·拉库-拉巴尔特、让-吕克·南希：《文学的绝对：德国浪漫派文学理论》，张小鲁、李伯杰、李双志译，南京：译林出版社，2012，第 16 页。

⑤ 康德：《判断力批判》，邓晓芒译，杨祖陶校，北京：人民出版社，2002，第 299 页。

然而，《体系纲领》的作者，其理论意图不仅仅在于，在反思性判断力的层面上实现从自然到自由的过渡，相反地，其思想诉求在于，让自由和自然在绝对者中获得最终的和解，因而自由获得了自然，从而，自然也获得了自由。在这种诉求之下，伦理学作为完善的理念体系，便内在地包含了一个不可或缺的组成部分——自然哲学。因而，《体系纲领》完全是立足于创世精神提出问题：

> 在这里我将下降到物理学领域；问题在于：一个世界如何必然为了一种道德存在者而被创造出来？我要想为我们那在实验中艰辛踯躅着的物理学再次插上翅膀。
>
> 于是，如果哲学给出了理念，经验给出了数据，那么我们最终就能大体获得这种我期诸后世的物理学。现在的物理学看来无法满足一种创世精神，我们的精神就是或应当是这种创世精神。①

简单地说，《体系纲领》的问题式便是，自然何以可能？对于这个问题，现代科学是无能为力的。因为它将自然现象还原盲目的自然因果性，完全无法满足创世精神。②所以，作者认为，未来的物理学应当把经验材料奠基在理念或实践悬设的基础上。换言之，自然科学所导致的价值丧失必须在一种作为伦理学的自然哲学中得到弥补。这是浪漫派自然哲学的基本问题式。在这个意义上，诺瓦利斯写道："物理学的第一章属于精神世界。自然不能在静止中，而只能在趋向道德的进步中得到解释。自然终将不复存在——它应该逐渐过渡为精神世界。"③

在这种问题式之下，青年谢林在1797—1800年间集中展开了自然哲学研究。一般而言，谢林的自然哲学研究可以分为两个阶段。

---

① [Das älteste Systemprogramm], a.a.O., S.263.

② 参见康德的著名论述："[……]有一点是完全确定的，即我们按照自然的单纯机械原则甚至连有机物及其内部可能性都不足以认识，更不用说解释它们了；而且这是如此确定，以致我们可以大胆地说：哪怕只是作出这样一种估计或只是希望，即有朝一日也许还会有一个牛顿出现，他按照不是任何意图所安排的自然规律来使哪怕只是一根草茎的产生得到理解，这对于人类来说也是荒谬的[……]"（康德：《判断力批判》，第253页。）

③ 诺瓦利斯：《新断片》，见刘小枫主编：《夜颂中的革命和宗教》《诺瓦利斯选集》卷一，第153页。译文略有修改。

在第一阶段，谢林试图将自然动力学自然观奠基于费希特式的"绝对自我"上，其主要著作是《关于一种自然哲学的若干理念》(*Ideen zu einer Philosophie der Natur*, 1797）和《论世界灵魂》(*Von der Weltseele*, 1798）。在第二阶段，他径直认为，自然本身就具有先验自我的那种绝对能动性，主要著作是《自然哲学体系纲要》(*Entwurf eines Systems der Naturphilosophie*, 1799）。① 当然，这两种阶段之间并不存在本质的区别。在谢林的自然哲学研究中，洋溢着一股"返魅"(Wiederzauberung）的理论冲动，那就是赋予自然以精神，就像上帝为亚当体内注入精气一样（米开朗基罗《创造亚当》）。为了解除科学对自然的支配与统治，谢林将自然纳入自我的畛域，从而将自然转变为精神。在这个意义上，谢林早在《论自我作为哲学的原则或论人类知识中的无条件者》(1795）中便断言："若要拯救你们的自我之不可移易的同一性，你们就必须同样必要地将非我[……]**提升**为同一性，并同化于自我。"②谢林属意于精神与自然，亦即主体与客体的原初统一性，并将之理解为绝对者（das Absolute)，即"绝对观念之物与绝对实在之物的无差别"。③ 他相信，无差别原则作为统一性原则，是一切哲学的出发点和一切认识的最高原则。但它无法通过哲学反思而得到证明。因为它是无条件的，超出客观证明的可能性，其明证性排他性地关涉自身，因为它本身就包含了我们一切知识的实在性根据。绝对者作为无差别，这并不是说，它是由主体和客体这两种自在的、可加以区分的实体结合成的统一体。毋宁说，在绝对者中就存在着主体和客体，而主体和客体只有从这种无差别出发，才能得以理解。绝对者对于谢林而言，本质上是纯粹同一性，即不依存于主体性和客体性的同一性。这是在莱布尼茨的立场上，确立了自然（非

---

① See Frederick C. Beiser, *German Idealism: The Struggle against Subjectivism* (*1781—1801*), Cambridge, Massachusetts and London: Harvard University Press, 2002, pp.529—530.

② Schelling, *Vom Ich als Princip der Philosophie oder über das Unbedingte im menschlichen Wissen*, in: Karl Friedrich August Schelling (hrsg.), *Sämmtliche Werke*, Bd. 1, Stuttgart und Augsburg: J. G. Cotta'scher Verlag, 1856, S.193f.

③ Schelling, *Ideen zu einer Philosophie der Natur*, in: Karl Friedrich August Schelling (hrsg.), *Sämmtliche Werke*, Bd. 2, Stuttgart und Augsburg: J. G. Cotta'scher Verlag, 1857, S.60.

我）与精神（自我）的“内在的前定和谐”。①

因而，自然进程本身便是自我意识的“伊利亚特”和“奥德赛”。谢林说：“自然通过它自身的产物（对于平庸的眼睛而言是觉察不到的，对于哲学家而言则是清晰而确定的）标识出一条道路，在这条道路上，它逐渐达到自我意识。外部世界在我们面前敞开，为的是在其中重新发现我们的精神的历史。”② 如果说，精神与自然在起源中是同一的，那么自然的法则便是精神的法则。换言之，自然的法则并非偶然地协调于精神的法则，毋宁说，它表达出精神的法则，而且自行实现了精神的法则。③ 正是在这个意义上，谢林作出如下著名论述——

> 自然应当是可见的精神，精神应当是不可见的自然。因而，在这里，在内在于我们的精神和外在于我们的自然之绝对同一性中，一种外在于我们的自然如何可能的问题，必然自行解决。因而，我们的进一步研究，其最终目的就在于这种自然的理念。④

如果说，康德通过实践理性的悬设，回答了“自由何以可能？”的问题，那么，谢林及其浪漫派同侪则试图在自然哲学的思辨中回答“自然何以可能？”的问题。康德意在拯救自由，但在他的浪漫派后辈看来，康德式的自由理念终究是贫乏而苍白的，因它仍受制于启蒙现代性框架，无法从根本上扬弃主体与客体的现代性分裂所必然导致的权威性。而这一点，只有在精神与自然彻底和解之所在，才成其为可能。所以，“自然何以可能？”构成“自由何以可能？”的元问题。拯救自由的根本途径在于——拯救自然。通过建构绝对者，亦即主体与客体的绝对同一性，自然哲学成为重建自由理念的必由之路。这便是凝结于自然的“返魅”或自然的审美化当中的思想祈向。自然的

---

① Vgl. Wolfgang Boneiepen, *Die Begründung einer Naturphilosophie bei Kant, Schelling, Fries und Hegel. Mathematische versus spekulative Naturphilosphie*, Frankfurt am Main: Klostermann, 1997, S.162.

② Schelling, *Abhandlungen zur Erläuterung des Idealismus der Wissenschaftslehre*, in: Karl Friedrich August Schelling (hrsg.), *Sämmtliche Werke*, Bd. 2, Stuttgart und Augsburg: J. G. Cotta'scher Verlag, 1856, S.382f.

③ Schelling, *Ideen zu einer Philosophie der Natur*, a.a.O., S.55f.

④ Ebd., S.56.

救赎，便意味着自然的精神化。自然不再是死物，而是尚未自觉的主体，或者说，“绝对自我”。因而，诺瓦利斯说：“如果上帝曾经能够变成人，他也能变成石头、植物、动物和元素，以这种方式，自然之中也许有一种持续的救赎。”[①] 后来，谢林又说，在相同的意义上，如果人能够真正地感受到自己的自由，便会由衷地要求，“将这种自由类推于一切事物，扩展到整个宇宙之上”。人因之成为尘世的解放者，“自然的拯救者”。[②]

三、自然的重生

石里克曾在《有机生命的哲学》(1925)一文中开宗明义地论断道：“有机生命的最终的、最根本的问题，涉及生命物质之于非生命物质的关系。”[③] 在身一心问题、有机目的论等方面上，这是一个具有代表性的问题。浪漫派自然哲学意图赋予自然以生命和精神，这首先便涉及物质概念的重构问题。

根据笛卡尔的机械论，物质的本质就在于广延，也就是具有特定的长度、宽度和高度。由于物质无非就是占据空间，因而它乃是惰性和静态的，只有借助于外部的作用力才能够改变它的静止状态。而作用力的大小可能通过运动的量(位移和时间)来加以测算。自然界中一切事件的原因都可以在这种物质概念的基础上加以解释，也就是说，可通过测量物质微粒的形状、大小、位置和运动来解释，因而也无须引入目的因或内在力量。然而这种世界解释方案自有其代价，那就是不可克服的二元论和机械论。由于意识并不显现为占据空间的形式，没有确定的尺度、形状和质量，所以无从通过计算性理智而加以衡量。如果物质仅仅是广延，那么，我们要么只能把生命和精神

① 诺瓦利斯：《新断片》，第 158 页。

② Schelling, *Philosophische Untersuchungen über das Wesen der menschlichen Freiheit und die damit zusammenhängenden Gegenstände*, in: Karl Friedrich August Schelling (hrsg.), *Sämmtliche Werke*, Bd. 7, Stuttgart und Ausburg: J. G. Cotta'scher Verlag, 1860, S.411.

③ Moritz Schlick, "Philosophy of Organic Life", in H. Feigl and M. Brodbeck (ed.), *Readings in the Philosophy of Science*, New York: Appleton-Century-Crofts, 1953, p.523.

置于自然之外——这就是二元论；要么只能把生命和精神还原为运动中的物质——这就是机械论。在这个根本上预设，二元论只是机械论的一种修正方案。毋宁说，二元论只是机械论的另一副面孔，正如笛卡尔同时是二元论者和机械论者一样，眷注于“人是终极目的”的康德，无非是宣判“人是机器”的拉·梅特利的另一副面孔。

广延是对物质的哲学抽象，其中隐藏着现代工具理性的根本逻辑。而费希特式的“自我设定非我”的表述式，便是这种物质理解的极端形态。由于非我是自我所设定的单纯客体，所以，“这个世界或自然并不像理性一样是活生生的和能够无限地向前发展的，而是死的，是一种僵硬的和自身呆滞的具体存在”。① 这种设定的直接理论后果便是，自然，亦即我们的内在自然和外在自然，都沦为卑贱之物。在费希特的理解中，自然无非就是“未经加工的物质”，“人向未经加工的物质发出命令，要它遵照人的理想把自己组织起来，给人提供人所需要的实物”。② 对于这种物质概念，谢林在 1806 年彻底告别费希特哲学后，在《对自然哲学和优化的费希特学说之间的真正关系的阐述》中一语中的地评论道：“他关于自然之全部观点的实质究竟是什么？那就是，自然应当成为被消费的、被利用的，自然除非成为被消费的，否则便不再存在。他据以观照自然的原则，便是经济—目的论的原则。”③ 而青年黑格尔则在《知识与信仰》中不无激愤地指出，费希特式的自我乃是“无边的傲慢”和“僭妄的狂想”，它“从根本上已经假定了一种被理性剥夺得一无所有的、最最平庸的自然观”，“对于这种自然观而言，主体和客体的绝对同一性是彻底陌生的，而其原则便是绝对非同一性。这种绝对非同一性因而只能在绝对对立的形式下理解自然，也只能把自然理解为纯粹的客体”。④“自我设定非我”的表述式，看似赋予意识主体以绝对的自由和无上的尊

① 费希特:《关于学者的本质及其在自由领域的表现》，郭大为译，梁志学校，见梁志学编译:《费希特文集》，第 4 卷，北京：商务印书馆，2014，第 356 页。

② 费希特:《论人的尊严》，梁志学译，见梁志学编译:《费希特文集》，第1卷，北京：商务印书馆，2014，第 440 页。

③ Schelling, “Darlegung des wahren Verhältnisses der Naturphilosophie zu der verbesserten Fichteschen Lehre”, in: Karl Friedrich August Schelling (hrsg.), *Sämmtliche Werke*, Bd. 7, Stuttgart und Augsburg: J. G. Cotta’scher Verlag, 1860, S.17.

④ Hegel, *Glauben und Wissen*, in: ders., *Werke*, Bd. 2, Frankfurt am Main: Suhrkamp, 1986, S.418.

严，但事实上却更加极端地表达出权威性的支配和统治逻辑。

所以，拯救自由在于拯救自然，而拯救自然，首先就要求克服和超越机械论的物质概念。在这里，康德的《自然科学的形而上学基础》事实上也为其浪漫派后辈提供了理论准备。在这部著作中，康德已试图改变物质的机械论理解，在动力学层面上重建物质概念。他认为，物质是引力和斥力这两种基本力的对立统一体。倘若没有两种对立的基本力，物质将是无从设想的。而正因为它们是本源的力量，所以其可能性也是无法理解的。① 在这种动力学建构中，基本力构成物质的本源性的力量，而机械性力量只是派生的作用。物质因之不再是惰性的原子，从而获得了能动性。康德对物质的动力学建构，对于浪漫派自然哲学发挥着至关重要的作用。康德的后继者从而提炼出动力学自然观的核心要义：离开力量，物质无从设想，恰恰是这些力量相互作用，才构成了物质。自然哲学家常用的概念，诸如"生命力"(Lebenskraft)"形成力"(Bildungskraft)以及"极性"(Polarität)等，都以这种物质概念为基础。在这个意义上，黑格尔径直论断道："康德完成了物质的理论。"②

谢林在写作《关于一种自然哲学的诸理念》时也认为康德的物质概念几近完美，后来者所需要做的，仅仅是为它添加一些评论意见。③ 立足于更新了的物质概念，他开始对自然进行动力学建构。不同于先验哲学，其自然哲学的基本预设就在于，自然是自行运动的，或者说，自然是自我规定的，亦即能动的、生产性的。在这个意义上，谢林乃是将自然理解为费希特的"绝对自我"。谢林尤其反对那种把自然视为一种"实体"或"事物的整体"的静态自然观。在他看来，实体不能作为能动性的基础，因为它只是能动性的结果或产物。为了达到这一理论旨趣，他重新启用了斯宾诺莎的"能动的自然"(natura naturans)和"被动的自然"(natura naturata)这对范畴，并激活了其中的思辨意义："自然作为单纯的产物(被动的自然)，我们称之为作为客体的自然(一切经验都指向于此)。自然作为生产性(能

① 康德：《自然科学的形而上学基础》，邓晓芒译，上海：上海人民出版社，2003，第90页。

② 黑格尔：《小逻辑》，贺麟译，北京：商务印书馆，1980，第216页。

③ Vgl. Schelling, *Ideen zu einer Philosophie der Natur*, a.a.O., S.231.

动的自然），我们称之为作为主体的自然（一切理论都指向于此）。”① 在谢林看来，自然的生产性就是一切自然现象的“无条件的源头”。换言之，这种生产性就是自然的最终根据。所谓“自然事物”，真正说来，就是无限的自然生产（机制）所产出的有限的产物，这是自然在其不知疲倦的运动中遗留下来的作品。在这个意义上，自然被理解为“主体—客体”。谢林将自然哲学理解为“物理学的斯宾诺莎主义”，而其实质乃是对自然的动力学演绎。

如果说，自然现在获得了能动性和生产性，那么就不难设想，自然本身便包含着生命和精神。谢林由此重新激活了“世界灵魂”的古老主题。这种源于《蒂迈欧篇》的主题，将宇宙理解为“放大的人”（macroanthropos），表达出一层深刻的哲学命意：世界本身存在着Telos（目的），因而造化并非盲目而徒劳的。在启蒙现代性话语中，Telos无疑被视为必须加以扫除的形而上学残余，然而，它却始终顽固地徘徊于机械论世界图景的纵深处。康德的《判断力批判》便是这幅图景的最为典型的理论表现。身为启蒙主义者，康德也认为有必要设想世界的内在合目的性，这是这个世界之所以有意义的理论保证。康德在有机体中看到了一种内在合目的性的原则。因为有机体是“**有组织的**和**自组织的**存在者”②，“**在其中一切都是目的而交互地也是手段**”，“没有任何东西是白费的，无目的的，或是要归之于某种盲目的自然机械作用的”。③ 因而，康德认为，有机体体现着“自然目的”（Naturzweck）的理念，它**似乎**具有某种“自然的技术”（Technik der Natur），能够将作用因（nexus effectivus）隶属于目的因（nexus finalis）之下。他由此将有机体作为调和机械论原则和目的论原则的理论模型。这一理论模型对于浪漫派的有机论自然观具有决定性的意义。根据这一理论模型，谢林赋予有机性对于机械性的优先权，并将之视为克服机械论自然观的根本取径。在《世界灵魂》中，他将有机性理解为返流回自身的机械性进程——

① Schelling, *Einleitung zu dem Entwurf eines Systems der Naturphilosophie*, in: Karl Friedrich August Schelling (hrsg.), *Sämmtliche Werke*, Bd. 3, Stuttgart und Augsburg: J. G. Cottascher Verlag, 1858, S.284.

② 康德：《判断力批判》，第223页。

③ 同上，第226页。

> 对我来说，**有机组织**根本不是别的什么东西，它就是受阻的原因—结果流。只有在自然未曾阻碍这一流程的地方，它才向前（直线式地）流去。在自然阻碍这一流程的地方，它就（圆周式地）返回到自身。因而，有机体概念并不排除掉**一切**原因和结果的演替。这个概念只标志了这样一种演替，它**在某种限度内圆融地**回流到自身。①

根据这种自身关涉性特征，谢林将有机体建构为一种自律的、自身反映的统一体。应该说，在理论模型设计的层面上，谢林的构思并没有超越康德之处。但在康德与谢林之间，也就是在批判哲学与思辨哲学之间，存在着一个决定性的不同。康德认为，有机体所表征的内在合目的性理念，其根据在于某种“超感性的基底”②，因而只是将其视为反思性判断力的调节性原则。而谢林则根据自然的动力学原则，将其建构为一种形而上学原则。对于他而言，内在合目的性原则意味着，世界是按照理念（理性计划）而被创造出来的，因而，通过有机体，精神在自然中重新发现了自身。

因而，他热切地将有机体推演为宇宙的表征模型，宇宙从而被构想为这种自身反映的主体—客体。在宇宙中，无限的线性因果性链条也可以联结为一个循环型进程。所以，世界整体被理解为或者说，“世界有机体”（Weltorgansimus）或“万有有体机”（All-Organismus）。反过来，“有机体只是普遍有机体的总汇的、缩小的图像”。③ 生命就是自然的原则本身，有机体就是宇宙的结构本身：“**生命**不是动物性质料的**属性**或**产物**，相反地，**物质**乃是**生命的产物**。**有机体**不是**个别自然物的属性**，相反地，**个别自然物**乃是**普遍有机体的等量的限制形态**或**个别直观方式**。”④ 在这个意义上，谢林认为，从根本上说，并不存在一个无机的自然界，而有机体与无机体的对立，乃是单纯的现象

---

① Schelling, *Von der Weltseele*, in: Karl Friedrich August Schelling（hrsg.), *Sämmtliche Werke*, Bd. 2, Stuttgart und Augsburg: J. G. Cotta'scher Verlag, 1857, S.349.

② 康德:《判断力批判》，第 268 页。

③ Schelling, *Erster Entwurf eines Systems der Naturphilosophie*, in: Karl Friedrich August Schelling（hrsg.), *Sämmtliche Werke*, Bd. 3, Stuttgart und Augsburg: J. G. Cotta'scher Verlag, S.198.

④ Schelling, *Von der Weltseele*, a.a.O., S.500.

上的对立。谢林由此得出结论:“在绝对的意义上观察自然,自然因而从根本上是有机的,有机体事实上是有限者的普遍方式,存在于万有之中。”①在这个意义上,有机的世界图景展现了斯宾诺莎那句“一即万有”的箴言。

有机自然观仍未穷尽谢林自然哲学的真谛,谢林更深切的诉求在于建构一种有机艺术观。在谢林看来,如果自然是主体—客体,那么它便是有意识活动与无意识活动的原初统一。自然的生产是无意识活动,因为它服从于盲目的机械作用;而自然的产物则从属于有意识的活动,因为它具有内在的合目的性。而有机体便表达着这种原初同一性。同样地,这种原初同一体也构成艺术作品的真谛。只不过,艺术活动总是伴随着意识而展开,而在意识的反思中,便始终存在着一系列的对立和冲突:主体与客体、理想与现实、欲求与不满、自由与自然。而艺术直观仍是将这些分裂重新统一起来的禀赋。所以,自然和艺术只是同一种理智的不同方面或发展阶段,“有机存在者表现为尚未分裂的东西,正是审美生产在分裂之后而又表现为统一起来的东西”。②在这个意义上,谢林建构了自然生产与艺术生产的对等性——

> 艺术的观念世界与客体的实在世界因而是这一种活动的产物;两者(有意识的和无意识的)的交会,在没有意识时,就出现了现实的世界,在伴随着意识时,就出现了审美的世界。③

在这种美学理解中,天才作为在艺术创作中将有意识活动和无意识活动统一起来的禀赋,构成了重建原初同一性的理论基础。在谢林看来,天才就是某种不可理解的东西,它不用自由的协助,在某

---

① Schelling, *System der gesammten Philosophie un der Naturphilosophie insbesondere*, in: Karl Friedrich August Schelling (hrsg.), *Sämmtliche Werke*, Bd. 6, Stuttgart und Augsburg: J. G. Cotta'scher Verlag, 1860, S.380.

② Schelling, *System des transzendentalen Idealismus*, in: Karl Friedrich August Schelling (hrsg.), *Sämmtliche Werke*, Bd. 3, Stuttgart und Augsburg: J. G. Cotta'scher Verlag, 1858, S.621—622. 参见谢林:《先验唯心论体系》,梁志学、石泉译,北京:商务印书馆,1976,第 271 页。

③ Schelling, *Einleitung zu dem Entwurf eines Systems der Naturphilosophie*, a.a.O., S.349.

种程度上还对立于自由，却永远藏身于自由之中，它在审美生产中是统一性力量，将客观之物添加到有意识之物上。①所以，天才也就是想象力（Einbildungskraft）。想象力的构想（Bilden）同时就是摹仿（Nachbilden）和创造（Schaffen）。因而，在天才中，便出现了认识与行动、必然与自由的统一。②天才不是一种可以归因于个体的属性（个性）。毋宁说，天才是一种自然力，它以攫摄个体的方式表现出来。通过这种自然力，艺术作品自我组织起来。天才是在艺术领域中复现了自然的生产性。在这个意义上，可以更确切地说，天才并非呈现自然，而是作为（als）自然而呈现，并且像（wie）自然那般呈现。浪漫派的天才美学，从本质上便是艺术的自然哲学。③

在这种艺术哲学中，自然作为有机体，便与自然作为艺术作品是同构的。宇宙无非就是一件自然的艺术作品，而艺术作品无非就是一种人为的有机体。自然便是无意识的诗，而艺术世界则构成自然的原型。沿着这种理解，谢林甚至将绝对者同时理解为有机体和艺术作品："宇宙在绝对者中被构造为最完善的有机存在者和最完善的艺术作品：对于理性而言（理性在宇宙中认识绝对者），宇宙在于绝对的真；对于想象力而言，宇宙在于绝对的美。两者中的任何一者立足于不同的方面对这个统一体加以表现，两者都落在绝对的无差别点上，认识这个无差别点，便是科学的开端和目标。"④因此，谢林认为，艺术能够给出审美认识，从而认识整体，对包含着、并且先在于主体和客体的存在加以认识。艺术直观从而成为绝对认识的必

---

① Vgl. Schelling, *System des transzendentalen Idealismus*, a.a.O., S.616. 参见谢林：《先验唯心论体系》，第 265 页。

② Vgl. Margit Atz, *Organische Kunstbetrachtung bei Schelling*, Würzburg-Aumühle: Konrad Triltsch Verlag, 1940, S.17.

③ Vgl. Odo Marquard, "Zur Bedeutung der Theorie des Unbewußten", in: ders., *Aesthetica und Anaesthetica. Philosophische Überlegungen*, München: Wilhelm Fink Verlag, S.41. 由于这种天才美学，古老的"摹仿自然"（Naturnachahmung）的诗学主题被"仿效自然"（Naturnacheiferung）所取代。（Vgl. Bruno Markwardt, *Geschichte der deutscher Poetik*, Bd. 3: *Klassik und Romantik*, Berlin und New York: Walter de Gruyter, 1971, S.55f., u.a., S.264.）

④ Schelling, *Ferner Darstellungen aus dem System der Philsophie*, in: Karl Friedrich August Schelling（hrsg.）, *Sämmtliche Werke*, Bd. 4, Stuttgart und Augsburg: J. G. Cotta'scher Verlag, 1859, S.423. 此段亦为黑格尔所引用。（黑格尔：《哲学史讲演录》，第 4 卷，贺麟、王太庆译，北京：商务印书馆，1979，第 367 页。）

由之路:“艺术是哲学的唯一真实而永恒的工具论(Organon)和证书[……]”①艺术哲学因之成为先验哲学和自然哲学的合题,构成了《先验唯心论体系》的拱顶石。

拜塞尔指出,德国浪漫派赋予艺术和美学以绝对主权,是因为美构成真与美的认知理由(ratio cognoscendi),而非存在理由(ratio essendi)。浪漫派的审美主义(aestheticism)不同于后来的唯美主义(aesthetism),其中包含强烈的政治与道德关切。在浪漫派那里,美在某种意义上是第二性或派生性的:美是和谐的个体和国家的表象或显现。②这种审美主义的思想旨趣,同样是浪漫派自然哲学的题中之意。浪漫派最终在有机自然观和艺术观中使自然获得了重生。当“自然的重生成为永恒的统一性的象征”时,青年谢林和黑格尔在其合撰的《论自然哲学之于哲学一般的关系》一文中宣告道,一种“新的宗教”便诞生了。③这种“新的宗教”早已酝酿于《体系纲领》当中——它是一种感性宗教,亦即古希腊式的艺术宗教,是“理性与心灵的一神教”和“想象力与艺术的多神教”的统一体。④“理性与心灵的一神教”无疑是宗教改革和启蒙运动的共同产物。宗教改革将信仰限定于纯粹的内在世界,从而宗教退出了外部世界,丧失了既往的政治整合能力。而宗教的内在化——亦即世俗化——进程,本质上是世界图景之机械化的结果。当机械论原则不但统治了自然领域,而且支配了社会—政治领域之际,国家也被表象为一台机器,它只涉及合理性即中立性的运转程序,而不关切正当性的价值依据。所以,一切问题仍然回到拯救自然的主题上来。浪漫派以一种有机论的自然观和艺术观来回应世界图景机械化的现代性进程。只有在自然的重生中,才能展望一种新的、获得价值支撑的世界图景。在思想史意

---

① Schelling, *System des transzendentalen Idealismus*, a.a.O., S.627—628. 参见谢林:《先验唯心论体系》,第 276 页。

② See Fredrick C. Beiser, *The Romantic Imperative: The Concept of Early German Romanticism*, Cambridge, Massachusetts, and London: Harvard University Press, 2003, p.40.

③ Hegel, “über das Verhältniß der Naturphilosophie zur Philosophie überhaupt”, in: Hartmut Buchner und Otto Pöggeler (hrsg.), *Gesammelte Werke*, Bd. 4, Hamburg: Felix Meiner Verlag, 1968, S.274. Vgl. Auch, Schelling, “über das Verhältniß der Naturphilosophie zur Philosophie überhaupt”, in: Karl Friedrich August Schelling (hrsg.), *Sämmtliche Werke*, Bd. 5, Stuttgart und Augsburg: J. G. Cotta'scher Verlag, 1859, S.120.

④ [Das älteste Systemprogramm], a.a.O., S.264f.

义上，浪漫派自然哲学乃是对启蒙现代性方案的美学反动。它对自然的美学重构，根本诉求便在于重建“想象力与艺术的多神教”。基于这种审美主义立场，浪漫派重新召唤前现代的神话理念，将诗和艺术理解为启蒙时代的“新神话”，即“**理性**的神话”（Mythologie der *Vernunft*）。神话乃是一种关于确证（Rechtfertigung）的叙事，从根本上指切着社会存在的正当性基础。①因而，“新神话”的美学内涵远远超出了私人性的趣味问题。谢林说：“新的神话并不是个别诗人的构想，而是仿佛只扮演着**一位**诗人的一个新的世代的构想。”②在这个意义上，“新神话”乃是一种审美主义的时代诊断方案。而早在赫尔德的航程中，或者说，当维特和浮士德努力从启蒙精神中突围时，这种美学现代性方案便酝酿在“自然哲学”这种理论构想当中。

结　语

从1800年代到1830年代，这三四十年构成了浪漫派自然哲学的黄金时期。而在1840年代经验科学快速发展之后，自然哲学遭受着持续不断的批判，从此深深地笼罩在实证主义和新康德主义的阴影之下。批判者认为，自然哲学从未站在坚实的科学认识的基础上，它所描绘出来的宏大理论，要么基于勉强的事实，要么诉诸牵强的类推。而其症结就在于，思辨超出了一切经验领域，并且拒绝一切实验的检验。在十九世纪，自然哲学已经被指控为“本世纪的瘟疫和黑死病”。③在科学史层面上，必须承认：即便在其鼎盛时期，自然哲学对于当时的经验科学的建设性意义也是极其有限的，而在今天的科学认知格局中，对自然哲学的主题加以发展也不具有现实意义。④

---

① 参见弗兰克对《最初的体系纲领》的透辟分析，见弗兰克著：《浪漫派的将来之神——新神话学讲稿》，李双志译，上海：华东师范大学出版社，2011，第175—215页。

② Schelling, *System des transzendentalen Idealismus*, a.a.O., S.629. 参见谢林：《先验唯心论体系》，第277页。

③ See Frederick C. Beiser, *German Idealism: The Struggle against Subjectivism*（*1781—1801*）, p.507.

④ Vgl. Bernd-Olaf Küppers, *Natur als Organismus. Schellings frühe Naturphilosophie und ihre Bedeutung für moderne Biologie*, Frankfurt am Main: Vittorio Klostermann, 1992, S.13f., u.a. 119f.

然而，这种科学史评价本身包含着一种价值预设，即科学精神构成现代世界的理智正统。而这一点，在浪漫派看来，恰恰构成了现代理性主义的根深蒂固的偏见，乃至危机。所以，立足于今天的理智正统而对浪漫派自然哲学盖棺定论，多少有些时代错置的嫌疑。在思想史层面上，浪漫派自然哲学并非不具有现实意义。至少，在 20 世纪的思想史上，自然哲学的主题曾经历过两次复兴。第一次发生在 1920—1930 年代，在反对新康德主义的斗争中，自然哲学以生命哲学和存在主义等新本体论哲学的面相而复兴。① 第二次则发生在 1970 年代以来的当代语境，在面对生态危机的问题上，自然哲学的主题也重新获得世人的关注。在这种复兴中，回荡着 1800 年前后浪漫派对启蒙的不满的声音。在科学史意义上，自然哲学已经死了，但在思想史意义上，自然哲学的幽灵一直徘徊在机械论世界图景的纵深处。在加速度展开的合理化进程中，它仍会不断现身，向我们指切着那种潜藏于启蒙现代性方案根基处的正当性危机。现代世界越是现代，自然哲学的幽灵便越是挥之不去。

（作者单位：华东师范大学中国语言文学系）

学术编辑：高砚平

① 在这一时期，有机自然观构成一个重要的思想主题，代表性的著作有：德里希（H. Driesch）的《有机体的哲学》（*Die Philosophie des Organischen*, 1921）、克朗哈尔斯（P. Krannhals）的《有机的世界图景》（*Das organische Weltbild*, 1934），以及法耶尔阿本德（O. Feyerabend）的《有机论世界图景》（*Das organologische Weltbild*, 1939）。

反讽与辩证法

——论黑格尔对早期浪漫派的批判①

匡 宇

内容提要 反讽是德国浪漫派美学和哲学的关键性概念。在继承德国观念论哲学的基础上，通过作为思维和话语原则的反讽，早期浪漫派将现代性主体建构路径奠基于反基础主义怀疑论之上。在逻辑上，完备的辩证法与反讽具有一定的类似之处，但它们之间的深刻差异及其思想诉求，却使得黑格尔对浪漫派反讽美学持一种严厉的批判立场。黑格尔的辩证法思想，不仅针对浪漫派反讽进行了艺术理想和美学观念层面上的批判，更为重要的是，他对浪漫派反讽所刺激引起的资本主义现代性社会主体歧路进行了揭露。

关键词 黑格尔 德国浪漫派 反讽 辩证法 现代性

理查德·罗蒂（Richard Rorty）在《偶然、反讽与团结》②中对西方思想史上一直存在的两种思想立场进行了勾勒。第一种立场，企图将公共与私人融为一体，柏拉图主义和基督教神学就是这一类思想立场的意义源头。为了把私人个体的自我塑造与社会群体的构成相结合，这一思想立场在知识论方面信奉一种基础主义的意识形态：私人的自我实现与社会的整合，来源于同一个源头，即人类所具有的共通人性，以及世界在普遍主义意义上的基奠。与之相对，第二种是怀疑论的思想立场。这一立场对形而上学和神学的基本信条进行了反驳，认为并不存在一种具有普遍意义的实在可以作为基础以整合私人与社会。这种怀疑论的观点之所以呈现为一种反基础主义的倾向，并

---

① 本文系四川省社会科学研究"十三五"规划项目课题"表达主义与审美现代性研究"（项目编号：SC16E035）阶段性成果。

② 理查德·罗蒂：《偶然、反讽与团结》，徐文瑞译，北京：商务印书馆，2005。

非仅仅是因为它对形而上学本体论的不信任，而且还因为它以一种新的共通人性设想来取代了形而上学的基础。

这两种思想立场之间的紧张关系，由来已久并作用于当下。一方面，是坚持普遍主义立场的思想阵营，他们以追求正义自由的人类社会作为其思想的主要出发点，并信奉一种普适性的理性立场。另一方面，如海德格尔、福柯、德里达等“反讽主义者”(ironist)，则与尼采立场相近，认为主体自我的最深处是与社会化格格不入的。他们思想的出发点，归根结底是一种关于现代社会语境中，私人主体与共同体的自我创造或重建。在现代性社会的语境下，这两种思想立场的首次交锋，集中地体现于黑格尔对浪漫派反讽(romantic irony)的美学批判之中。正是通过这一批判，黑格尔对浪漫派反讽所蕴涵着的现代社会主体性寻求的歧路，进行了清理与反驳。

一　浪漫派反讽：作为反基础主义的怀疑论

在所有哲学和美学专业术语中，“批评”(kritik)和“批评的”(kritisch)这两个词在早期浪漫主义者的论著中是最常见的。本雅明认为，具有批评性，意味着让思维远远超越一切束缚，直到对真理的认识魔幻般地从对约束之错误性的认识中脱颖而出；于是，批评的方法和立场获得了与反思的方法和立场最贴切的亲缘关系。[①] 由于批判哲学要求着，所有信条都将被提交给理性的法庭，接受理性的审查和批判，所以批判也必须施加于批判哲学自身。批评或批判就在早期浪漫派获得了一种元批判的意义向度。这种隶属于早期浪漫派的元批判思想取向，具有一个较为复杂的发展线索，其根本的思维原则，是认识论层面上的反基础主义的怀疑论(antifoundationlist epistemology)[②]。

这种认识论，出自超验之物，并以思辨的方式最终朝向超验之物。这一带有某种神秘性的超验之物，就是被理性化为本源行动的

① 本雅明：《经验与贫乏》，王炳钧、杨劲译，天津：百花文艺出版社，1999，第66—67页。

② Frederick C. Beiser, *The Romantic Imperative: The Concept of Early German Romanticism*, Cambridge: Harvard University Press, 2004, pp.123—126.

绝对自我。早期浪漫派将费希特作为精神上的教父，并将认识论建立在费希特的反思概念之上。这是因为，反思概念在保证了认识的直接性的同时，也保证了这一认识过程的独特的无限性。小施莱格尔（F. Schlegel）对浪漫诗的规划方案，就类似于费希特《知识学》中的绝对大写自我在其整个思想体系中所扮演的角色。① 这一方案是在文学和美学基础上的自我超越，其目标是人的整体性组建——在反思和设定基础之上的、主体性自身的自我组建。这种无限增长着的自我组建之主体性，是浪漫诗得以实现自身的典范或模范对象。

在《〈雅典娜神殿〉断片集》第116条② 关于浪漫诗的著名断片中，观念论的界限被浪漫诗超越了。施莱格尔所强调的是：一方面，来自于主体并最终朝向着主体构建的浪漫诗，是一种自我之无限自由的模范，因此它处于艺术和科学所构成的精神整体之核心位置。这种精神的整体是指："哲学、物理、诗和博大精深的学识团结在极其强大的、影响深远的联盟中，……我们处在这个巨大的整体之中，并且积极地关注着它……"③ 另一方面，浪漫诗的总汇性（Universalität）还意味着，生命本身就是一连串不间断的内在革命过程。这一内在革命的永恒性，并非指革命的永恒不可实现，而是革命所具有的永恒之未完成状态。正是在这种主体性中，所有个体即最本质、永恒的个体生活于其间。④ 这样一来，"在诗歌中，心灵通过实际超越所有有限的事态，来证明它独立于这些事态。因为诗歌是探索，它能够带来的生命新的统一性，依赖于这个不存在一切限制的过程本身。浪漫诗是自由的诗歌。正是想象力和渴望构成和解释这种自由"。⑤ 早期浪漫派的美学理想和诗学实践，在诺瓦利斯那里得到充分展现。诺瓦利斯认为，我们有限生命本身所拥有自由的最终事实，必须被看作是精神的和意志的。因此，诗歌和哲学的使命就在

---

① 菲利普·拉库-拉巴尔特、让·吕克·南希：《文学的绝对：德国浪漫派文学理论》，张小鲁、李伯杰、李双志译，南京：译林出版社，2012，第69页。

② 施勒格尔：《浪漫派风格：施勒格尔批评文集》，李伯杰译，北京：华夏出版社，2005，第71—72页。

③ 同上，第247页。

④ 同上，第107页。

⑤ 迪特·亨利希：《在康德与黑格尔之间：德国观念论讲座》，乐小军译，北京：商务印书馆，2013，第365页。

于，揭示源于这个精神领域的心灵的秘密生命。[①] 思辨扬弃了仅仅依赖反思达到绝对的进路，转而借助诗与艺术的媒介来填补主体性与绝对之间的鸿沟。在诺瓦利斯这里，诗歌意味着对直接性的诉诸，意味着真正在场的精神之真实判断结果。而这种结果，在施莱格尔那里拥有另外一种名称——反讽。

但是，我们却不能将早期浪漫派视为费希特主义者。因为，浪漫派反讽所具有的反基础主义怀疑论，恰恰是在对费希特观念论的批判中得以凸显的。早期浪漫派对主体性的规划进路，并非固执于作为哲学第一原则的绝对大写自我，而是**在一种反基础主义立场上，对自我之无限生成原则的认定**。

这种反基础主义意味着，拒绝承认哲学会以某种第一原则作为开端和前提。对于施莱格尔，哲学必须像史诗一样从中间开始，而不能类似于规范性论述的演绎展开。[②] 施莱格尔认为，传统意义上的怀疑论，以及依据这些怀疑论出发所产生的对确定性的寻求——比如对数学的崇敬、对健全的人类理智的呼吁，都是不完整的、不真实的怀疑论病相。只有在激进的元批判思想取向引导下，一种真正的怀疑论才能得以实现。这种“名与实相符的怀疑论，必须以捍卫和要求无限丰富的矛盾开始，并以此结束。它自身内部的逻辑将把它彻底引向自身，这并不是什么奇特的事”。[③] 具体而言，施莱格尔是通过描述认知真理的双重困境，来对反讽的意义加以解释的。

认知真理的第一重困境，出现在思维层面。在认知真理的过程中，存在着一种有限与无限的永久冲突。[④] 按照施莱格尔，作为反讽家代表的苏格拉底，对这一无法解决的冲突有着明确感觉，并通过对话论辩中的“苏格拉底辩证法”不断加强这一感觉。任何对无限进行认知的尝试，都将通过将无限进行有限化而遭到失败。完整的真理是无限的，因为它是对有限之全体序列的完成。然而，任何一种对于无限的概念化和解释，都将导致无限的被有限化。这种有限认知，一

---

① 迪特·亨利希：《在康德与黑格尔之间：德国观念论讲座》，第 366 页。

② 施勒格尔：《浪漫派风格：施勒格尔批评文集》，第 71—72 页。亦见：Friedrich Schlegel, *Die Entwicklung der Philosophie in 12 Büchern*, in: *Philosophische vorlesungen* (1800—1807) XII, hrsg. Ernst Behler, München: F. Schöning, 1964, S.110.

③ 施勒格尔：《浪漫派风格：施勒格尔批评文集》，第 98 页。

④ 同上，第 57 页。

方面运用了某种充足律，但这一原则无论如何都是建基于有限性之上的；另一方面，这种有限认知运用了某些确定的概念，但这些概念只有通过否定性限制才能假设其意义。

认知真理的第二重困境出现在话语层面。一个完整的传达或交流，既是必要的，但同时又是不可能实现的。对于反讽家而言，完整的传达或交流是不可能的。反讽家意识到了完整传达或交流的必要性，但是任何观点又都是局部的，任何概念都是被限制的，任何陈述都是可以被完善的。只有通过预先假定存在着一个完整传达或交流的理想，并为之努力，我们才可能获得一个更为深刻的观点、更为丰富的概念，以及对真理更为清晰的陈述——只有这样做，我们才可能逼近对真理的认知。①

由于对真理的认知存在着上述双重困境，而反讽作为一种思维原则和言说取向，成为了反讽家针对这些困境的反应，所以，在反基础主义怀疑论的支撑下，反讽作为一种思维—话语的原则就与审美的维度相结合，共同构成了早期浪漫派美学的核心原则。不过，反讽所具有的反基础主义怀疑论，并非是对一切基础和源始根据的怀疑，而是对经由启蒙主义所纯化的理性主义批判和解构，最终指向了反动于启蒙现代性主体性建构之进路。一方面，就批判与解构的形式而言，反讽既意味着否定的无限与反思的不可终结，也意味着差异性的无约束扩张。另一方面，这种批判和解构继承了表现主义的观念，②将语言作为主体反思的中介和维系元素，并弥补启蒙主义那种有缺陷的哲学话语，从而将艺术审美上升到建构私人主体同一性与政治共同体同一性的高度。而作为话语原则，反讽塑形了早期浪漫派的断片的文本样态。断片的特点在于，与系统性的论述相比，每则断片都在相对的不完整中缺乏规范性的分析和论述；恰恰由于思想论述的系统性和规范性之匮乏，则又使得每一则断片可以有针对性地处理相应对象的问题。

---

① F.C.Beiser, *The Romantic Imperative*: *The Concept of Early German Romanticism*, Cambridge: Harvard University Press, 2004, p.129.

② 查尔斯·泰勒:《黑格尔》,张国清、朱进东译,南京:译林出版社,2002,第28—29页。

二　辩证法的逻辑与浪漫派反讽

浪漫派反讽的目标，一方面针对思想自我指涉（self-referential）方面的困难，提供解决的路径；另一方面，为现代性主体和共同体的重建提供了一种补偿性方案。据此，该重建路径可以被归纳为，采取了一种“**本体论的步骤，走向神圣化的自然或者绝对的主体性**”。①在这种方案中，个人主体在现代性社会中的私人自我意象，以及为政治共同体的集体想象提供建构性力量的承诺，就不再依赖于奠基在同一律之上的基础主义立场，而是要在将被同一律所掩盖的差异和对立进行揭露之际，充分将矛盾加以发展，并最终以审美和艺术来实现方案的目标。

从思维—话语的原则性变化角度而言，这也就是海德格尔所谈到的西方思想史上发生的一个重要事变（Vorfall），“这个事变表现在：通过思想家费希特、谢林、黑格尔的努力——已经由康德作了准备——思想被带入它的可能性的另一个维度之中，另一个在某些角度看最高的维度之中了。思想有意识地变成了辩证的。连荷尔德林和诺瓦利斯的诗意沉思也在这种辩证法区域内活动，甚至更激烈地为它未经探测的深度所触动。理论—思辨的、得到完全阐发的辩证法向其领域的封闭状态的展开，是在黑格尔的著作中完成的，这部著作名为《逻辑学》”。②

与海德格尔将黑格尔的完备辩证法与浪漫派诗性哲学相提并论所不同的是，查尔斯·泰勒认为，使得黑格尔与浪漫派区别开来的关键之处是：黑格尔的思想具有“某种确定的严峻性和影响力；他以某种独特的连贯的方式始终贯穿着激进自由和必要表现统一起来的要求”。③

对于黑格尔来说，辩证法的含义不再仅仅是源自古希腊的一种对话或论辩经验，而是由此经验所显示出来的一种思想—话语原则。

---

①③　查尔斯·泰勒：《黑格尔》，第 64 页。

②　海德格尔：《思想的原则》，见：《同一与差异》，孙周兴等译，北京：商务印书馆，2011，第 122 页。

在这一原则的评判尺度下，真理是需要被揭示的现实（Wirklichkeit）。辩证法既是思想对思维—话语自身指涉难题的自觉，也是对存在者之构成因素的本体论呈示——因为作为存在者整体的世界本身，依循着正题—反题—合题的路径而得以实现自身。正如科耶夫（Alexandre Kojéve）指出的，所谓逻辑思想或逻辑实在事物（das Logisch-Reelle），就是用一致的语言或逻各斯（Logos）加以正确描述的存在和实在事物。它们必然拥有三个方面的因素，这三个因素共同构成了被揭示的存在。因此，逻辑思想或逻辑实在事物，就处在正确揭示这种三位一体的或辩证的存在的语言中。① 此处的三位一体，是指就形式而言，逻辑思想所包含的三个方面：首先是抽象的或知性的方面，其次是在否定中的理性方面或辩证的方面，最后是在肯定中的理性方面或思辨的方面。通过对这三个形式因素的设定和描述，黑格尔最终实现了对辩证法的完整阐发。

黑格尔说："必须承认，矛盾是更深刻的、更本质的东西。因为同一与矛盾相比，不过是单纯直接物、僵死之有的规定，而矛盾是一切运动和生命力的根源；事物只因为自身具有矛盾，它才会运动，才具有动力和活动。……内在的、自由特有的自身运动，一般的冲动，不外是：某物在同一个观点之下，既是它自身，又是它自身的欠缺或否定物。" ② 在此意义上，辩证的因素是指：在作为基础的矛盾之作用下，思维和存在者整体所具有的有限规定性的自我否定、自我扬弃（Sichaufheben），并向它们自身的对立面转变。

知性思维在追求同一性之际，达到的其实是一种没有意义和内容的同义反复。因为只要知性试图在真正的语言中阐明"存在"这个词，或尝试陈述某种事物，知性就将引入与同一性相矛盾的多样性，从而在知性自己的观点中使同一性失效或变成虚假。因此，知性思维必须要被超越。超越的目标，是揭示知性思维所涉世界整体中的实在之存在。然而，与浪漫派反讽的解决之道不同，黑格尔所力图实现的，是在超越知性的阶段之后，思维要成为理性的思维，并且思维必须以揭示存在和一切实在之物为目标。

辩证因素所具有的**否定性**，并非是"在否定中理性的思维（或理

① 亚历山大·科耶夫：《黑格尔导读》，姜志辉译，南京：译林出版社，2005，第560页。

② 黑格尔：《逻辑学》下卷，杨一之译，北京：商务印书馆，2011，第66—67页。

性）把否定因素引入存在，从而使之成为辩证的因素；而是（知性所揭示的）确定的和固定的实在的实体本身被扬弃，从而实际上成为不同于其所是或曾经所是。‘在否定中理性的’或‘辩证的’思维仅仅描述‘知性的给定物’及其‘规定性’的这种实在的否定”。[①]也就是说，否定或辩证的因素，并不足以满足思维对存在之真理进行最终揭示所提出的要求。因为需要被揭示的具体存在，既非纯粹的同一性，也不是纯粹的否定性，而是作为发展变化过程的整体。

这样一来，诸种规定的统一性以及被完整阐发的辩证法，就需要第三个形式性因素的参与，以便达到其最终的揭示和完成。这个因素，就是思辨理性的**肯定性**。“当存在的整体被智者‘完全的’或循环的语言正确地揭示时，它在这种分裂（Entzweiung）中和通过这种分裂，成为或重新成为单一的和同质的。因此，尽管包含否定性和必须以否定性为前提，但最终的整体性和最初的和原本的同一性一样，也是单一的和唯一的，同质的和独立的。作为否定的结果，整体性是一种肯定，正如同一性被否定后成了整体性。”[②]为了到达真理，为了揭示实在的存在整体，思维必须经由否定对自身进行再否定，从而达到一种新的肯定性规定。于是，在这一新的肯定性规定中，合题就意味着：思维重新与存在绝对同一；存在重新与其自身绝对同一。只有这样，作为辩证因素的否定性，才不会沦为虚无，才不会致使存在自身的彻底消解。

由于黑格尔对辩证法的理解和设定，最终是要重新实现理性对合题的统摄；而更为重要的是，黑格尔所描述的现代性主体建构进路之合理展开的目标，是要达到一种具有无限活动可能的、实质的主体。这就使得黑格尔完备的辩证法与浪漫派反讽的思想立场之间，产生了两个最重要的差异：

第一，理性与合题的关系问题。早期浪漫派认为，主体与世界之间的统一，有赖于知性、直观和想象等因素的实现。最高的合题与自由的主体性并非理性的派生物，恰恰相反，对于统一性与最高的合题而言，理性是一种分解、分析的能力，这一能力促使主体远离了那个充溢着意义的源始境域。因此，实现主体与世界的统一，就并非是

① 亚历山大·科耶夫：《黑格尔导读》，第 563 页。
② 同上，第 568 页。

理性所能完成的任务，而是艺术和审美的灵光所要担当起来的使命。然而在黑格尔看来，早期浪漫派的这种思路，实质上是对理性的牺牲与主体性本身的一种退步。“因为对于理性理解的充分澄清，也就是对于自我决定的自由之本质的澄清……想要在纯粹直观中实现与自然的统一，对于那种直观我们无法给出理性的考虑，也就是让自身失落于强大的生命之流中，这不是自主性和表现之间的一个合题，而是我们在其中放弃了自主性的一次投降。它是向被反思所打破的有机统一的一次回归，而不是这个螺旋上升所达到的更高合题。”①

第二，作为一种逻辑结构，完备的辩证法与浪漫派反讽都可以被视为次协调逻辑（para-consistent logic）的系统。这种逻辑系统不同于经典的形式逻辑系统。在西方逻辑史上，存在着两种根本对立的逻辑系统。一是赫拉克利特传统，该传统注意到了世界与思维的流变和不协调，因此在逻辑中允许有意义的真矛盾，并依靠这种矛盾来揭示世界与人生的真相。另外一个传统，就是经典逻辑系统。②对于后者，无矛盾律提出了基本要求：一个陈述必须是协调一致的无矛盾性，即“一切意见中最为确实的是，对立的陈述不能同时为真”。③

20 世纪西方逻辑研究的发展，以及对次协调逻辑系统的研究表明，如果对无矛盾律进行一定程度上的否定和限制，那么在认识论和知识建构上，我们是可以接受一种有意义的不协调理论的。在此意义上，辩证法和浪漫派反讽所遵循的协调逻辑是指，它们都包含着两个互相矛盾的命题定理或推理规则，从这两个相互矛盾的命题或推理规则并不能推出一切，即矛盾的可容纳性与无矛盾律并非普遍有效。

尽管如此，辩证法和浪漫派反讽在逻辑层面上的重要差异在于，前者强调的是矛盾的局限性、可容纳性与非普遍有效性——尽管对于辩证法而言，矛盾可以被看成是一切的基础，但是当矛盾被容纳进辩证法的思维建筑术之后，它就被作为辩证因素的否定性陈述。仅仅依赖于矛盾，是不足以最终揭示存在之真理的。与此相反，浪漫派反

① 查尔斯·泰勒：《黑格尔》，第 71—72 页。

② 参阅：杨武金：《辩证法的逻辑基础》，北京：商务印书馆，2008，第 7—12、13—18 页。

③ 亚里士多德：《亚里士多德全集》第7卷，苗力田主编，北京：中国人民大学出版社，1993，第 106 页。

讽虽然也是一种次协调逻辑的思想主张，但是，它所力图达到的却是一种否定性的普遍有效应用与无限扩张。辩证法与反讽之间存在着上述深刻的分歧，因此，黑格尔展开了对浪漫派反讽的严厉批判。

三 黑格尔对浪漫派反讽的美学批判

《美学》中的叙事性特征与《哲学科学百科全书》中系统的思辨分析，共同建构起了黑格尔美学话语的大厦。① 对于黑格尔，浪漫艺术的基本原则，在于精神回返自身的内在主体性原则——美“变成精神的美，即自在自为的内心世界作为本身无限的精神的主体性的美”。② 由此出发，并依据辩证法原则，黑格尔以古希腊哲学所具有的反讽的源始意义或理想型意义，来批驳浪漫派反讽所具有的“虚幻深度”与绝对否定之片面。③ 因为，只要我们将目光聚焦于现实而非纯粹想象出来的理想状态，就会发现，反讽所意味着的虚幻深度或虚假性就在于，这种“全力以赴地创造新形式的主体性，决不可能达到必要的表现，决不可能找到真正表现自身的形式”。④

黑格尔指出，浪漫派反讽的各种形式，来自于一种乖戾的思想倾向和施莱格尔的学说；但其更深的根源则是来自于费希特哲学及其关于艺术的某些原则，但浪漫派以一种**消极**的方式对费希特哲学进行了发展。费希特关于抽象自我的绝对性设定，产生了一些空洞的形式。根据这些形式，世界上没有任何事物是自在自为并具有价值的。而这种关于自我的理解和把握，与浪漫派反讽的思想原则相结

① Robert Pippin: “The Absence of Aesthetics in Hegel's Aesthetics”, in *The Cambridge Companion to Hegel and Nineteenth Century Philosophy*, ed. by F. Beiser, Cambridge: Cambridge University Press, 2008, p.395, also see: Terry Pinkard: “Symbolic, Classical and Romantic Art”, in *Hegel and the Arts*, ed. by Stephen Houlgate, Evanston: Northwestern University Press, 2007, pp.3—28. 亦参阅：黑格尔:《美学》第二卷，朱光潜译，北京：商务印书馆，1996，第 275 页。

② Robert Pippin: “The Absence of Aesthetics in Hegel's Aesthetics”, in *The Cambridge Companion to Hegel and Nineteenth Century Philosophy*, ed. by F. Beiser, Cambridge: Cambridge University Press, 2008, pp.399—409.

③ 黑格尔:《哲学史讲演录》第二卷，贺麟、王太庆等译，上海：上海人民出版社，2013，第 54—56 页。

④ 查尔斯·泰勒:《黑格尔》，第 70 页。

合，就造成了一种极其恶劣的效果。“当我的一切活动和一般的表现对于我只是一种显现，它们所取的形状完全由我支配时，我才是作为艺术家而生活着。所以无论是对于这种内容，还是对于它的一般表现和实现，我所抱的都不是真正严肃的态度。因为真正严肃的态度都起于一种有实体性的旨趣，一种本身有丰富内容的东西……”但是如果按照反讽的原则，那么“艺术家就是自由建立一切又自由消灭一切的‘我’，而只显现为由我自己创造并且可以由我自己消灭的显现（外形）”。这样一来，反讽艺术家就自视为在任意性中翱翔的天才和神人，“一切事物都只是一种无实体的创造品，而自知不受一切事物拘束的创造者却不受这创造品的约束，因为他能创造它，也能消灭它”。一旦反讽艺术家将自己理解为这种自由的天才，那么他就把周围现实的诸如法律、道德之类的一切关系，对反讽艺术家自己的行动的关系，以及对自在自为的普遍的事物的关系，都看成是虚幻的，对这一切抱着反讽的态度。①

在黑格尔看来，在将反讽视为艺术最高原则的思想家和作家中，只有佐尔格（K.W.F. Solger）②的思想逐渐摆脱了早期浪漫派反讽所固有的缺陷，并认识到了理念的辩证因素，即“无限的绝对之否定”（unendliche absolute Negativitat）的观点。根据这一观点，“理念活动否定了理念本身的无限性与普遍性，以便转化为有限的与特殊的东西，于是再取消这否定，因而在这有限的与特殊的东西之中把普遍的与无限的东西重新建立起来”。③这就是“否定之否定”的辩证过程。否定之否定的过程，不同于浪漫派反讽之无限否定。因为以完全得以阐发的辩证法角度来看，浪漫派反讽实际就是黑格尔在《小逻辑》中所批判的“**恶的无限性**”（schlechte Unendlichkeit）或否定之无限性（negative Unendlichkeit）。黑格尔认为，这种恶的无限性，是发生在知性层面的无限，是一种坏的或否定的无限。“因为这种无限不是别的东西，只是有限事物的否定，而有限事物仍然重复发生，还是没有被扬弃。换句话说，这种无限只不过表示有限事物应该扬弃罢了。这种无穷进展只是停留在说出有限事物所包含的矛盾，即有限之物

---

① 黑格尔：《美学》第一卷，朱光潜译，北京：商务印书馆，1996，第 80—83 页。

② 关于佐尔格的反讽思想，可参阅：曼弗雷德·弗兰克：《德国早期浪漫主义美学导论》，聂军等译，长春：吉林人民出版社，2006，第 287—316 页。

③ 黑格尔：《美学》第一卷，第 86 页。

既是某物，又是它的别物。这种无限进展乃是互相转化的某物与别物这两个规定彼此交互往复的无穷进展。……类似这样的无限，并不是真正的无限。真正的无限毋宁是'在别物中即在自己中'，或者从过程方面来表述，就是：'在别物中返回到自己。'"①以完备的辩证法框架为尺度来考量，浪漫派反讽所具有的次协调逻辑对矛盾性的强调，及其从知性层面实施的克服，显然是片面性和虚假性的成问题的结合。

正如黑格尔在《精神现象学》中所说，一方面，单纯形式的知性并没有深入到事物的内在内容之中，而是永远站立在它所谈论的个别实际存在之上综观全体，而对个别的实际存在视而不见；但另一方面，知性的分解力量，却又将事物从有机体的统一性当中肢解分裂了出来，这也就造成了主客之间，自我与他者之间，以及自我与世界之间的分裂。因此，要超越单纯知性所带来的局限或问题之同时，又要保障思想拥有活力，就"必须纯粹思维，亦即这种内在的直接性认识到它自己是环节，或者说，必须对它自己的**纯粹确定性进行自身抽象**——确定性的这种自身抽象，不是自身舍弃和抛弃，而是对它自身建立中所含的固定性的扬弃，既扬弃作为纯然具体的东西而与不同的内容相对立的那种自我自身的固定性，也扬弃呈现于纯粹思维的因素之中因而分有自我的无条件的那些不同内容的固定性。通过这样的运动，纯粹的思想就变成概念，而纯粹思想这才真正是纯粹思想、自身运动、圆圈，这才是它们的实体，这才是精神本质性(Geistige Wesenheiten)"。②

显然，实现这种纯粹思维的运动，就是后来得到完全阐发的辩证法。完备的辩证法并非仅仅是一种逻辑或思维原则，而是思想实现其纯粹的可能性，并使得思想真正获得其本质的思维本身。然而，这一动态的纯粹思想的实现，并不意味着在通向绝对精神的途中，将具体事物和现象加以抛弃，加以无限的否定。恰恰相反，由于理性乃是有目的之行动，而科学既要描述形成运动的发展经过及其必然性，又要描述已经沉淀为精神的环节和财产的东西所呈现之形态。因此，这就为思想提出了一种不容回避的严峻要求——"要有耐心，一方

① 黑格尔：《小逻辑》，贺麟译，北京：商务印书馆，1980，第206—207页。
② 黑格尔：《精神现象学》，贺麟、王玖兴译，北京：商务印书馆，1979，第25页。

面，这是说，必须忍耐这条道路的辽远，因为每个环节都是必要的；另一方面，这是说，必须在每个环节那里都作逗留，因为每个环节自身就是一个完整的个体形态，而且只当它的规定性被当作完整的或具体的东西来考察时，或者说，只有当全体是在这种规定性的独特性下加以考察时，每个环节才算是得到了充分的绝对的考察。”①这样一来，辩证法的思维模式就在容纳了思想之动态矛盾性的同时，又不会陷入浪漫派反讽所着意强调的否定之无限。

黑格尔指出，当早期浪漫派对反讽加以鼓吹和运用时，反讽的艺术家或作家并不满足于用艺术形象把自己的生活和特殊个性表现出来，而是认为在他自己的行为所表现的作品之外，艺术家还必须凭借其想象来创造外在的作品。艺术创作领域中的反讽立场，如果作用于并成为天才的个性，那么就意味着“高贵、伟大、辉煌的东西的自我毁灭；因此就连客观的艺术形象也还只是表现绝对主观性的原则，凡是对人有意义有价值爱的东西都被表现为在它们自毁灭过程中变成空无”。如果把反讽的态度或立场“作为艺术表现的基调，那就是把最不艺术的东西看作艺术作品的真正原则了”。②

黑格尔对浪漫派反讽的批判，实际上预见到了支配艺术、文学在19世纪与20世纪发展的一个强大趋势：反讽的艺术创作和文学创作，所具有的分裂和混乱的多样性；而这种多样性对于作品而言，是对人物性格之确定性的破坏。因为“真正的性格，一方面须抱有具有重要内容（意蕴）的目的，另一方面又要坚持这种目的。如果一个人轻易抛弃这种目的，他就完全丧失了他的个性。性格的基调就在于这种坚定和稳实”。③

不过，这种蕴含于作品之中的完整性、自我呈现和自我规定的破坏与瓦解，不仅仅作用于艺术作品和审美的领域。更重要的是，这种对不确定性的寻求，对主体之同一性的解构，从艺术的领域扩张到了哲学的范畴。这种扩张的实质，是针对现代性危机以及现代社会的主体构建的一种智性反应。浪漫派反讽所强调的，是主体无限创造的永动过程与思维—话语本身的一致。这种一致，意味着自由，及其

① 黑格尔：《精神现象学》，第21页。

② 黑格尔：《美学》第一卷，第84—85页。

③ 同上，第85页。

具有无限创造力的主体。虽然浪漫派反讽在逻辑上也强调矛盾、不协调，但是它却在思维—话语的运作过程中，担当了一种不受限制也无法得到限制的角色，于是“自由就意味着消解人发现自己身处其中的任何特定情形的能力……我们的想象力能够使我们反讽地应对并驱使我们远离任一生存处境。于是浪漫派反讽就成为了这样一种力量，它能够充分地扰乱位格的任何确定性，无论是自我表象的状态，还是自我的统一性感觉”。①

换言之，作为一种不充分的次协调逻辑，虽然反讽与辩证法都认可了矛盾对于思维和存在者的意义，但是事实上，前者却并未像后者一样限制矛盾在思维运作过程中的作用范围，反而将其无限地扩大化。所以，黑格尔对浪漫派反讽的批判，其实质是对现代性主体建构之某种歧路的批判；而他所遵循的辩证法原则，则是为主体建构之思维过程和历史过程赋予一种同一性的努力。

结　语

正如霍尔盖特（Stephen Houlgate）所指出的那样，一方面，曾经激励着莎士比亚和提香的那种基本关切和理想，即完整地呈现出全面的人，在现代性审美的表征中已经失落；另一方面，现代性哲学话语的一个强大潮流，就是质疑并不断地瓦解主体的统一性，而这种统一性对于审美理想和文明的社会存在来说是十分重要的，例如尼采对传统主体的解构，维特根斯坦对单一的、具有同一性的先验自我主体的驱逐，海德格尔还原到存在之发生事件的源始主义，以及德里达对语言呈现自我之可能的质疑等等。由于这种蔓延在现代性哲学话语之中的对主体的质疑和瓦解，仍然是在主体哲学的逻辑框架中来实施，即它们所遵循的仍然是将主体作为社会共同体构成之规范性基础的逻辑，所以，这一潮流只不过是从解构和颠倒的方向来完成现代性批判并重新构想一种主体性。

在黑格尔看来，以浪漫主义为起点的现代主义艺术和文学运动，

---

① Stephen Houlgate, *An Introduction to Hegel. Freedom, Truth and History*, 2nd edition, Oxford: Blackwell, 2005, p.225.

是错误理论的产物。这是现代知性的抽象性产物，而并非社会现实境况和危机的产物。这种理论的错误在于，片面的接受、强调和鼓吹人性的差异、多样性和不协调的方面，而放逐或排斥了人性之统一性和完整性的方面。不过，在现代性社会的语境下，一个黑格尔主义者，是可以领会反讽主义者的思想主张的，正如后者同样可以理解前者一样。但是，在关于世界和人生的认识论及其阐释逻辑方面，他们之间却可能永远也无法达成共识。就此而言，理查德·罗蒂为他们之间的纷争所开出的调和方案，在一定程度上只是一种暂时的停战协议。因为，他们所拥有的思维模式和精神实现的分歧仍将永存。

（作者单位：四川大学文学与新闻学院）

学术编辑：刘卓

论耶拿浪漫派的机智观及其思想史意义

——以弗·施莱格尔为中心

徐文贵

内容提要 作为耶拿浪漫派的代表人物，弗·施莱格尔与诺瓦利斯分别提出了两种既有差异又有关联的机智观。本文以施莱格尔为主要考察对象，结合诺瓦利斯的论断，试图揭示耶拿浪漫派机智观的丰富内涵；同时将其置入西方思想史中予以评价，指出耶拿浪漫派的机智观是立足于新的哲学基础上的理论突破，是对新古典主义的机智观的回应与批判。

关键词 耶拿浪漫派 机智 灵感 想象 总汇性 天才

在西方思想史上，关于“机智”的讨论至少可追溯到古希腊时期的亚里士多德，其对“文雅措辞”(asteia)的讨论，启发了后世对这一概念的讨论。但自文艺复兴以来，“机智”的内涵开始发生变化，逐渐与“想象”紧密关联，偏离了其早期修辞学的规定。从17世纪中后期到整个18世纪，“机智”成为一个广为流行和含义多变的概念。总的来说，这一阶段对“机智”的探讨或多或少受当时的哲学思潮(经验主义、唯理论等)影响，体现出较强的理性主义色彩。耶拿浪漫派的机智观虽与古希腊的修辞学传统不无关系，也与文艺复兴时期的诗学有一定关联，但它主要立足于德国唯心主义哲学体系，是对18世纪理性主义机智观的一种回应与批判。因而，耶拿浪漫派的“机智”不再局限于传统的修辞学和诗学领域，更是一种新哲学，即“早期浪漫主义哲学”的表达。

毫无疑问，弗·施莱格尔与诺瓦利斯是耶拿浪漫派的核心人物。施莱格尔创办了《雅典娜神殿》，提出“浪漫诗”的主张，并率先提倡“断片”这一颇具早期浪漫派特色的表达形式。诺瓦利斯则不仅深受施莱格尔的影响，积极响应断片式写作，还将浪漫派主张付诸小说创作中。“机智”(Witz)这一概念与耶拿浪漫派主张“断片”式写作及“浪漫诗”紧密相关，集中反映了其不同于前人的哲学内涵与美学风格，值得仔细考察。有研究者指出，施莱格尔与诺瓦利斯分别提出了既有差异又不断交叉的“机智”概念。本文以施莱格尔的机智观为主要考察对象，对比诺瓦利斯的相关论述，初步厘清其理论内涵。需要指出的是，由于耶拿浪漫派刻意回避体系化和定义式的表述，倾向于描述性和断片式的表达，因而很难简单地将之还原为某些原则或规定。换言之，借道施莱格尔，至多能对耶拿浪漫派的“机智”进行某种“特征刻画”(charakteristiken)，而无法给出一劳永逸的“定义”。

一 机智作为“灵感”与“想象力”

机智的一个重要“特征”可刻画为一种突如其来的“灵感”(Einfall)，一种意外降临的东西。这意味着，机智并非一种可分析、可习得的技艺(Kunst)；相反，施莱格尔认为一个机智的灵感自身即为照亮自身的光源。这也就是说，作为灵感的机智既不出自理性的规则，也不源自后天的人为努力，它是自主的、自发的，自身即为自身的根据。任何分析性的词语，“哪怕是赞扬性的，也会立刻扑灭此灵感”。灵感的特点是不期而至，因而施莱格尔将机智比作“长久分别后的两个情谊深长的思想的重逢”，旨在强调思想间的亲密关系，突出机智的总是出乎意料的特征。

与18世纪的主流看法一致，施莱格尔虽认为灵感非人力所能强，但并不认为它就是柏拉图式的非理性迷狂。相反，机智的灵感被视为谜语：谜语给人以智力上的诱惑和刺激，一旦被猜中，“灵感的意义也须立刻随之显露”。与这种灵感相伴的乃是一种智性，可通过教养(Bildung)来培育和获得：“机智的灵感乃是有教养者的言辞。”譬如，《关于诗的对话》中的安德烈亚就认为“艺术一向总是与有教养的东西为伴”，这被视为一切艺术的本质特征。作为教养的灵感既非纯然的理性，亦非纯然的神秘，它是各种精神材料的瓦解：“这些精神的材料在突然的分解面前必然最内在地融合起来。”毋宁说，机智是一种新的统一，将原有的各种精神材料完全粉碎，然后再度将其内在地融合起来。这种促其融合的动因便是想象力(Einbildungskraft)。

正是基于这一理由,《关于诗的对话》才会认为《堂·吉诃德》(第一部)与《哈姆雷特》是浪漫主义文学的现代源头。

因此,机智就可以被视为想象力的显现(Erscheinung),“是想象力的外部闪电”。① 从康德、席勒直至费希特的思想史发展为这种想象力理论提供了基本依据。《判断力批判》给予想象力非常重要的地位,将审美活动视为想象力与知性之间的自由游戏。诺瓦利斯也认为机智与想象力直接相关,这一配对也就区分了所谓“幽默”与机智,即“想象与判断力的碰撞产生机智;而理性与任意配对则产生幽默”。② 而在席勒看来,康德哲学的核心在于自律/自主(Autonomie)概念,他进一步将这一自身决定自身的自主概念把握为自由。受席勒影响,费希特的绝对自我更是将自我的绝对创造力归之于想象力,并认为这种自我创造非我又消解其创造物的活动就是所谓反讽。正是在这个意义上,黑格尔将早期浪漫派视为费希特自我哲学的文学应用。③ 虽然这一评价有待商榷,却也反映了想象力的自由创造活动之于耶拿浪漫派的重要性。因此,施莱格尔盛赞费希特《知识学》、法国大革命与歌德《威廉·迈斯特》是其时代最伟大的代表,其中机智作为想象之显现,本身就应该是自由的。他甚至认为,即便“没有机智而有机智感,就已具备自由性之基础”。④ 从这个角度而言,机智因此也带有了实践意味。譬如,施莱格尔也将机智形容为“一个人本该按照规则表象但却只在纯然行动一样”。⑤ 这里面就透露出费希特的实践哲学的直接影响。

作为想象力之自由的机智当然不受规则的束缚,是“被束缚的精神的某种爆发”。⑥ 就此而言,机智又与情感紧密相关。为此,施莱格尔提出了对情感或重情主义的独特理解。他不赞成英国小说家如理查逊等所倡导的感伤主义,认为“没有比悲戚的机智更为可耻的了”。⑦ 他为让·保尔辩护,认为他备受指责的感伤并非这类英国式

---

① F. Schlegel, *Charakteristiken und Kritiken I*(*1796—1801*), Nabu Press, 2010, S.258.

② Novalis, *Schriften*, Band II, *Das philosophische Werk I*, Stuttgart: Verlag W. Kohl Hammer, 1981, S.425.

③ 黑格尔:《美学》第一卷,朱光潜译,北京:商务印书馆,1979,第 79—85 页。

④ F. Schlegel, *Charakteristiken und Kritiken I*(*1796—1801*), S.156.

⑤ *Ibid.*, S.184.

⑥ *Ibid.*, S.158.

⑦ *Ibid.*, S.148.

感伤，而是一种真正意义上的浪漫主义感伤。这是因为就“感伤”的词源和本性而言，“凡以某种想象的形式为我们描绘了一个感伤材料的，就是浪漫的”。[1] 因此，施莱格尔一面承认让·保尔的作品亦是一种病态机智的杂烩，但又奋起为之一辩，认为“诸如此类的荒诞不经与自我剖白，正是我们这个非浪漫的时代绝无仅有的浪漫产品”。[2] 这就赋予了让·保尔的作品示例浪漫的意义。浪漫的感伤并非一般意义上感性的东西，而是一种精神性的情感。这种精神性情感主宰着人，触动着人的心灵。耶拿浪漫派尤为看重“爱”这种情感，认为在浪漫诗中，“爱的精神必须四处飘游，无处可见，又无处不见”。[3] 施莱格尔认为，唯有想象力能解开爱之谜，也唯有想象力能将爱之谜表现为谜：“这种谜一样的东西，就是用诗的一切表现形式所表现出来的想象力泉源。”[4] 虽然想象力竭力想要将自身淋漓尽致地表达出来，但神性的东西在自然范围内只能间接得到传达，因此那些本应该是想象力的东西，在现实世界中就现身为机智。

这样，想象力赋予机智以实践的自由感和浪漫的重情主义，那么，想象力在这个意义上就不是毫无来由、任性而为的“幻想”，而牵涉到教养。机智的想象力与机智的灵感虽突如其来，没有规则可依循，没有逻辑可分析，但并非是盲目任意、毫无目的。相反，机智是一种无目的的合目的性。施莱格尔借斯宾诺莎的术语，有时称想象与机智是“一即一切”(Eins und Alles)，认为如果人们“弄清这个可爱的假象并从游戏中引出严肃”，[5] 那么就能把握中心，在更高的光芒中重新找寻到伟大的艺术。作为想象力和灵感的机智是一种席勒意义上的“假象”和“游戏”，它本身就是一种自由的艺术。

二　机智与“浪漫诗”及“总汇性”

“机智”与施莱格尔的“浪漫诗”及“总汇性”的主张密切相关。在《雅典娜神殿》第 116 则断片中，他指出浪漫诗即一种渐进

---

① F. Schlegel, *Charakteristiken und Kritiken I*(*1796—1801*), S.333.

② *Ibid.*, S.330.

③④ *Ibid.*, S.334.

⑤ *Ibid.*, S.267.

的、在过程之中的“总汇诗”(Universalpoesie),其使命不仅在于将诗歌内部各种割裂的类型重新统一,而且致力于融合和混合诗与修辞、诗与散文、天才与批评、人为诗与自然诗。由此看来,“浪漫诗”至少包含两方面内容:其一是“浪漫化”,即赋予社会及个人生活以诗意。不过,他也强调若“将机智仅限制在社会范围内,是一个极大的错误”。① 受斯宾诺莎和谢林自然哲学的影响,施莱格尔也主张将自然与社会融合起来,因此浪漫化也包含了自然的诗意化。诺瓦利斯也主张将社会和自然乃至无生命的存在诗意化,或使之“魔化(magisch)”。这种浪漫化即“用一切种类的纯正教育材料来充实和满足艺术的形式,通过幽默的震荡来赋予各种艺术形式以灵魂(beseelen)”。② 就富于生命活力这点而言,机智往往被混同于幽默。但如果严格加以区分,则机智是一种特定的诗意化方式,必须诉诸语言,因此施莱格尔将之比作法律条文,认为“真正的机智唯有写下来才能被人们思索”。③ 他认为浪漫诗在各种艺术之中的地位,与“哲学的机智、社交、汇聚、友谊与爱在生活中的地位并无二致”。④

其二,浪漫诗是一种“总汇诗”,这种总汇性也体现于机智中。施莱格尔认为,文雅(Urbanität)就是一种和谐的总汇性机智(der Witz der harmonischen Universalität),也就是“历史哲学的一即一切和柏拉图的最高音乐”。⑤ 与之相辅相成的是古代经典研究(die Humaniora),可比之于柏拉图的体操训练(die Gymnastik)。但施莱格尔提醒说,总汇性并不意味取消一切个别的教化类型(alle einzelne Bildungsarten),简单取其中间值。相反,真正的总汇性总是力图保持个别性,并在这种个别性中反映总体性:“一旦宗教与道德的单色光照射聚合的机智之混沌(ein Chaos des kombinatiorishcen Witzes)并结出果实,就产生了总汇性。最高的诗和最高的哲学也因之自身绽放。”⑥ 借助于这种真正意义上的总汇性,与单一形式的艺术相比,总汇性的艺术显得更艺术,总汇性的诗也更具诗意——以此类推,批

①③ F. Schlegel, *Charakteristiken und Kritiken I*(*1796—1801*), S.239.

② *Ibid.*, S.182.

④ *Ibid.*, S.183.

⑤ *Ibid.*, S.253.

⑥ *Ibid.*, S.268.

评更具批评性，历史也更具历史性，等等。同样，“一即一切”也很好地揭示了为何机智与断片有内在联系：真正意义上的总体性必须体现于、内在于个体性中，而不是作为部分的总和或超验意义上的绝对而显现。这是耶拿浪漫派力图超越启蒙理性的机械论整体观以及德国唯心主义体系精神的独特之处，而这正是受斯宾诺莎泛神论所启发的。《关于诗的对话》指出：“一个人若不景仰和挚爱斯宾诺莎，成其最忠实的信徒，怎么可能成为诗人呢？”①

作为一种写作形式，断片能够很好地传达在个体之中象征总体的“浪漫的绝对”。耶拿浪漫派心目中真正的“最高者”和“无条件者”，通过断片之总体而得到表达，甚至其创作方式（匿名的集体协作形式：协作诗与协作哲学）本身也很好地反映了这种总体性。施莱格尔之所以盛赞塞万提斯和莎士比亚，是因为其作品常表现出真正的浪漫诗般的机智，并且这一机智“不是显现在单个的灵感中，而是体现在整体的结构上”。②施莱格尔认为，神话与这种浪漫诗的机智极为相似，提出了“新神话”的主张。诺瓦利斯在这点上与施莱格尔保持一致，认为“作为亲缘关系原理的机智同时也是普遍的溶剂”。③这种机智的融汇性表现在一切领域，如童真与智慧、道德与狎妓、在素朴中判断力的充溢与不足等之间的融汇。这种总体性即一种温润的、没有凸点的机智，而这正是诗优越于散文之处。在诺瓦利斯看来，这种整体性或总汇性也是通过单个的念头得以象征性体现：“因为只有通过将最犀利的方向对准一个点，单个的念头才能获得某种整体性。”④简言之，总体性寓于个体性之中，反之，个体性可代表总体性。在诺瓦利斯看来，这一理念最终的表现形式是人。人之所以最富于价值，是因为“人的第一印象是对一个绝对的机智灵感的印象：即同时作为精神和特定的个体存在”。⑤从机智所体现的“一即一切”精神来看，它当然就是一种浪漫诗、一种总汇性。

---

① F. Schlegel, *Charakteristiken und Kritiken I*（*1796—1801*）, S.317.

② *Ibid.*, S.318.

③ Novalis, *Schriften*, Band II, *Das philosophische Werk I*, Stuttgart: Verlag W. Kohl Hammer, 1981, S.435.

④ F. Schlegel, *Charakteristiken und Kritiken I*（*1796—1801*）, S.160.

⑤ Novalis, *Schriften*, Band II, *Das philosophische Werk I*, S.435.

三　机智与“社交”及“天才”

“机智”还不可避免地与“社交”和“天才”概念相连。浪漫诗的最终目的在于，让诗“变得生机盎然、热爱社交，赋予生活和社会以诗意，把机智变成诗”。①施莱格尔用诗意的笔触，将想象力与社交和友谊联系在一起，认为“通过自由社交的摩擦而带电，以致最些微的善意或敌意的碰撞而引发的刺激，都会导致想象力迸射闪电般的火花、耀眼的光束或猛烈的撞击”。②作为生命力与爱的精神，作为断片的关联物，机智内在地包含了一种社交性，与作为独创性的天才内在相关。施莱格尔直截了当地说，“机智是无条件爱社交的精神(unbedingt geselliger Geist)，或者是断片式的天才性(fragmentarische Genialität)”。③

施莱格尔重视交际，从横向看是受法国启蒙运动对社会/社交(société)强调的影响，从纵向看是受亚里士多德倡导友爱(philia)的影响，这促使耶拿浪漫派立志建立一种以情感为基础的爱之共同体。在耶拿浪漫派看来，人作为个体有其不可抹杀的个体性，但人也同时从属于某个共同体或社团(Gemeinschaft)。国家是最大的共同体，在国家与作为个体的人之间还应存在着各种各样的社团，以协调和缓冲国家与个人之间的关系。耶拿浪漫派反对西方近代以来依自然法精神而设计的机械国家模式，反对将个体视为国家机器中的零件，反抗机械式整体性对个体性的吞噬。因此，黏合个体与个体、个人与社会和国家的并非一种理性法则(法律)，而应是一种情感纽带，一种爱的精神。人只有在与他人的交往中，才能学会如何爱人和互爱，才能最终筑就良好的社会与国家。

机智与爱的精神内在相连，而这种爱既体现为异性之爱，又意味着精神相通、志趣相投的人之友爱。在诺瓦利斯看来，人的组织化冲动就表现为社交冲动，它意味着精神的同化(geistige

---

① F. Schlegel, *Charakteristiken und Kritiken I*(*1796—1801*), S.182.

② *Ibid.*, S.150.

③ *Ibid.*, S.148.

Assimilation）。[1]施莱格尔则提出要有一种对友爱的“智性直观”，以此来把握友爱者灵魂中最高的东西。因此，友爱与交际受到耶拿浪漫派的特别重视，并在其实际生活和文学实践中得到了真正的贯彻，《雅典娜神殿》断片即是此种“协作哲学”的结晶。施莱格尔称赞《福布拉斯》（*Faublas*）为同类小说中的翘楚，正因为没有其他小说能在“社交的机智与社交的欢快上”与之媲美。[2]而诺瓦利斯则认为，凡是琐屑的、卑下的、粗鲁的、丑陋的和有伤风化的东西，只能通过机智才最终得以进入社交，因为它们“仿佛只能附丽于机智：其目的规定（Zweckbestimmung）就是机智”。[3]甚至连理性的东西要进入社交，获得广泛的认同与交流，也须成为机智的，因为“机智是逻辑的社交性”。[4]《雅典娜神殿》断片第289则指出，真正善于交际的机智并不会夸耀和吹嘘自己，“它只是更高领域中的魔幻的色彩游戏”。[5]

同样，天才的内涵仍来自于康德：“天才不关乎任意（Willkür），而关乎自由（Freiheit），正如机智、爱与信仰等还须变成艺术和科学。”[6]施莱格尔认为天才是一种理想意义上的“应当”，服从天才之绝对律令（kategorischer Imperativ der Genialität）；人应当去追求这种天才性，但不能要求每个人事实上都拥有天才。同样，人也应当去追求机智，但不能强作机智，否则最终只会得到伪机智即俏皮话（Witzelei），这不过是“一种机智中的亚历山大里亚风格”。[7]因此，策动机智的必须是上述不期而至的灵感，机智必须是自由创造的想象力产物，而不是规则和技艺的产品。想象力和灵感作为机智的主要特征，也就是这种天才性的标志。因此，非体系性的断片是最适合这种天才性驰骋的“文类”。

也有研究者指出，断片这种写作形式也并非完全是耶拿浪漫派的独创，它多少受之前的法国作家（如尚福尔）和哲学家（如帕斯卡）文体的影响。施莱格尔认为尚福尔的《格言、警句与轶事》“充满了纯

---

① Novalis, *Schriften*, Band II, *Das philosophische Werk I*, S.436.

② F. Schlegel, *Charakteristiken und Kritiken I*（*1796—1801*）, S.152.

③ Novalis, *Schriften*, Band II, *Das philosophische Werk I*, S.427.

④ F. Schlegel, *Charakteristiken und Kritiken I*（*1796—1801*）, S.154.

⑤ *Ibid.*, S.214.

⑥ *Ibid.*, S.148.

⑦ *Ibid.*, S.170.

正的机智、深邃的理解”，[①]是一本启发了其断片写作与机智观的上乘之作。尚福尔突破了笛卡尔以来法国哲学追求第一原理及体系性的窠臼，“试图本能地将其最高者与法国哲学追求的第一和最高的东西相结合”。[②]他称赞尚福尔是“一位天才人物”，因为他“感受到机智的无限价值”。[③]不过，施莱格尔认为这种突破尚不彻底，因为尚福尔的机智只是不可能的幸福替代物，还没有达到自主。作为想象力之自由的机智，应该是目的本身（Zweck an sich），正如道德、爱和艺术也是目的本身一样。当然，尚福尔虽仍将机智视为某种手段而非目的，但他毕竟传达出天才的一个重要内涵，即自由。而从康德的合目的性出发，施莱格尔认为机智只能作为目的而不能当作手段，即便如夏夫兹博里那样将机智视为真理或道德手段，也不可以。因而，若将机智当作报复工具就更为可鄙，就“正如把艺术当作感官刺激的媒介一样”。[④]

四　对新古典主义机智观的反拨

由于 Witz（机智）一词在耶拿浪漫派那里拥有丰富的内涵，使得任何对它的归纳或描述都只能以特征刻画的方式进行，[⑤]但这并不意味着耶拿浪漫派的“机智”只是一锅无意义的杂烩。我们一方面可依据早期浪漫派哲学的总体框架来归纳其主要特征，另一方面也可从思想史角度通过对比来把握其内涵。当然，由于耶拿浪漫派非分析、非定义的写作方式，往往不加说明地混用不同时期、不同性质的“机智”，难免会带来理解上的困扰和混乱。大致来说，我们可以根据质性的标准和历史的标准，来对耶拿浪漫派的“机智”进行分梳和把握。虽然这两个标准很难截然区分，但在耶拿浪漫派那里还是带有较为明显的不同价值判定。

质性的标准依据的是早期浪漫派哲学，其含义多为积极的，其评

---

① F. Schlegel, *Charakteristiken und Kritiken I*（*1796—1801*）, S.161.

②③ *Ibid.*, S.154.

④ *Ibid.*, S.153.

⑤ 参见菲利普·拉库-拉巴尔特、让-吕克·南希：《文学的绝对：德国浪漫派文学理论》，张小鲁、李伯杰、李双志译，南京：译林出版社，2012，第 376 页。

价多为正面的。像前人(如约瑟夫·艾迪逊)一样，施莱格尔也区分“真正的”机智与“伪”机智。“真正的机智”在耶拿浪漫派看来是哲学所绽放的花朵：它就是思想，而“人们不知道，思想该被称作是美的还是机智的”。[①] 诺瓦利斯也认为，这种哲学结晶的机智是一种真正的发明(erfinden)，在最本质的意义上，每一种机智“都是一个被新揭示的世界”。[②] 对机智的灵感、想象力、天才性、社交性、自由、合目的性等特征的刻画，都是从其基本哲学立场出发得出的正面价值判定。反之，不符合这一标准的如前面提到的“俏皮话”，就是一种伪机智。从量上看，依质性标准所进行的大部分正面评价，多着眼于正面特征刻画，而从历史标准出发的评价，则多为否定性的，其所针对的是耶拿浪漫派之前的特定历史用法。当然，耶拿浪漫派很少明确交代其批评对象，更不会对相关概念进行思想史梳理。但通过对施莱格尔等人论述进行整体观照，仍不难发现，耶拿浪漫派的主要靶子是古典主义，尤其是新古典主义的“机智”观。

西方古典主义的源头可从贺拉斯算起，它也被称为“罗马古典主义”，极大影响了文艺复兴时期及新古典主义时期的诗学观。新古典主义诗学的法国集大成者是布瓦洛，他将贺拉斯的罗马古典主义置于笛卡尔理性主义之上，提出“应珍爱理性：你的一切作品都应显示/理性的荣耀，闪现理性之光”。[③] 在新古典主义兴起之前，“机智”引起了文艺复兴时期文论家的极大兴趣，如菲利普·锡德尼就将机智视为诗人作诗的一种必备才能。而其他文艺复兴理论家已开始将机智视作一种敏捷的思维能力，乃至一种“天才”。与文学领域不同，“机智”在哲学领域中也得到了深入探讨，霍布斯与洛克的工作居功至伟。在《利维坦》中，霍布斯认为判断力相对于想象力更为重要，因为“判断力为自身立法，而无须想象的帮助”，[④] 所以，判断无想象是机智，但想象无判断却不是机智。受霍布斯影响，洛克在《人类理

---

① Novalis, *Schriften*, Band II, *Das philosophische Werk I*, S.417. 此条断片虽见于诺瓦利斯的《花粉》，但实际作者是弗·施莱格尔。

② Novalis, *Schriften*, Band II, *Das philosophische Werk I*, S.429.

③ Nicolas Boileau, *The Art of Poetry*, in *Selected Poems*, trans. by Burton Raffel, New Haven & London: Yale University Press, 2007, p.21.

④ Thomas Hobbes, *Leviathan*, Indianapolis/Cambridge: Hackett Publishing Company, Inc., 1994, p.38.

解论》中将想象力与判断力直接对立起来，认为机智就是一种灵巧运用想象力的能力。

亚历山大·蒲柏可谓吸收了这两方面的影响。他追随布瓦洛的新古典主义，深受其理性主义原则影响。蒲柏的《论批评》中一共提到"机智"46 次，至少涉及"机智"的五种不同含义，但是他激烈批评文艺复兴时期张扬个性、提倡奇思妙想(conceit)的机智，认为"真正的机智是装饰得体的自然/人们时常想到，却很难完满表达"。① 他所谓追随自然，最终不过是让想象和情感服从理性的指引。因此，蒲柏可谓新古典主义"机智"观的集大成者，他直接继承了布瓦洛的诗学观，又将霍布斯和洛克的理性判断高于想象的结论纳入到自己的论述中。由于新古典主义提倡的是客观性、均衡、对称、比例、节制等美学原则，所以蒲柏等人尤为反对此前文艺复兴人文主义者提倡的个人性、主观性、强烈的情感、奇特的想象和文类混杂等特征。

如果说新古典主义机智观是立足于理性主义基础上对文艺复兴人文主义机智观的反动，那么，耶拿浪漫派则受德国唯心主义影响而对新古典主义进行反拨：再度强调想象力和情感的重要性，以弥补新古典主义过分强调理性的片面性；以天才和灵感来反拨规则，以机智的创造性反对古典主义的摹仿，以总汇性反拨纯粹性，以有机体的合目的性反对无生命的机械，等等。因此，施莱格尔声称"理性是机械的精神，机智是化学的精神，天才则是有机的精神"。② 他认为，代表时代精神的法国启蒙运动所强调的片面理性是不完整的，法国人的精神中缺少某种绝对综合或总汇性，其理性主义原则充其量只能达到化学般的机智，而达不到其心目中的浪漫机智。法兰西民族是一个化学的民族，法国启蒙主义时代是一个化学的时代，他们发动的革命也许是包罗万象的，但远不及浪漫的机智所达的有机整体高度："小说、批评、机智、社交、当代修辞学和迄今为止的历史学的化学本性不言自明。"③ 法国式机智充其量是炼丹术，只讲求理性和规则。法国新古典主义使"艺术哲学必要的形式性已沦为各种标签和奢靡"。④

---

① Alexander Pope, *Essay on Criticism*, Cambridge: Cambridge University Press, 1917, p.70.

② F. Schlegel, *Charakteristiken und Kritiken I*(*1796—1801*), S.232.

③ *Ibid.*, S.248.

④ *Ibid.*, S.177.

同样，施莱格尔也批评英国式新古典主义，他认为机智在英国只能算一门技艺，而算不上一种艺术。在他看来，英国人太过于循规蹈矩、一丝不苟，使得一切都非常专门化。英国人的机智也呈现出这种特征："无条件的任意之假象给予机智以浪漫和辛辣，运用到实际中即一种机智的生活；因而英国人的才能趋于癫狂，他们则誓死捍卫其原则。"①机智不应该是新古典主义硬性规定的平衡、节制、比例等客观的法则，而是一种主观的敏感，因此连罗马人也称机智为"灵敏的嗅觉"。②诺瓦利斯更直接地指出，机智所显示的恰恰是某种被扰乱的宁静与平衡，它既是这种扰乱的结果，同时也是在更高层面恢复宁静与平衡的手段。他认为，"狂热的激情包含最强的机智。一切关系的瓦解状态、绝望或精神的死亡，才是最有机智的"。③诺瓦利斯这段话既针对法国新古典主义，也是对温克尔曼以"高贵的单纯、静穆的伟大"所标示的德国新古典主义的反动。

施莱格尔认为，古代作家也不乏这种意义上的机智，因而他并不完全排斥新古典主义提倡的模仿古人，因为"非任意的戏仿及被动的机智等重要概念，可在此得到最轻易而完整的展示与阐明"。④事实上，耶拿浪漫派也并不反理性，他们只是反对新古典主义的自然法与机械的理性。这种理性只是理性的一个类别，是浅薄乏味的一种理性。除去这种理性外，耶拿浪漫派认为还有一种浓稠的、灼热的理性，它能"使机智成为机智，赋予纯正笃实的风格以灵活性和导电性"。⑤这就是融合了感性与理性、想象与判断、天才与规则、有条件的与无条件的、个体性与总体性的机智，或者说，是一种作为总汇性的机智。耶拿浪漫派认为这才是符合其哲学精神的"真正的机智"，它在历史中生发出了"新"(neu)内涵，亦即"现代"(neue Zeit)的"机智"。

（作者单位：中国政法大学文学院）

学术编辑：刘卓

---

① F. Schlegel, *Charakteristiken und Kritiken I*(*1796—1801*), S.155.

② *Ibid.*, S.163.

③ Novalis, *Schriften*, Band II, *Das philosophische Werk I*, S.429.

④ F. Schlegel, *Charakteristiken und Kritiken I*(*1796—1801*), S.151.

⑤ *Ibid.*, S.159.

经典选译

白色神话：哲学文本中的隐喻①

[法]雅克·德里达 著
陈 庆 译 牛宏宝 校

导 读

德里达对隐喻的讨论早在《论文字学》《写作与差异》中就开始了。但《白色神话》(1972)则是他对隐喻问题最集中的讨论，并成为隐喻学绕不开的经典文献。文中讨论的主要不是哲学文本中的具体隐喻，而是那些讨论隐喻的哲学文本。文章共有四节：第一节讨论的是法郎士、尼采和索绪尔等对关于语词从充满感性内容的形象转换为涂抹掉感性色彩的抽象概念。其中重点是硬币的印花图案的损耗的经济学分析。第二节则涉及黑格尔、孔狄亚克等人的讨论，关涉隐喻的运作与思想的关系。第三节则讨论专名如何变得多义，以及哲学对一词一义的追求与隐喻的对立。第四节则讨论到了哲学和科学知识的构拟中的具体隐喻(包括类比)，在此，德里达把黑格尔关于"扬弃"的辩证法理论引入其中。总体言之，与英美语言哲学1970年之后的隐喻研究的认识论目标相比，德里达的目标不是认识论的，而是要揭除西方形而上学——白色神话的面纱，用解构的手术刀来揭示形而上学的隐喻底基。尽管他承认隐喻对于知识的形成是重要的。

德里达的隐喻理论，尽管与英美语言哲学的隐喻研究大异其趣，但它还是在英美哲学界产生了很大的影响(英文译本最早发表在《新

---

① 本文为国家社科基金重点项目(13AZX026)的阶段成果。

本文根据德里达英文版的《哲学的边缘》(*Margins of Philosophy*)(translated, with additional notes, by Alan Bass, The Harvester Press, 1982)一书所收录的这一文本而译出，同时参照了法语版《哲学的边缘》(*Marges de La Philosophie*)(Les Edition de Minuit, 1972)一书收录的此文进行了校对。——中译注

文学史》杂志1974年的“论隐喻”的专号上），尤其在美国新实用主义家罗蒂那里，成了其突破再现认识论的一个积极力量。在法国哲学家保罗·利科的《活的隐喻》中，在该书的第八研究中讨论了德里达的这个文本。德里达对隐喻与哲学的关系的解构式分析，在问题的构拟和概念关联方面有极大的启发性。（牛宏宝　撰）

第一节　题铭之处（Exergue[①]）

从哲学中，从修辞学中，从一册书卷，大约的、差不多的一册书卷，在这里制作一朵花，提炼它，镶嵌它，更确切地说让它镶嵌自身，呈现自身——这样一朵镌刻之花，它离弃着，仿佛离弃着自身，又重新旋回。跟从一个宝石雕刻匠人的计算，我们学习耐心地培养……

哲学文本**中**的隐喻。由于确信我们可以理解这个短句中的每个词，并且急于在哲学的可能券册中领会（或铭写）一个形象，我们也许已经准备去面对一个特定的问题：哲学文本中存在隐喻吗？以何种形式？到何种程度？这是必然的还是偶然的？等等。那种确信很快踪迹全无：隐喻似乎在整体性的意义上涉入了哲学语言的使用（usage），一点儿也不比哲学话语**中**所谓的自然语言的使用少，也就是说，不比**作为**哲学语言的自然语言的使用少。

总之，这一问题呼唤一本书——哲学之书，有关哲学的**使用**（usage）或好的使用（usage）的书。我们的兴趣在于这种涉入的承诺，而不是它所给出的东西。因此我们将用一章的内容来讨论它，此外，对于“使用（usage）”，我们会为其附加一个副标题——“磨损/高利贷（usure[②]）”。并且首要的，我们将会把自己的兴趣放在一种特

① “exergue”这个法语词来源于希腊语“ex-ergon”，字面意思为“作品外部”。在法语和英语中它都有着一种特定的古币学中的含义，指一枚硬币或一块金属上留出的以供题铭的空间。在法语中它也有着铭文的含义，即“作品外部”的某物。这种多重意义的混合——硬币、题铭、空白处、铭文、“外部”——在这一整节中播撒（disseminates，在德里达所理解的这个词的“特定”意义上）了它的影响。同时见下注。——英译注

② 在法语中“Usure”这个词既意味着高利贷，对过多的利息的获取，同时也意味着用尽、耗竭，随着使用而衰退。而“exergue”这个词是为了解释为何标题“白色神话学”是一个经济学术语，它铭写了一种既是盈利又是亏损的不可化约的影响。因此前面的句子说我们的兴趣是有关隐喻所承诺的而不是它所给予的，即并不是盈利的，而是（转下页）

定的磨损上，那便是哲学交流中隐喻力量的磨损。这种磨损并不是随后发生的对一种修辞—能量（trope-energy）——如果没有“磨损”，这种修辞—能量注定将保持完整、贞洁——的修补性要素；相反的，它构建了哲学隐喻的特有的历史与结构。

如果不通过隐喻，我们又怎能使它成为可感的/可知的（sensible①）呢？在这里也是说“usure”这个词。事实上，如果不给它某种形象性的再现，我们便无法触及一种语言学现象的磨损。一个词，一句话，一种意义，一个文本的“专有称谓的（properly so-called）”磨损/高利贷（usure）会是什么呢？

让我们冒险地在《伊壁鸠鲁的花园》②中为这种（隐喻的）磨损的隐喻、为这种形象的毁坏发掘一个例证（只是一个例证，为了在那里认出一种常见的类型）。这一章的题词让我们注意到从法郎士③那里借来的这个隐喻——这种图形的哲学式磨损，同时碰巧也是对一种题刻上活跃的腐蚀的描述。

差不多是在《伊壁鸠鲁的花园》的结尾，有一段阿里斯托斯（Aristos）与保利斐乐（Polyphilos）之间简短的对话，标题是“或形而上学的语言（or the language of metaphysics）”。对话者密切关注着那种在形而上学观念中被隐藏并被耗损——直到其外观变得难以察

（接上页）导向亏损。对于德里达而言，“一般经济学”是这种显示了形而上学的永恒冲动，即从它的投机上“获利”，而这种投机是基于一种不可化约的亏损，一种“无保留的支出”，如果没有它们的话便不会存在获利这个概念。因此，这篇文章在一般经济学中铭写了隐喻的概念。关于所有这些问题参见《从受限到一般经济学》，收于《书写与差异》。——英译注

① 如往常一样，德里达在这里是在玩味“sensible”这个词的双重意义，即一种是与感觉相关的，另一种是非感觉的，在一种“抽象的”方式上意味深长。贯穿这篇文章，我调整了关于这个词的翻译，经常将其译为感知的（sensory）。——英译注

② Paris, Calmann-Lévy, éd. 1900. 这本书中同时还包含有一种关于字母表的形象以及字母表中某些字母的源初形式的遐想（“这天晚上我与一个幽灵进行了关于字母的起源的对话。”）。——作者原注

The Garden of Epicurus by Anatole Franc, trans. Alfred Allinson（New York: Dodd, Mead, 1923）. 接下来有关这本书内容的引用所做的注释皆来自这个版本。——英译注

这部作品暂无汉语翻译，德里达法文版本中也并未标出其参照的法文书的页码，因此在这里保留英译者的页码注释。——中译注

③ 阿纳尔托·法郎士（Anatole France, 1844—1944），法国作家、文学批评家、社会活动家，1921 年诺贝尔文学奖得主，出版有诗集《金色诗篇》，小说《希尔韦斯特·波纳尔的罪行》《黛依丝》《红百合花》《企鹅岛》《克兰比尔》《在白石上》等，国内翻译的其作品有《鹅掌女王烤肉店》《红百合花》《蜜蜂公主》《黛依丝》等。——中译注

觉——的可感图形（figure）。抽象观念中总是隐蔽着一个可感图形。而形而上学语言的历史总是混杂着对这种可感图形的功效的涂抹以及对它的肖像的磨损。在这里我们也许会意识到（尽管法郎士事实上并没有用这个词）“usure（磨损/高利贷）”这个法语词的双重承载（尽管它们其实是密不可分的）：通过摩擦、消耗、耗竭来进行涂抹，那确实如此，但同时也是一种资产的增补性产物，这种交换过程，在不会失去赌注的同时，将会使得原始财富开花结果，将会增加从它而来的回报，以一种获利的、附加利润的形式，语言学的剩余价值，这个词意义的两种历史是无法区分的。

保利斐乐：这只是一种遐想。我正在想形而上学家们，当他们为自身制作一种语言时，是如何与磨刀工们相类似的（在这里我们有意指这个比喻的一个图像，一个对比，一个图形），这不是指类似于那些磨刀子或剪子的人，而应该是指类似于那些把奖章和硬币放到磨刀石上去涂抹上面的镌刻文字、它的价值以及头像的人。当他们连续工作，直到在他们的五先令硬币上没有什么是可见的，既没有爱德华国王、威廉皇帝，也没有共和国，他们说：“这些硬币已经与英国、德国或者法国无关，我们已经把它们从所有的时间与空间的限制中解放了出来；它们不再值五先令，而是有着一种无法估量的价值，并且它们的交换价值被无限地放大了。”他们有理由这样说。通过这种不可或缺的磨刀工的积极活动，语词的通用意义从一种物理的意义转变成了一种形而上学的意义。很明显他们迷失在这个过程中；他们在其中所获得的东西并不是那么显而易见的。（第194—195页）

在这里我们并不是要使用这一遐想，而是要通过它暗含的逻辑得到一种对我们的问题外观的描绘，以及对我们的问题得以浮现的理论的、历史的条件的描绘。至少有着两条界限：1.保利斐乐似乎想保存完整的资产，或者说在资产积累之前，保存被观念的历史所剥夺或毁坏的可感形象的自然财富以及源初属性。就这样他假定（这是一个古典的主题，18世纪的老生常谈）在语言的起源处一种纯粹性的可感语言已经在那里流通，并且一种原始意义的词源（etymon，尽管是隐藏的）总是能够被判定的。2.这种词源学主义（etymologism）阐释了从物理学向形而上学过渡的这种堕落。因此保利斐乐采用一种完全哲学式的对立——这种对立有着自身的历史，自身的隐喻史——以便对他所宣称的哲学家浑然不知中对隐喻所做的处理作出判断。

接下来的对话确证了这点：它在严格意义上检验了在这种同时隐藏又被隐藏的隐喻之下，在那枚被哲学观念的流通磨损、涂抹、抛光的硬币上复原或激活那种“源初图形”的可能性。一个人难道不应该总是说这种“擦—涂（ef-facement）”是对一种源初图形的擦涂，如果它不是自身对自身的涂抹的话?

所有那些词语，不论是通过使用而被磨损，或者抛光，或者甚至是为了构建一些理智的观念而被特意地伪造，都允许我们去为自身设置某些关于它们源初地再现的事物的观念。所以化学家们制造出一些试剂，以便他们能够使得莎草纸或者羊皮纸上被涂抹掉的书写再次变得可见。正是通过那些手段，重写本被破译出来。

如果一种类似的过程被应用于形而上学家们的书写，如果潜伏的不可见的源初的、具体的意义还能够在抽象的、新的解释下被带向光亮从而得以呈现，那么我们应该可以提出一些非常有趣的，也许有启发性的观点。（第 201—202 页）

原始的意义，源初的——总是可感的、物质的——图形（“人类的词汇表是从可感图形中构建的，并且我们可以发现这种感性……甚至是在被形而上学家捏造的技术词汇中……栖居于词汇表中的根深蒂固的唯物论”[第 201 页]）并不完全是一个隐喻。它是一种透明的图形，相当于一种固有意义（sens proper）。当哲学话语让其进入流通时，它便成为了隐喻。在那时，最初的意义与最初的替换同时被遗忘了。隐喻不再被觉察到，它被当作了固有意义。这是一种双重的涂抹。从这点来看，哲学便是带离了（s’emporte）它自身的这种隐喻化过程。从本质上而言，哲学的文化将总是磨破的（fruste）。

这是一种经济法则：为了节省磨损的工作，形而上学家将会从自然语言中优先选择那些最陈旧的词语：“他们费尽心思地选择这些被打磨的词语，好像它们到达他们那里时已经有些磨损了。以这种方式，他们节省了一半的劳力。有时甚至更幸运，他们把手伸向那些通过长久的、普遍的使用，很久之前便已经失去了所有印迹（无论什么肖像的）的词语。”（第 199 页）而相应的，我们是一些在一定程度上不知道语言的磨损（l’usure）的形而上学家。虽然保利斐乐不认为它是一个问题或不认为那是他的主题，但他不可避免地进入了这个逻辑结论——“绝对（absolute）”磨损的情况。但这是什么?难道形而上学家在选择否定形式的观念时，例如绝—对（ab-solute），无一限（in-finite），无一形（in-tangible），非一存在（non-being）时，不是系统性地更偏爱这种缺失 / 亏损（也就是说这种无限的剩余价值）吗？“在随机选取的黑格尔的三页文本中，在他的《精神现象学》中（一本在 1900 年的法国大学中，似乎很少被引用的书），在与主题相关的核心句子中的二十六个词里，我找出了十九个否定词汇，作为对七种肯定的反对……那些‘abs’‘ins’‘nons’比任何有意选取的磨刀石都要有效。它们一下子使得最有棱角的词语变得光滑和无个性。有时确实是那样，它们只是在你面前让它们转个圈，翻一个身。”（第 196—197 页）除了玩笑话之外，否定形式的观念与自行抹消自身的隐喻化之间的关系也受到了考问。因为通过消解任何有限的规定（determination），否定性观念打断了那种将它们与任何特定的存在意义相绑缚的联结，也便是和是什么（what is）之整体的连接。以这种方式，它们悬置了它们明显的隐喻属性。（我们应该把否定性这个问题在接下来定义得更加清楚，通过把我们的注意力放在黑格尔主义的“扬弃（relève）”①，即 Aufhebung——这个词也是亏损与盈利的结合体——与隐喻的哲学观念之间的联姻上。）

据我观察，这是形而上学家们的一般做法，更准确地说，这些“元元形而上学家（Metataphysicians）”②的一般做法；因为那是另一个明显的事实，你的科学本身有一个否定的名字，一个从亚里士多德文章的编排秩序中提取出的名字，更严格地说，你给予自身这个称号：在“物理学家”之后到来的人。我当然知道你把那些物理的书籍看作是彼此之上的堆积，以便在上面所说的事情真正发生之后到来。同时，你必须承认这一点，那就是你是在自然的现象之外的。（第 196—197 页）

尽管形而上学的隐喻已经翻转了一切，尽管它也已经涂抹了大量有形的话语（physical discourses），我们总是应该能够重新激活源初的铭写，并且复原重写本。保利斐乐沉迷于这个游戏。通过一种工作，“一个接一个地回顾所有的体系，从旧埃利亚到最近的埃克莱

---

① 关于“relève”这个词，见“La difference，”note 23；“Ousia and Gramme，”note 15；“The Pit and the Pyramid，”note 16；and “The Ends of Man，”note 14。——英译注

② “meta”这个来自希腊语的前缀有“一起”以及“在……之后”的意义，亚里士多德并没有使用“形而上学”这个词，“形而上学”是来自于《物理学之后诸篇》这种编纂的结果，这一段也便是在这一问题上将物理学与形而上学建立关联。——中译注

科蒂克（Eclectics），并且……以拉舍利埃（M.Lachelier）结束”，他提炼出了一个极其抽象的、思辨的句子：“精神部分地拥有上帝，因为它参与进了绝对。”（第 193 页）然后他采取了一种词源学的或者哲学的考察，旨在重新唤醒所有沉睡的图形。为成此事，他并不关心“这句话包含多少真理”，他唯一关心的是“语词形式（verbal form）”。在澄清这些词语“上帝”“灵魂”“绝对”等等，是**象征**（symbols）而不是**符号**（signs）——被象征之物与象征之间保留着一种天然的亲密性纽带——之后，接着授权了词源学的重新激活（因此，任意性［arbitrariness］，正像尼采已经指出的，它不过是象征的一定程度的磨损而已），最后保利斐乐向我们提交了他的化学操作的结果：

因此我是在正确的道路上，当我考察栖居在精神、上帝、绝对这些词（它们是象征而不是符号）中的意义。

精神部分地拥有上帝，因为它参与进绝对。

如果这不是一种小的象征（大多是磨破的和被涂抹的）的集合，那会是什么？我承认，象征已经失去了它们源初的光彩以及面貌，但是仍然地，出于事物的本性，它们依然是象征。图像被还原为图式（schema），但是这种图式依然是图像。并且在不牺牲忠诚性的同时，我一直能够用一个替代另一个。以这种方式，我已经得出以下的观点：

“呼吸被赋予闪耀者，在它参与进一道丢失（或者隐微的［subtle］）部分的修整的意义上”，从那里我们很容易地得到了下一个步骤：“那个呼吸的他是一个生命的、人的符号，也就是说在这神圣的火焰中，在生命的家与源泉中将会发现一个位置（无疑在呼吸已经消散之后），这个位置将会被分配给他，按照已经被给予他（被恶魔，我猜测）的能够发送这种温暖的呼吸的特点，这个微小的不可见的灵魂，划过自由的苍穹（更像是蓝天）。”

现在看的话，这句话已经获得了某些吠陀赞美诗的片断的回声，以及古老的东方神话的风味。我不能说已经按照驾驭语言的严密法则，恢复了这种最初的神话。但先不考虑这一点。如果我们已经在一个本质上是象征的与神话的句子里找到了一些象征和一个神话，那是因为这个句子曾是形而上学的。

我想我终于让你认识到一件事情，阿里斯托斯，一个抽象观念的任何表达都只能是一种类比（analogy）。经受一种奇怪的命运，这些想要逃避表象世界的形而上学家们，却被迫永久地活在寓言

（allegory）中。许多诗人，他们剥离了古老寓言的色彩，并且是他们自身而不是寓言的采集者。这生产了白色神话。（第213—214页）

一个警句，简短的、扼要的、节省的、几乎黯哑的警句，被部署在由冗长的解释所组成的一段话中。它突出得像一个学究。它产生了一种有趣的效果，得自对东方表意文字的冗长的、打手势般的翻译。这是译者的戏仿（parody），一种可怜的逍遥学派的形而上学的孩子气的行为，他并没有认出他自己的形象，也并不知道它已经将他带往了何处。

形而上学是什么？一个重组并反照了西方文化的白色神话：白种人把他特有的神话（印欧神话）、他的**逻各斯**（也就是说他的习语的神话），当作理性（他必定仍然希望如此称之）的普遍形式。在这点上想蒙混过关是不容易的。阿里斯托斯（Aristos，Ariste），形而上学的守卫者（一种印刷错误使得标题中是阿里斯托斯［Aristos］的地方成为了艺人［Artiste］）最终"离开了"，决定不再去跟一个不遵守游戏规则的人进行对话："我很不服气地离开。如果你按照规则进行推理，我本来是可以很容易反驳你的观点的。"

什么是白色神话？那种已经在自身中将生产了它的寓言场景涂抹掉的形而上学，而此寓言场景却仍然保持着活力与骚动，以白色墨水铭写着，遮没了隐迹纸本的不可见的图画。

这个非对称的、虚拟的对话，不应得到一个如题铭般的位置，不仅仅因为它是如此触动人心的，或者因为它的丰富的想象力，以及它对我们问题的戏剧性描画。存在着其他理由。大概如下：

1. 保利斐乐的言辞似乎属于这样一种形态，其历史的和理论的配置，它的边界，它的内在划分，它的间距仍然有待阐释。在修辞学的指引下，这种阐释将会要求对勒南（Renan）① 与尼采 ②（作为古典语文学家，这二者为人们所知的是，他们所思考的是观念的隐喻性起源，尤其是那种似乎支撑着字面意义、专有［proper］意义，专有以及存在的属性［propriety］的观念的隐喻性起源）的文本的考查，

---

① 参见他的《语言的起源》（*De l'origine du langage*）（1848）第五章，in Euvre complètes，t. VIII。——作者注

② 参见《古希腊悲剧时代哲学的诞生》（*La naissance de la philosophie à l'époque de la tragédie grecque*），tr. Fr. Gallimard，pp.89—90。——作者注

* 中文本参见尼采：《古希腊悲剧时代的哲学》，周国平译，南京：译林出版社，2014。——中译注

正像弗洛伊德[①]、柏格森[②]、列宁[③]这些人，他们留心于理论与哲学话语中隐喻的活动，并且提出或者实施一种拮抗隐喻（antagonistic metaphors）的增值，以便中和或控制它们的效应。19 世纪的历史语言学的兴起，不足以解释观念中的隐喻式沉淀的加增。并且在它的发展中也并没有指出这些主题的形态并不具有一种线性的时间顺序或者历史的边界。而正是在我们刚刚放到一起的那些名字下，这一点被清晰地显示出来，此外这些被定义或者被维持的裂口（cleavages）在由单个名字所签署的话语内部发生了。对那些作品的统一性的一种新的决断必须先于或伴随着对这些问题的阐释。

2. 在一个观念中去阅读一个隐喻的潜藏的历史，那也便是基于体系而给予"历时分析（diachrony）"以特权，同时也是在这种我们之前已经指出的语言的符号学家（symbolist）的观念上进行投资：能指与所指之间的联接必须是并且依然是（尽管已经被淹没）一种天然

---

① 参见布鲁尔（Breuer）与弗洛伊德在《歇斯底里研究》（*Etudes sur l'hystérie*, 1895), p.183, pp.234—235；或见《精神的言词》（*Le mot d'esprit*),《Idées》, N. R. F., p.223—224;《精神分析导论》（*Introduction à la psychanalyse*)（tr. fr. Payot, p.276, à propos de métaphore de l'antichambre）;《超越快乐原则》（*Au-delà du principe du plaisir*), fin du ch. VI;《非专业精神分析的问题》（*Die Frage der Laienanalyse*), tr. fr. In Ma vie et la psychanalyse,（*Idées*), N.R.F., p.111. 此外，涉及精神分析话语中修辞学图式的参与时，我自然地参考了拉康的《书写》（*Ecrits*)（Paris：Seuil, 1966；同时见米勒[J. A. Miller]的《主要概念的理性索引》[*index raisonné des concepts majeurs*]一文）；以及本维尼斯特（Benveniste）的《对弗洛依德的发现中的语言功能的评论》（*Remarques sur la fonction du langage dans la découverte freudienne*）一文（1956），收于《一般语言学问题》（*Problèmes de linguistique générale*），以及雅各布森（Jakobson）的《语言的两种外观以及失语症的两种类型》（*Deux aspects du langage et deux types d'aphasie*）一文（1956），收于《一般语言学论文》（*Essais de linguistique générale*）。——作者注

② 见他的《形而上学引论》（*Introduction àla métaphysique*）一文，收于《思想与运动》（*La pensée et le mouvant*)（Paris：Presses Universitaires de France, 1946), p.185。——作者注

③ 在《哲学笔记》中关于黑格尔的辩证法的部分，列宁一般地把马克思与黑格尔的关系定义为一种"翻转（overturning）"，同时也定义为一种"斩首（decapitaion）"（黑格尔的体系中缺少能够驾驭它的一切：绝对、理念、上帝，等等），或者再次地，定义为一粒"种子（seed）"的发育，或者甚至是谷粒剥壳时的那种"剥落（peeling）"，等等。

有关对马克思的阅读中以及一般意义上的一个成问题的马克思主义那里的隐喻问题，参见阿尔都塞《矛盾与超定性》（*Contradiction et Surdétermination*），收于《读〈资本论〉》（*Lire le Capital*), pp.38—40, 58—60, 65—68 du t. I et p.75 sq., p.170 sq. du t. II，以及《意识形态国家机器》（*Les appareils idéologiquesd'Etat*），收于《思想》（*Pensée*), n 151, juin 1970, pp.7—9 与 Goux《古币学》（*Numismatiques*）I, II in Tel Quel 35—36。——作者注

的必然性的联接，类比式的分有的联接，相似性的联接。隐喻一直被定义为相似性的修辞；不仅仅在能指与所指之间的相似性，而且是在两个符号之间的相似性，一个任命另一个。这是最普遍的隐喻特征，并且它在被保利斐乐所唤醒的所有被称为象征的或类比的图形（图形、神话、虚构、寓言）的名义下赋予我们以正当的权力。在这种哲学语言的批判中，关注隐喻——这种特别的修辞格，因此也是采取符号主义者的立场。首要的是关注非语法的、非系统的极点，关注语义的"深度"，关注相似性的磁化效应（aimantation）而不是位置组合，在雅各布森所定义的意义上，可以将其称为"转喻（metonymous）"，他正确地界定了在隐喻占优势地位的符号主义（我们应该宣称，这不仅仅是语言学的观念，也是作为一个文学流派）与浪漫主义（更加历史学，甚至历史主义，并且也更加解释学）之间的亲缘关系。不言而喻，隐喻的问题，在我们在这里反复提及它的形式上，远不属于这种问题，也并不分享这些预先假定，而是相反地应该为它们划定边界。然而，我们的任务不是对称性地加固保利斐乐择之为自己的目标的东西；而是去解构在他的批评中运作着的形而上学的与修辞学的图式，但不是为了否定或者抛弃它们，而是为了以另一种方式重新铭写（réinscrire）它们，并且尤其是为了鉴定这种历史的、悬而未决的（historico-problematic）地层（terrain），正是在这一地层之上我们可以系统地要求哲学为它的观念加以隐喻的头衔。

3. 也必须对这种**磨损**（usure）的价值提供解释。它似乎与隐喻的全景（perspective）有着一种系统的关联。无论隐喻的主题在何处有其特殊位置，它都会被发现。此外，它也是一个暗含着一种**连续性前提**的隐喻：隐喻的历史在本质上将不会拥有一种携带着断裂的脱位的步调（l'allure d'un déplacement），不会在一种异质的体系中重新铭写，不会没有起源地更变、偏离，而是说那总是一种渐进性的侵蚀，一种有着规则性的语义缺失，一种对源初意义无休止的损耗，一种并不会从它自身的原始土壤突然抽离的经验性的抽象。这并不是说我们已经提到的作者的事业都被这一前提所占据，而是说每次他们给予这种隐喻的视点以优势地位时，这一前提便会在他们的事业中重现。这种特性——**磨损**的概念——并不属于一种狭隘的历史—理论的配置，而是更明确地属于隐喻自身的观念，并且属于它所决定的，或者决定了它的极长的形而上学序列。正是那个序列，我们应该将其当作我们兴趣的出发点。

4. 为了意指这种隐喻的过程，硬币、金属、银或金的范式加给自身以引人注目的强调。在隐喻——一种语言作用——于一种经济学作用中找到它的隐喻之前，一种更加普遍的类比（analogy）必须组织起这两个“领域”之间的交流。语言内部的类比被一种在语言和某种它之外的事物之间的类比所再现（represented）。但似乎在这里，进行“再现”的事物，即一个图形，它也为关于图形的话语打开了更大的空间，并且使其自身不再能够被一种区域性的或被限定的科学所包含，不再能够被语言学或者文献学所包含。

硬币上的题铭是最常见的交叉点，语言学与经济学之间交流的舞台。这两种能指在这种有问题的拜物教意义上互为补充，在马克思[①]那里和在尼采那里一样多。并且《政治经济学的批判文稿》围绕着这个法语词“磨损 / 高利贷（usure）”有系统地组织起了这些聚集的主题——“硬币说着不同的语言”，“名的差异”与“图形的差异”之间的关系，硬币转变成“没有语言的黄金”，以及黄金的观念化相反地“变成了自身的一种象征，并且……不再作为自身的一种象征而发挥作用”（“没有什么能成为它自身的象征”，等等）。[②]这里的引

① 参见《资本论》（*Le capital*），livre 1，tr. Fr. Ed. Sociales，p.93。“例如，出于这一原因，商品的拜物教特征是相当容易被识别出的……货币体系是从何处发源的？重商主义者（拥护货币体系的人）不仅仅将金与银当作那样的实体，当它们行使金钱的功能时，代表了一种生产的社会关系，同时也将它们看作这样的实体，它们被自然赋予了一种特殊的属性……如果商品能够说话，它们会说……现在让我们听听经济学家是如何阐释商品的这种灵魂的。”——作者注

② 《政治经济学的批判文稿》，Tr. fr. Ed. Sociales，p.75 sq。我们只是在回想这些文本。以便以此处我们感兴趣的视角（对词源主义［etymologism］的批判，有关专有［idion，proprium，eigen］的历史与价值问题）对它们作出分析，有必要特别地考量这一事实：马克思，以及其他的几个人（柏拉图、莱布尼茨、卢梭，等等），并没有将词源主义批评为一种滥用，或者一种非科学的漫谈，也没有将它指责为对可怜的词源学的实践。他对词源主义的批评选择了“专有”作为标靶。在这里，我们并不能引用他对德斯蒂·德特拉西（Destutt de Tracy）的整个批判，德斯蒂在**财产**（*property*）与专有（*proper*）这两个词间进行游戏，正如施蒂纳（Stirner）在我的（*Mein*）与意见（*Meinung*）（黑格尔也同样这样做过），以及**财产**（*Eigentum*）与**个性**（*Eigenheit*）间所做的那样。我们只引用其中的一段，它的目标是从经济学向语言游戏的还原，也是从观念的阶层化的特殊性向一个词源的想象性的统一进行还原：“在德斯蒂对共产主义者废除私有财产的反驳中，他是通过首先将私有财产这个词转移进‘拥有（having）’，然后宣布说动词‘去拥有（to have）’是一个不可或缺的词，一种永恒的真理，因为即使是在共产主义社会也可能发生德斯蒂将会‘有’一个肚子疼。正是以同样的方式，他也在这里为废除私有财产的（转下页）

用似乎是经济学的、隐喻语言学的。尼采，至少在表面上，对通用的类比过程的翻转并不是无关紧要的，而是一定不能忽视交流与词汇这两者的一般的可能性："那么真理是什么？隐喻的、转喻的、拟人化的多变的大军：总之，一种人类关系的概括，这种人类关系被诗意地、修辞地加强、变形、修饰，而在长时间的使用之后，似乎成了一个固定的、经典的、被绑定的观念；真理是人们已经忘记了它们'是'幻象的幻象；已经无力激起感觉的效应的磨破的隐喻，那些其正面已经被涂抹，现在不再被看做硬币而仅仅被看做金属的硬币。"①

如果我们接受索绪尔的这种区分，那么我们应该说隐喻的问题在这里属于一种**价值**（value）理论，而不再仅仅是一种**意指**（signification）理论。正是当他论证这种区分时，索绪尔为所有价值

（接上页）不可能性奠定了基础，而那是通过将私有财产这个词转移进财产所有权的观念中，通过开拓**财产**（Eigentum）与**专有／拥有**（eigen）之间的语源学关联，并且接着宣布**专有／拥有**（eigen）这个词是一种永恒的真理，因为一个肚子疼对于他来说是**专有的**。所有这些理论上的胡言乱语都是在坏的语源学中寻求庇护所，并且如果共产主义者想要废除的现实的私有财产不曾被转移进'财产（property）'的抽象观念中的话，它是不可能的。这种转移，一方面为一个人节省了必须要说些什么的麻烦，或者甚至仅仅是去了解关于现实的私有财产的麻烦，另一方面也使得一种悖论很容易在共产主义这里被发现，因为在废除了（现实）的财产**之后**，当然很容易发现所有种类的事物仍然可以被包含在'财产（property）'这个词之下。"马克思与恩格斯，《德意志意识形态》（*The German Ideology*），ed. C. J. Arthur（London：Lawrence and Wishart，1965），part 2，"财产的语言（The Language of Property）"，p.247。这一批判——打开了专有、"抽象"以及专有的观念（不是一般的现实性）的"现实性"问题——继续发展，并且提出了一些精彩的例子："例如，propriété 同时意指着财产（Eigentum）与属性（Eigenschaft），property——财富（Eigentum）与特性（Eigentumlichkeit）；在商业意义上或在个人意义上的专有（proper）；价值，valeur，Wert；商品，Werkehr（'交流'，'运输'，'商品'）；échange，交换，Austausch，等等，所有这些都既被用于商品关系又被用于如此这般的个人的特性与相互关系。在其他现代语言中，情况也是一样的。如果马克思认真地让自己去开发这种模糊性，他会很容易作出一系列的新的经济学的发现，而其中对于政治经济学却没有丝毫的认识；因为事实上他的新的经济学事实——我们应该在之后对这点作出说明——全部都处于这种同义词的领域"（*ibid.*，p.249）。——作者注

* 此注释中关于《德意志意识形态》一书的出版信息以及页码标注所用的是英译者的添加。——中译注

① 尼采，《真理和谎言之非道德论》，in *Complete Works of Nietzsche*，ed. D. Levy（London and Edinburgh，1911），vol. 2，p.180。这种关于涂抹以及图像的失色的主题，也可以在《梦的解析》（*Traumdeutung*）（tr. fr.，p.302）中发现，但是弗洛伊德并不比尼采更多地以一种明确的、单边的样式来判定隐喻理论。——作者注

* 本注释中有关《真理和谎言之非道德论》一文的出版信息与页码来自英文译者，另此文的中文译本参见《哲学与真理》，田立年译，上海社会科学院出版社，1997 年，第 100—124 页。——中译注

科学，也仅仅对于这些科学，设置了一种共时轴线与历时轴线的必要的交叉。随后他拓展了经济学和语言学之间的类比：

……那种二元性（共时与历时之间的）已经促使其本身进入经济学中。在这里，相对于另外的科学，政治经济学与经济史构成了一门科学中的两个明显分离的学科……正像他们已经从事的那样，经济学家在没有意识到它的情况下，正在遵循一种内在的必然性。一种相似的必然性则迫使我们把语言学分为两个部分，每个部分都有着自身的原则。这里正像政治经济学，我们关涉的是“价值”概念；两种科学都关系到一种在不同秩序下等化事物的系统，在一方中是劳动力与工资，在另一种方是能指与所指。①

为了定义价值的观念，甚至在它被指定为经济的或语言学的价值之前，索绪尔描绘了一种一般特性，这种特性将会确保隐喻的或类比的转换——按照相似性或比例原则，从一种秩序到另一种秩序。现在再一次，通过类比，隐喻性构建了两种秩序中的每一个，正像它构建了它们之间的关系一样。

五法郎的硬币再一次承担了对这一点的证明任务：

……我们必须梳理这个问题（价值与意义之间的关系）或者冒险把语言还原为一种简单的命名过程……为了解决这个问题，让我们从开端开始考察，在开端处甚至所有外在于语言的一切价值，也显然是被同样的悖论原则所统治的。它们总是被以下组成的：

1. 一个**不相似的**（*dissimilar*）物，这个物能够被一个其价值已经被确定的物所替换；

2. **相似的**事物，这些事物能够与那些价值已经被判定的物做出比较。

一种价值如果想要存在，那么这两种特性都是必需的。为了判定一个五法郎的硬币值多少，一个人必须知道：1. 它能够被用来交换确定数量的不同的物，例如，面包，并且 2. 它能够与同一体系中的一种相似的价值相比较，例如，一个一法郎的硬币，或者和其他系统中的硬币（例如一美元，等等）。

以相同的方式，一个词语能够与某些不同的事物相替换，比如一

---

① Ferdinand de Saussure, *Course in General Linguistics*、trans. Wade Baskin (New York: Philosophical Library, 1959), p.79. ——英译注

个观念；同时，它能够与相同本性的事物相比较，比如另一个词。因此只要我们可以简单地宣称它可以在这种或那种观念之间被替换，即它有着这种或那种意义，那么它的价值便不是固定的：人们必须也把它与类似的价值相比较，和其他的对立于它的词语相比较。它的内容只有通过外在于它的一切事物的运作才真正的是固定的。作为一个系统的部分，它不仅仅被赋予一种意义，也特别地被赋予一种价值，而这是相当不同的事情。①

正如我们长久以来所知的，价值、黄金、眼睛、太阳等等是相同的修辞运动中的延展。它们之间的替换在修辞学**以及**哲学的领域中是相当明显的。因此索绪尔在下一页中的一个标注，可以被归入保利斐乐那些强力的译文中（这“被赋予的呼吸”，这“神圣的火焰，生命的家与源泉”，等等）。索绪尔的标注让我们注意到一个最自然的、最普遍的、最真实的、最明亮的事物，一个显然最外在的指涉物，即太阳，一旦它在价值论的与语义学的交换过程中扮演一个角色（并且它总是在扮演），它就无法完全逃脱隐喻价值的一般法则：“任意一个词的价值都相应的是由它的环境所决定的；如果不考虑它的周围环境，甚至也不可能去确定‘太阳’这个能指的价值：在某些语言中，说‘沐浴在阳光中（sit in the sun）’是不可能的。”②

在同一个星座中，但在它不可剥夺的位置上，我们应该再次重读③马拉美关于语言学、美学以及政治经济学的全部文本，他对于符号或“金子”的全部推进，他已经估算了会挫败所有这些对立——在专有的与比喻的意义之间，在隐喻与转喻之间，形式与内容之间，语法与语义之间，古典的言说与书写之间，更多与更少之间的对立——的文本效应。并且那在“幻影似的日落”的轨道上播散了它的标题“or”的这一页中是如此显著的④。

---

① Ferdinand de Saussure, *Course in General Linguistics*, trans. Wade Baskin（New York: Philosophical Library, 1959）, pp.113—114.——英译注

② *Ibid.*, p.116.——英译注

③ 我在《双重法庭》（*La double séance*）（第二部分）一文中已经勾勒了这种阅读，收于《撒播》（*La Dissémination*）一书。——作者注

④ “Or”是马拉美《重大新闻》（*Grands Faits Divers*）中的一个散文片断，Oeuvres Complètes（Paris: Gallimard, 1945）, p.398。——英译注

第二节　剩余的隐喻(Plus de métaphore①)

铭文涂抹了，那么我们该如何去破译哲学文本中的修辞格，特别是隐喻？这个问题从来没有被系统地论述过，而这一点并不是无关紧要的。在这里，我们应该试着去探知使得从事这项事业"在原则上是不可能的条件"，而不是冒险提出某些未来隐喻的导言。以它最直白、最抽象的形式，边界如下：根据它的所有本质特性，隐喻仍然是一种古典的哲学素(philosopheme)，一种形而上学的观念。因此它被囊括进这个领域，在这个领域中一种一般"隐喻学(metaphorology)"将会寻求统治权。隐喻是一种哲学素网络的产物，这些哲学素自身与修辞以及修辞格相对应，并且和它们是同时发生的，或者系统性地与它们相绑定。这个为修辞"建基"的地层(strate)，这个哲学素的"最初"层级(让我们假定这里的双引号只是出于一种安全的防范)无法被控制。它无法控制自身，也无法被它自身生产的事物所控制，由在它的土壤上出产的，或者由它的根基所支撑的事物所控制。因此每次当它的产物(这里是隐喻的观念)徒劳地试图将它所归属的这一领域的整体性囊括在它自身的法则之下时，它都会自身带离(s'emporter)。如果我们试图构想并归类所有哲学的隐喻可能性，那么将存在至少一个被排除、被保留在体系之外的隐喻：如果没有它的话，那么至少对于隐喻观念的构建，或者对隐喻之隐喻的整个链条进行切分都将是不可能的。这个剩余的隐喻，保持在它使得我们能够划定边界的领域之外，同时从这个领域中提取或

---

① 这一节的标题"Plus de métaphore"是不可译的，因为它同时意谓着"更多隐喻"和"不再有隐喻"。参见本节第一段的结尾，在那里德里达解释了是怎样"转向更多变成了转向更少"。这种观念是和正文第一节首页的注释①和注释②所解释的隐喻的"一般经济学"相关联的；在这种经济学中"收益"生产了"亏损"：更多隐喻，隐喻更多的转向，变成了不再有隐喻，言语亏失的转向。德里达所指出的是这种悖论是为隐喻这一观念所固有的。——英译注

* 正如英译者所说，这一标题是不可译的，然而为了使得这一标题在中文语境中不至于陷入一种失语的境地，笔者无法将其保留为法文原句而不加以处理，因此只能根据德里达本节的内容重新为其命名，同时在这一新的标题下保留原始的法文标题。——中译注

抽取自身，因此将自身作为不足的（en moins）隐喻从这个领域中移出。由于这种我们可能会通过经济学以及修辞的替补为其加上标题的事物，由于多的转向变成了少的转向，哲学隐喻的分类学或历史永远都不会重新获得它的收益（compte/profit）。这种替补中的永无休止的开裂（déhiscence）——如果我们可以继续培育一些这种植物学的隐喻的话——永远不会到达一种充足的状态或地位。这个领域永远不会是饱和的。

为了证明这一点，让我们想象一下对哲学隐喻进行的一种——同时是历史的与系统的——抽样调查会是什么样子。首先，它将会被一种严格的隐喻观念所主宰，在一种一般修辞学中，与所有经常和它相混淆的表达方式进行细致的区分。让我们暂时接受这个定义。然后人们就必须承认外来的隐喻是被引进到所谓的哲学话语中的，或者说意指（significations）当被移出自身本有的家中时就变成了隐喻的。因此人们将对它们起源的位置进行分类：我们会有着各种各样隐喻，生物的、有机的、机械的、技术的、经济的、历史的、数学的——几何学的，拓扑学的，算术的（假定在严格的意义上数学的隐喻可能存在，暂时让这一问题存疑）。这种分类，这种假定了一个起源的位置和一种迁移的过程的分类，通常被某些（不是很多）研究一个哲学家或者一个特定文本中的“隐喻”的学者所采用。

如果我们按照隐喻起源的区域为隐喻分类，我们必然会（事实上这已经发生了）将这些“出借（lending）”的话语，起源的话语——与借入（borrowing）的话语相对立——导向两种主要类型：那些在严格意义上显得更加源于自身或在自身中保持为源初的①，以及那些其对象不再是原始的、自然的、源初的。前者为我们提供物理的、动物的以及生物的隐喻，而后者则生产出那些技术的、人工的、经济的、文化的、社会的等等类型的隐喻。这种首要与次要的区分（在自然与技艺或者自然与规则[nomos]之间）在一切场所都起着作用。有时这种连贯的线索并没有被指明，有时也会存在着一些与传统区分决裂的宣言，但是

① 这些首先会在自然界中遇到（rencontrent），只对采撷作出要求的自然，如同花朵。花朵总是年轻的，最接近自然以及生命的清晨。花朵的修辞学，例如在柏拉图那里，总是有着此种含义。Cf. *le Banquet*, 183 e, 196 ab, 203 e, 210 c, *République* 474 e, 601 b. Politique, 273 d, 310 d, etc. See *Symposium* 183e, 196a—b, 203e, 210c; *Republic* 474e, 601b; and Politics 273d, 310d, etc. ——作者注

结果却总是相同的。这些分类学原则并不是出于特定的方法问题，而是被隐喻的观念与体系（例如，起源位置的对立，词源的对立，专有的对立，以及其他一些）所主宰的，只要这个观念没有被挑唆（sollicité，solicited①），任何方法论的革新都必定是毫无意义的。例如，在皮埃尔·路易斯（Pierre Louis）②的《柏拉图的隐喻》（Rennes，1945）一书中，他宣称自己将不会采用“系谱的”或者迁移的分类模型。因此相对于起源位置的外在准则，他告诉我们他更喜欢隐喻的内在组织原则。在那种情况下，我们应该由作者的意图所引导，由他头脑中的事物所引导，由修辞格（figures）的运作所意指的东西所引导。这听起来显然更像一个提议，因为我们在这里是如此这般地关心着哲学话语或者一篇论文的：正如人们所知，在这种情况下，重要的是被意指的内容、意义、真理的意图等等。当然，重视柏拉图思想的意义与它的内在关节（articulation），对于任何一个试图重构柏拉图隐喻体系的人，都无疑是必要的。但是我们很快便意识到内在的衔接并不是隐喻本身，而是“哲学的”观念，无论作者说什么，隐喻都扮演着有着教育性的纯粹装饰的角色。至于柏拉图思想的严密的哲学布局，那仅仅是一种过时的规划。让我们首先考察路易斯的方法论宣言：

在这种研究中，传统的方法是按照来源去组织图像，这一来源是作者将它们借出的领域。严格地说这种方法，在一首诗歌的情况下是适当的，因为一首诗歌的图像仅仅是装饰而已，这种装饰的美丽只是为了表现一种异常丰富的想象力。在这样一种情况下，我们并不会进入到隐喻或者明喻的更深的意义，而是首要关注它的原初的影响力。而柏拉图的图像，不仅仅是出于对它们的华丽品性的兴趣。无论谁去研究它们，很快便会意识到它们不仅仅是装饰：那是它们的本质，在被用于表达观念时，总是好过冗长的解释。（第 13—14 页）

那些观点立刻是陈旧并自相矛盾的。很少有人把诗学的隐喻当做一种外在的装饰，特别是在把它与哲学的隐喻相比较的时候。很

① 这是德里达一贯的在“词源学”意义上使用“挑唆（solicit）”这个词，意思是“动摇整体”。——英译注

② 皮埃尔·路易斯（Pierre Louis），1913 年出生于法国，文学博士，曾任法国克莱蒙费朗学院校长，翻译有亚里士多德生物学论文集。除了此处提到的《柏拉图的隐喻》（*Les métaphores de Platon*）一书，还写有《柏拉图理论的教诲》（*Enseignement des doctrines de Platon*）《亚里士多德：动物的契约》（*Les Parties des animaux*）以及《亚里士多德问题集》（*Aristote Problemes*）等书。——中译注

少有人会推论说，由于这个原因，哲学的隐喻应该为了自身而被研究，并且只有外在地作为一个能指，它才会获得一个自己的身份。另一方面，没有什么其他隐喻理论，会比把隐喻作为一种避免“冗长的解释”①的“经济学”方法更为陈旧的了：并且首先是避免明喻的方法。然而，路易斯已经做出了要拒绝这种传统的宣言：“如果我们需要区分明喻与隐喻的一个标准，我将会说明喻总是显现为某些外在

① 因此隐喻与其他修辞格，尤其是和比喻，是同质的，仅仅因精巧程度不同而有区别。最简洁的修辞格——隐喻——也是最普遍的一种，节省化了所有其他的修辞格。这种“经济学家”理论可以称亚里士多德是自身的支持者：“明喻（eikon：image）也是一种隐喻；差别是微乎其微的（diapherei gar mikron）。当诗人说，‘他像（hos）’一头狮子一样扑向了他们，这是一个明喻；当他说‘这头狮子扑向了他们’，这是一个隐喻。” Works, ed. W. D. Ross（Oxford：Oxford University Press，1924），III，4，1406b20—22. 对于《修辞学》的所有注释皆是来自这一版本。同样的主题也出现在西塞罗那里［《论雄辩家 III》（*De Oratore III*），38，156；39，157；《演说家 XXVII》（*Orator XXVII*）92—94］，昆体良（Quintilian）那里［《雄辩术原理 VIII》（*Institutio Oratoria VIII*），6，sec. 4］，孔狄亚克那里［《书写的艺术 II》（*De l'art d'écrire II*），4］，以及黑格尔那里：“隐喻在一边，而明喻（Gleichnis）在另一边，而在这之间我们可以安放这一图像。因为它与隐喻有着如此亲密的亲缘关系，严格来说它只是一个详细的（ausführlich）隐喻，因此它现在获得了一种与明喻之间的极大的相似性。”《美学》（*Aesthetics*），trans. T. M. Knox（Oxford：Clarendon Press，1975），p.408. 所有有关《美学》的注释都来自这一版本。并且那仍然是：“隐喻是一种节略的比喻。” J. Vendryes，《语言》，trans. Paul Radin（London，1925），p.178. 似乎在这里值得考察的并不是节省的考量自身，而是它让其浮现的构思的机械性（缩写，节略的同质的量，时间与空间的萎缩，等等）。此外，在这种情况中节省法则在这样的运作中得到确认，即从一种被构建的图形到另一个至少暗中被构建的图形的运作，而不是在图像的生产本身之中被确认。这种生产的经济学不可能是如此机械的、外在的。让我们说多余的装饰从来都不是无用的，或者说无用总是可以为之用。在此处我们没有时间也没有篇幅来评论《连通器》（*Vases communicants*）一书中的一页内容，在其中布列塔尼（Breton）分析了一种装饰，处理了压缩与置换的这种修辞的同等物，并且处理了它们的经济学：“对于打领带我有着一种‘情结’，我讨厌这种男性化服装的不可理喻的装饰。不时地，我责备自己屈服于这样一种老套的风俗，比如每天早晨在一面镜子前（我正在试图向心理分析师们解释）谨小慎微地对一块布片进行打结，更别提晨夹克这种已经是很愚蠢的表达方式了。很简单，那相当让人心烦。我并不是没有察觉——从另一种视角，事实上并没有隐瞒我自己——就像一台投币式机器一样，雅里的过度男性化在这些测力计姐妹身上操练它的胜利（‘过来，女士’），通过性别——投入这个孔而消失——以及转喻地（部分代替整体）将女人象征化，领带也是如此，甚至说如果按照弗洛伊德的说法，它是阴茎的形象：‘不仅仅因为它们是长形的独立物品并且专属于男人，而且因为它们可依据品位而被选择，一种自由——在象征化的物品的情况中——是被自然所禁止的。（弗洛伊德，《梦的解析》，SE V，356）’。”《连通器》（Paris：Cahiers Libres，1932），pp.46—47。关于“压缩的工作”以及“极端简洁的法则赋予了现代诗歌一种最为显著的特性”也可参见第 58 页。——作者注

* 此注中有关书籍英文信息为英译者所加。——中译注

之物，很容易将它们从文本中分离出去，而隐喻对于意义的表达总是必不可少的。”[①] 按照这种观点，缩写词（abbreviation）的经济学程序将不会被应用于另一种修辞格，而是直接应用于“观念”或意义的表达，并且隐喻将会与这种观念或者意义内在地、本质地相联接。以这种方式，它将不再是一种装饰，或者至少不是一种“多余的装饰”。（这个文本带有毕达哥拉斯的一条格言的味道：“每一个仅仅是装饰的装饰都是多余的。”）在之前的作为隐喻的装饰中，没有什么是多余的；它不会为观念的必然繁茂，意义的自然延展，带来额外的负担。但是伴随着所有这些而来的是，隐喻将会是比以往更要“多余的”。它将会和它的奠基者，和处于主宰地位的观念所指合二为一。隐喻将既不能与这种观念相区分，也不能与它自身相区分，除非它重新沦为一个多余的符号，一个立时枯萎的符号。外在于思想，作为一种“想象力”的产物，隐喻——

……那是它们的本质，在被用于表达观念时，总是好过冗长的解释。因此，似乎我的兴趣在于去考察那些观念是什么。并且正是它使得我更喜欢传统分类方法中的另一种，即多恩瑟夫（F.Dornseiff）在他关于品达的风格研究中曾使用过方法。它主要是根据隐喻表达的观念去分类隐喻，它能够很方便地把握作者的思维方式，而不再是仅仅考虑他的想象力。同时，当我们严格地规定每个图像的意义时，它也可以帮助我们观察到，在某些对话中，一个显性的隐喻如何被作者在文本的一端到另一端之间进行穿插。最后，它也有着这样的优点，即通过显示在同一观念的表达中可能出现的任何新的图像，从而为隐喻的使用带来革新。总之，它不仅满足分类的需要，也可以很好地帮助我们获得对于图像的角色和力量的更深的理解。（第 14 页）

为了避免将隐喻作为一种想象力的或者修辞学的装饰，为了回到哲学话语的内在关节，修辞格被还原为观念**表达**的手段。最好的情况是，这让一种针对内在结构论的研究得以浮现，从而替代了对于内在结构的研究。那可能已经是一种向着马歇·盖鲁尔（Martial Guéroult）的方法，或者更准确地说向着维克托·戈

---

① 在这里路易斯用 W. B. 斯坦福的《希腊隐喻》（*Greek Metaphor*）（牛津大学出版社，1936）以及 H. 康拉德的《隐喻研究》（*Etude sur la métaphore*）（Paris，1939）。——作者注

德施密特（V. Goldschmidt）在他的关于范式（paradigm）与柏拉图的辩证法一书[《柏拉图辩证法中的范式》（*Le paradigm dans la dialectiqueplatonicienne*）[①]]的程式的修辞学（如果这种修辞学在事实上，甚至原则上是可能的话）的转移。[路易斯引用了柏拉图在《政治篇（Politics 278c）》中关于范式的定义，并且大胆地发出下面的感叹："只要我们用隐喻替换范式，我们便有了一种柏拉图对于隐喻的定义！"]然而就目前情况下而言，为路易斯的方法的合法性做辩护的只是一种完全盲目的哲学，这种哲学自身的根据从没有得到检验。他赋予隐喻"表达一个观念"的角色，生产或者再现思想的内容的角色（这个思想的内容可能自然地会被称作一个"观念"），仿佛那里的每一个词语或观念并没有自身的历史（柏拉图自身所熟知的历史），并且好像那种历史自身并没有携带着隐喻的，或者更一般的，修辞的整个体系的某些印迹一样。无论如何，在这种最初的分类中，一种遵照柏拉图哲学的内在衔接的宣言，给出了如下的标题：两个被称为质问（Enquiry）与信条（Doctrine）的主要部分。并且另外九个章节被称作理智的活动（反射与创造），辩证法，话语，人，灵魂，知识理论，伦理学，社会生活，上帝与宇宙；如此多的过时的分类——一种暴力编写在运作着，在忠实于一个人思想的托词下，这个人要求我们尊重有机的衔接，因此也尊重这些话语。事实是那些区分在柏拉图主义之外不会有任何意义，而这也并不会证明它们的存在可以被回置或者直接应用于柏拉图的体系。最后，它们并没有阻止作者增加一个附录，一个按照上面提出的区分而设置的隐喻清单（自然 / 规则（nomos）；自然 / 技艺）。附录的标题如下：按照柏拉图提取它们的来源，隐喻和明喻的分类清单如下：1. 自然；2. 人；3. 社会；4. 神话、历史以及文学的回忆。

如果采用这种观点，我们关于哲学隐喻的标准便属于哲学话语的一种次级的、衍生的形式。这或许会是成立的，如果这些修辞格（figures）是被一个体系中可确认的作者，有计划地、自觉地使用的；如果这项任务是为了描述一种哲学的修辞形式，而这种修辞形式是被放置在一种自治的理论中，这种理论是在自身的语言之前

① Paris：Presses Universitaires de France，1947. See，notably，chap.3，"Paradigme et métaphore"，pp.104—110. ——作者注

以及之外而被构建的，它操纵那些修辞像操纵工具一样。无疑，这是一种哲学的典范，事实上，是柏拉图哲学的典范，它是由柏拉图对哲学与修辞学、辩证法与辨证论（sophistry）之间的排序和区分所生产的。直接的或间接的，在这里成问题的正是这种区分与等级制度。

当我们转向那些“古老的（archaic）”的修辞，转向给予那些“奠基的（founding）”观念（理论、理念、逻各斯等等）一种“自然的”语言特性的这些修辞时，我们刚刚指出的这些困难变得更加棘手。甚至构成这个命题的符号（词语或者观念），从“修辞（trope）”“本原（arche）”开始的符号，也有着它们自身的隐喻负载（charge）。观念（concept）是一个隐喻，根基（foundation）是一个隐喻，理论（theory）是一个隐喻，因此对于它们不存在元—隐喻（meta-metaphor）。让我们不要纠结于这种在阳光下揭示了一切理论焦点的视觉隐喻。这种“根基的”事物所回应的是对于牢固的、最深层的基础（ground）的渴望，以及建立作为一种人工结构的支撑的地层、基础的渴望。这种隐喻力量有其自身的历史，并且对于它海德格尔已经做出过阐释[①]。最终，这种观念的观念不会不留下（尽管事实上它将是无法被还原到那里的）强力的姿势，这种把捉—现在（taking-now），以及把事物作为一个对象的把握、理解。这既存在于拉丁语中，也存在于德语中。黑格尔看到了这点，并且不经意地界定了我们的问题，或者不如说他通过他自身的思辨的、辩证法的逻辑对它予以回答，从而为这个问题设定了条件：

---

① 康德，在其关于形象描写（hypotyposis）的论述中，也已经求助于“根基（ground）”的例子。形象描写可以是图式的（直观对于纯粹理性的观念的直接呈现）或者象征的[symbolic]（直观对于纯粹理性观念的非直接呈现）。“至今对于这一功能的分析微乎其微，对于它值得进行一种深入的研究，但这里仍然不是对其进行深思的地方。我们的语言中充满了这样的依据于一种类比的非直接呈现（Darstellungen），其中的表达并不包含专属（eigentliche）于观念的图式，而只是包含一种属于反思的象征。因此，这些词语，根基[Grund]（支撑，Stütze-，基础，Basis-）。”依据（从上方得到支持），流出（而不是按照），实体[substance]（正如洛克对其理解的那样：对于偶然的支撑），以及难以计数的其他词汇，并不是图式的，而是象征的形象描绘，它们表达观念，但却不会以一种直接直观为目的，而仅仅是以描绘出一种类比为目的，即将对于一种直观对象的反思（mit……der Übertragung der Reflexion）传送进一种相当新的观念中，并且对于它来说可能没有任何直观会与它直接相符合。《判断力批判》，trans. J. C. Meredith（Oxford：Oxford University Press，1952），p.223。——作者注

隐喻主要是被用在言语的表达中，也许我们可以从以下几个方面很好地思考这种关系。

a. 起初，每种语言自身都包含有大量的隐喻。它们起源于这样的事实，即原本仅仅意指完全感性的事物的一个词语，被运载至一个精神的领域。“理解”“把握”以及很多常见的与思想过程有关的词语，它们的源初意义只与一种纯粹感觉的内容有关，而后这种纯粹感觉的内容丢失了，并且被一种精神意义所替代；最初的意义是感觉的，而后才是精神的。

b. 然而，渐渐地，隐喻的外观在这样一个词语的一般使用中消失了，正像流通的货币，这个词语从一种隐喻的表达变成了非隐喻的表达；由于能够准确表达图像中的唯一含义，图像与意义不再被区分，图像不再提供具体形象，而是直接提供抽象意义本身。例如，当我们在精神意义上使用“把握（grasp）”这个词时，对于我们，在这个词中并不存在任何在手与外在对象之间的感性关系的暗示。在活的语言中，这种在真正的隐喻与词语（已经通过磨损而沦为仅仅是表达的方式）之间的区分已经被建立了；相反地，在死语言的情形下，这是困难的，因为仅仅是词源学并不能够判定这个问题。这个问题并不依赖于一个词语的最初起源或者依赖于语言学的一般发展；相反，这个问题首要的是一个看起来完全形象化的、虚假的、阐释性的词语，在语言的生命中，是否已经完全失去了它的源初的感觉意义，是否在它作为一种精神意义的使用过程中，在被吸收进一种精神意义的过程中，已经完全丧失了它的记忆。①

在这里，实际的、发挥作用的隐喻与不活动的、被涂抹的隐喻之间的对立与**使用**（usure，Abnutzung）——我们之前已经对它的含义做出讨论——的价值是一致的。这在有关哲学隐喻的话语中几乎是恒定的特性：存在着所谓的不活动的隐喻，它们没有丝毫的利害，因为作者**不曾意识到它们**，由此隐喻的影响在意识的领域里被研究。这种区分，仍然发挥作用的隐喻与停止活动的隐喻之间的区分，和传

---

① 《美学》，pp.404—405.（最后一段已经被修改，包含扬弃［aufheben］这个动词，当然德里达将其翻译为“relever”，英译者注。）对于瓦雷里所捕获的图形也有着类似的考量，在其《对外科医生说的话》（*Discours aux Chirurgiens*）中，in *Oeuvres*（Paris：Gallimard，1957），vol. 1，p.919. See also below，“Qual Quelle”。——作者注

统中活的隐喻与死的隐喻之间的对立是一致的。① 最重要的是，隐喻化的运作（隐喻的起源以及之后的涂抹，通过修辞格的绕道，从专有的可感意义到专有的精神意义的过渡）仅仅是一种观念化的运作。并且这种观念化的运作是被**辩证观念主义**（dialectical idealism）中的主要范畴所包含的，即"扬弃（relève，Aufhebung）"，也就是说这种生产符号的记忆（Erinnerung），它通过抬高、抑制以及保存可感的外在性而将它们内化。并且为了能够思考并解决它们，这一框架为作品设置了种种对立，自然 / 精神、自然 / 历史或者自然 / 自由，这些对立通过谱系学而和自然与其他者之间的对立联结起来，出于同样的原因也与可感的 / 精神的、可感的 / 可知的、感觉 / 意义（sensory/sense）之间的对立联结起来。这种对立的体系在黑格尔那里是最清楚的。它所描绘的是形而上学的可能性空间，以及被归于它的隐喻观念。②

让我们暂时地假设，这些对立是可以被信任的，哲学的一种普遍"隐喻"的这项事业能够被托付给它们。在对开端的隐喻（自然的隐喻）的分类中，我们很快便不得不求助于四种元素的神话。而这次，我们不是去处理一种被应用于一个相当不确定的文本的物质的想象力的精神分析 ③，而是处理哲学文本的一种修辞学分析，而对于这个哲学文本，我们总是假定有鉴定它的标准。这将导致自来源领域对

---

① 这是 T. 施珀里（Spoerri）的《笛卡尔的隐喻能力》（*La puissance métaphorique de Descartes*）一文（收于《罗耀蒙特哲学讨论会》，Paris：Editions de Minuit，1957）的研究核心。也参见佩雷尔曼（Perelman）与 Olbrechts-Tyteca 的《论争的契约》（*Traité de l'argumentation*）（Paris：Presses Universitaires de France，1958）一书。——作者注

② 这解释了对于隐喻观念的不信任如何激发了海德格尔。在《论根据之原则》（*Der Satzvom Grund*）中，他首先坚持可感 / 不可感的对立，一种重要的，但并不是唯一的、首先的，也不是隐喻价值最为决定性的特征。但在这里，随后的评论将会让人满意：由于我们的听和看从来都不是感官的简单接收，因此断言思想的阐释是被听觉与视觉所把握的，仅仅再现了一种隐喻，所谓的可感的向不可感的传送。"传送"与隐喻的概念依赖于将可感的与不可感的作为两种自我维持的领域的这种区分——不是说分离。这种可感与不可感之间的分离，物理的与非物理的之间的分离，是所谓的"形而上学"的一种根本的特征，这种形而上学赋予了西方思想的本质特性。一旦可感的与不可感的之间的这种区分被认为是不充分的，形而上学便会失去它的作为主导思想的等级制度。一旦形而上学的这种界限被看到，"隐喻"的决定性的观念自己便会崩塌。对于我们再现语言的存在的这种方式那是有着尤其的决定性的。这便是为什么在对诗歌作品或者更一般的艺术作品的阐述中，隐喻经常被用作一种辅助的方式。——作者注

③ 对于巴什拉的参照，德里达在本篇文章的最后一节中进行了讨论。——英译注

隐喻的分类与一种普遍格式的不可避免的交叉，这种普遍格式不再在那些现象（显现之物）的基础领域上被构建，而是在接受的区域、感性的区域的基础上被构建。除了数学文本之外——在其中很难看到它如何在严格的意义上提供隐喻，因为它与未被规定的存在领域相连接，没有任何可感的或经验的内容——话语的所有局部形式（就它们不是纯粹形式的而言），都会为哲学话语提供可感类型的隐喻内容。因此我们也许会试图按照感性的类别观念去分析这种内容。我们确实会谈论视觉的、听觉的以及触觉的隐喻（在这里认识的问题处在它的元素中），甚至更不常见地（但并非是不重要的）谈论嗅觉的①或者味觉的隐喻。

但是我们应该会发现，与可感内容的这种经验美学相应，隐喻的一种超验的、形式的美学将会是这种经验美学的可能性的条件。它会将我们引回时间与空间的一种先验形式。事实上，难道我们没有在谈论时间化的隐喻？这些从我们听觉中产生的隐喻，不仅仅是从柏拉图到胡塞尔的音乐的范式，也是对倾听、领会（entendement）本身的要求等等。尼采把隐喻的边界扩展到这样一种程度上，他把隐喻的力量赋予给了一切发声的表达（énonciation）：难道我们没有在这种本身便是异质的言说时间中进行运送吗？②相反地，难道人们不是经常宣称，一旦隐喻给予我们想象的、看的、触的某物时，一切隐喻的阐释便都空间化了？柏格森在对空间隐喻的不信任这点上，远不是孤独的。

---

① “我们曾经认为必须从嗅觉开始，因为在所有的感觉中它显得是对人类思想的知识贡献最小的。”孔狄亚克，《论感觉》（*Taité des sensations*）导论，收于《孔狄亚克哲学全集》，乔治·罗伊编辑（巴黎：法国大学出版社，1947 年），第 222 页。——作者注

② 这足以使得每个能指成为所指的一个隐喻，尽管隐喻的经典概念仅仅指的是一个能指对于另一个能指的替代，一个所指变成另一个所指的能指。难道尼采的操作，在这里不是在隐喻的名义下，将经典修辞学所认为的——毫不奇怪的——一种独特的图形，**符号的换喻**，扩展到了话语的每一元素中？杜·马尔塞（Du Marsais）说这一图形是由将“符号当作所指之物”组成的，并且它在他所判定的五种换喻类型的表格中占据着最靠后的位置。丰塔涅（Fontanier）则只赋予了它不到一页的篇幅。原因在于这样的事实，即被查看的符号在这里是所指之物的一部分，而不是修辞格本身。首先我们可以看到那些有关**象征**的例子，对于国王的等级，没有任意的符号，权杖对应于元帅，皇冠对应于红衣主教，剑对应于士兵，长袍礼服对应于文职官员，“长矛意指着一个男人，而卷线杆指示着一个女人：封地从长矛落向卷线杆，这是一块从男性传递到女性的封地”。杜·马赛尔，《论修辞》（*traité des tropes*）（Geneva：Slatkine Reprints，1967），chap.2，ii。——作者注

这种最终的回归如何发生？在没有深入传统哲学问题的情况下，我们如何诉诸空间与时间的这种最终的对立（正是与这种先验美学以及一种先验感受性的纯粹形式相联系，数学隐喻才会找到“它的”一条轨迹）？在没有阐明“空间”和“时间”的意义的情况下，我们如何知道一种意义，一个观念对象，一个可理解的要旨的时间化与空间化意谓着什么？并且在直到一种逻各斯或意义——它们自身空间—时间化（spatio-temporalize）了它们所规定的一切——可能是什么之前，如何进行这点？作为隐喻的逻各斯会是什么？

意义（sense）[作为意义，作为内容的非时间的或非空间的所指]与它的隐喻能指（一种已经在隐喻所完全属于的意义元素中发挥作用的对立）[1]之间的对立，经由整个哲学史而沉淀下来（另一个隐喻）。而这并没有考虑到这一事实，即意义（sense）[所指]与感觉（senses）[可感的能指]之间的分离是以相同的根基（sensus，Sinn [感觉，意义]）而得以被阐明的。也许有人（像黑格尔）可能会欣赏这种储备（stock）的雄厚，并且诡辩地、辩证地说明在它之中隐藏的扬弃；但在使用一种隐喻的辩证观念之前，必须要考察这种双重的扭结（turn），这种扭结通过允许“意义（sense）”这个词（它本应该在感觉中被遗忘）的使用，打开了隐喻和辩证法。

因此，隐喻（尤其是那些所谓的哲学隐喻）的一般分类法假设了那些重要问题的解决方案，并且首要的是那些构建了哲学在其历史中的整体的问题。因此相对于它宣称自己将会支配的话语，任何“隐喻学”都是衍生的，不论它是通过作为哲学家明晰的意识的规则还是他的文本的体系的、对象性的结构而做到这点，不论它是重构了一种意义还是破译了一种征兆，不论它是否在一种更一般的、更引人注目的、更牢固的隐喻的基础上，阐明了一种习语的隐喻（专属于一个哲学家，一个体系，或者一个特定文本）。隐喻的观念，和所有允许我们去判定它的意义与它的指涉的断言一道，本身便是一种哲学素。

这会产生双重的、矛盾的结论。一方面，不可能**从外边**，通过使用本身便是哲学的产物的隐喻的观念，把握哲学隐喻。似乎只有哲

---

① 这种复杂的结构导致了许多混淆。其中的一些也许被 I. A. 理查德所提出的在隐喻的要旨（tenor）与媒介工具（vehicle）之间的区分而避免了。Sense，意义“必须被与要旨清楚地区分开来”。《修辞哲学》（*The Philosophy of Rhetoric*）（New York：Oxford University Press，1965），p.100。——作者注

学才会对自身的隐喻产物施加威力。另一方面，出于同样的原因，哲学被剥夺了它为自身提供的东西。它的工具属于它研究的领域，它无法控制它的一般比喻和隐喻。事实上，只有围绕着一个盲点或聋点（deaf point），哲学的隐喻才能被它感知到。隐喻的观念将描绘这一轮廓，但不能确定的是，在如此做时，它是否是围绕着一个组织性的中心；并且这种形式法则适用于任何哲学素。出于两个彼此累加的原因：1. 哲学家将只会在这种观念中发现他已经放入的事物，或者至少作为一个哲学家，他认为他已经放入的东西。2.“隐喻学”的根本对立的设置（自然 / 技艺，自然 / 规则［nomos］，可感的 / 可知的，空间 / 时间，能指 / 所指，等等）通过一种隐喻语言的历史而进行，或者毋宁说通过修辞的运作而进行，这种修辞的运作不再能够被隐喻的哲学名称所称谓，同时出于同样的原因，也不再能构成一种“专有”语言。通过超出专有与非专有的差异，属性与非属性的影响必须被给以解释。因此显然不存在可以限定若干修辞的专有哲学范畴，这些修辞规定了那些所谓的“根基的”“结构化”“起源化”的哲学对立的结构：有着如此多的可以为一种“修辞学”奠基的“隐喻”，“扭结（turn）”或者“修辞（trope）”或者“隐喻（metaphor）”这些词汇并不在这一规则之外。我们只有通过假设旨在贯穿这些图像的意义，它们在本质上是严格地独立于将其运载的事物，独立于已经是一种哲学**论点**（thesis）的事物，从而允许自己忽视哲学的这种**沉睡**（vigil），有人可能会说哲学的**独特论点**，它构建了隐喻的观念，属性与非属性之间的对立，本质与偶然之间的对立，直观与话语之间的对立，思想与语言之间的对立，可知的与可感的之间的对立，等等。

这将是利害攸关的。这种修辞以及前哲学的源泉，假设我们已经到达它（触到它，看到它，理解它？），不可能有一种考古学的简易本源，起源故事的童贞。并且我们已经知道，它既不能属于一种哲学的**修辞学**也不能属于一种**元一哲学**（meta-philosophy），类似于巴士拉在他对物质的想象力进行精神分析时所称的元一诗学（meta-poetics）。这点我们已经从被看作完全必要的替补性（在观念与它的领域之间）法则中知道了。但暂时的，让我们把这种法则看做一种假设。藉由通过某些“例证”来检验它的尝试，我们也许既能够**充实**（fill）隐喻的观念，同时也能够遵循修辞学的与哲学的隐喻一样多的传统，同时认识到它的转换规则以及它灵活性的边界。

第三节　太阳的省略：谜语，不可理解，不可把握
(Ellipsis of the Sun: The Riddle, the Incomprehensible, the Ungraspable)

人物亦可做出行动，但在做出可怕之事时尚不知对方的真实身份，以后才发现与受害者之间的亲属关系，如索福克勒斯笔下的俄狄浦斯所做的那样。诚然，此事不在剧内……(*Poetics*, 1453b29—32)①

事件中不应有不合情理的内容，即使有，也要放在剧外，比如在《俄狄浦斯》里，索福克勒斯就是这样处理的。(*Poetics*, 1454b6—8)②

不可能发生但却可信的事，比可能发生但却不可信的事更为可取。编辑故事不应用不合情理的事——情节中最好没有此类内容，即便有了，也要放在布局之外，比如俄狄浦斯对拉伊俄斯的死一无所知。(*Poetics*, 1460a26—30)③

一种哲学的修辞学(rhetoric)与一种元哲学(metaphilosophy)在这里都显得是不适当的——这是我们的前提。为什么我们不从这样的修辞学开始?

每次一种修辞学定义隐喻时，不仅暗示了**一个**哲学的位置，也暗示了哲学自身在其中得以被构建的一种观念网络。对这个网络的每次威胁都会形成一次**转向**，或者也许有人会说形成一个隐喻，但是在这种情况下隐喻这一概念显得过于派生了。因此被定义的事物暗含在定义的定义行为中。

自然地，在这里并不会提出某些不断让传统指回自身的同质连续体，作为修辞学传统的形而上学传统。然而，我们必须注意这种更持久的约束，它已经通过一条极长链条的系统性联接而发挥着影响；并且如果我们不解决这一问题，即为这一链条的一般功能性的与发挥作用的界限划定边界，那么我们会很容易误认对一种历史原

① 参见陈中梅先生翻译的《诗学》，北京：商务印书馆，2002，第106页。——中译注
② 同上，第 113 页。——中译注
③ 同上，第 170 页。——中译注

基，一种轻率的认同机制，一种想象的或边界突变的原始特性最为派生的影响。通过一种经验主义和印象主义的冲动而朝向所谓的差异——事实上朝向原则上是线性的与按年代排列的交叉区域——我们将会从发现走向发现。每一个步伐标记着一次打断！例如，我们会倾向于用一种特性集合的方式（例如名词的位置特性）来描绘“18世纪”的修辞学的面貌，继承——尽管不是直接线性的，并且伴随着各种各样的分离以及非等值的转换——从亚里士多德到中世纪以降。这里我们被引回到一种对于每种文集重新划定边界的程序——仍然有待被完全地阐释——以及一种新的悬而未决的签名。

在任何有关隐喻的话语中都存在着一段密码、一个程序，如果你愿意的话也可以说是一种修辞：**首先**，按照惯例，我们会援引亚里士多德的定义，至少是其在其《诗学》中的定义。我们不应该放弃参照这一例子。当然，亚里士多德既没有发明隐喻这个词，也没有发明隐喻的概念。然而，似乎是他首次提出了关于隐喻的体系性的配置，一种在任何等级中都会存在的配置，并且有着最为深远的历史影响。我们不能跳过对这一地域（terrain）的研究，正是在它之上亚里士多德的定义被构建起来。但是除非事先由被再次铭写的文本的一种体系的、内在的重构所引导，这种研究将会有失偏颇。尽管这是一项局部的、初步的任务，但这并不是对这一文本表面的逐字逐句的注释。在这里没有什么理所当然。我们已经不得不着手一种使整个规则与预期的体系得以运转的积极的阐释。“隐喻（metaphora）是由赋予（epiphora）① 一个事物属于其他事物的名字而组成的，其应用范围包括以属喻种、以种喻属、以种喻种和彼此类比。”②

对于这一定义（无疑是最明晰与严谨的，并且在任何情况下都

① 德里达对于希腊词汇的引用在这里是尤其重要的。在法语版中其将“epiphora”翻译为“运送”，保留了一种词语上的“隐喻式”游戏，而这在英语中便丢失了。同时隐喻（Meta-phora）与运送（epi-phora）有着共同的词根，都来自希腊语“pherein”一词，意为携载，运送。——英译注

② 参见陈中梅先生翻译的《诗学》，北京：商务印书馆，2002，第149页，根据英译有更改。——中译注

是最普遍的[①]),我们也许可以从两个方面来加以分析。它是关于隐喻的哲学论断,同时也是表面上完全是藉由隐喻来工作的一段哲学话语。

这一哲学论断属于一种阐释体系,在其中隐喻、模仿、逻各斯、自然、声音、意义(semainein)以及称谓(onoma)被联接在一起。为了处理那些联系的本质,我们必须考虑对隐喻进行讨论的位置,既是在《诗学》中,也是在《修辞学·卷三》中。[②]这一位置本身便有着重要意义。在两部作品中,隐喻都作为词汇学的一部分而被囊括。"其他成分在上文已作过探讨,尚待讨论的还有言语和思想。"(1456a33—34,在《修辞学·卷三》的开头中有着相似的运作。)尽管这个词语刚刚已经被提到,"思想"(也就是dianoia)包含了被指定给语言的或者通过语言被思及的领域,被作为语言的一种缘由、影响或者内容,但却不是语言学自身(发音,措辞,雄辩术,词汇学)。思想被判定为修辞学的主题,至少在这两部作品中是如此。"关于思想,《修辞学》中已有过论述,因为这个成分主要是修辞学的研究对

① 这种普遍性提出了一些近来以某种方式被重新激活的问题,正如人们所知。我们会在我们的结论处回到它们。无论如何,亚里士多德是第一个将隐喻看作所有修辞格中最普遍形式的人,无论是隐喻包含它们(正好像在这些通过换喻或提喻而运送的例子中),或者在按比例的类比中发现它自身最好的形式(《修辞学III》)。无疑这种普遍性是与隐喻的规定指贫瘠相称的。亚里士多德,从早期开始,便因这点而被指责或原谅。"某些古代人已经责备亚里士多德将前两种形式置于隐喻的名字之下,而这两者本身只是提喻;但亚里士多德是在一般地言说,并且他是在那样一个时代写作,在那时还尚没有那种精致的修辞格,可以既将它们相互区分,同时又可以赋予每一种以一个名字以极好地解释它们的本质。当西塞罗写他的《论雄辩家》时,他充分地替亚里士多德辩护:Itaque genus hoc Graeci appellant allegoricum, nomine recte, generemeliusille(Aristoteles)qui istaomnia translations vocat。安德烈·达西尔(André Dacier),《亚里士多德诗学导论》(*Introduction à la poétiqued'Aristote*),1733. 休·布莱尔(Hugh Blair):亚里士多德在他的《诗学》中是在这种被拓展的意义上将隐喻一词应用到了任何强加于一个词语的形象的意义;正如整体代替部分,或者部分代替整体;种代替属,或者属代替种。但是以这种不精确的考量而对这个最敏锐的作家施加重担是不公平的;细微的分工以及修辞的多样名称在他的时代并不为人所知,那些都是后来的修辞学家之发明。《有关修辞学与纯文学的演讲XV》,"隐喻"一文。——作者注

② 关于《修辞学》与《诗学》在这一点上的关系,尤其是有关隐喻(metaphora)与eikon的概念,参见马什·H. 麦卡尔(Marsh H. McCall),《明喻与比喻的古代修辞理论》(*Ancient Rhetorical Theories of Simile and Comparison*)(Cambridge: Harvard University Press, 1969)。"无法确定这两部作品谁先于谁——几乎可以确定的是它们都曾在时间的流传中被重新编辑与补充过。Eikon在《诗学》中的奇怪的缺席必须被保留为未解决的。"并不是完全的缺席"(至少见1048b10与1048b15)。——作者注

象。”[①] 思想与言语间的差异被这一事实所联接，即前者无法自身显现。现在这种显现，言语的行为，构建了悲剧的本质的与独特的过程。如果在思想与言语之间没有差异，那么悲剧空间将不会存在："如果事物不通过他所说的话语便能呈现在必要的光亮之中，那么言说者的存在到底有何益处（ergon）呢？"（1456b7—8）[②] 这种差异并没有被限定为那种可能性，即一个角色可能想的是一回事，说的则是另一回事。只有在他说话的条件下，他才在悲剧中存在并行动。

现在关于隐喻的讨论属于一种言语（perilexeos）的论述。言语的存在，并且隐喻在其中的存在，是在思想无法自身显现的语境下，在被谈及或被思及的意义并不是它自身的一个现象的语境下。如此这般的思想尚未与隐喻有着关联。隐喻只存在于这样的情景下，即一个人想通过言说去显现一个在自身中依然是未显的、隐匿的或潜在的思想。思想在隐喻之上发生，或者说隐喻在意义为了谈及自身，表达自身，将自身带至语言的光亮中而走出自身的那个时刻，退化为思想。然而——这是我们的问题——隐喻的理论仍然是一种意义（sense）的理论，并且假定了这种修辞格中的某种源始自然性（naturality）的存在。这是如何可能的？

---

① 参见陈中梅先生翻译的《诗学》，北京：商务印书馆，2002，第140页。——中译注

② F.C.T.莫尔（Moore），在她对这一段的译文的注释中主张德里达的最后两处对亚里士多德的引用（《诗学》1456a34 与 1456b7—8）是基于"错误的翻译"（见其注 29）以及对一个"被篡改的"文本的"臆测性"阅读（见其注 29 与 30）。关于第一点，无疑德里达所援引的布德（Budé）的译本以及拜沃特（Bywater）的译本并不是逐字逐句对应的，这**整**句话（不是摩尔援引的片断）并没有说对思想（dianoia）的检测是修辞学的地域。有关第二点，诚然拜沃特与布德有着不同的阅读，布德的版本中是"dianoia"，并把它翻译为"思想"。拜沃特，我在这里参照的就是他的译本，将这个决定性的词汇给出为"物"，从对这一文本的阅读中我们可以看到在这里是"deoi"这个词而不再是"dianoia"这个词。因此，我们的文本并不和法语版的《哲学的边缘》中收录的这篇文章相对应，在那里这个成问题的句子会改变这个词，而读作："如果他的**思想**不通过他所说的话语便能呈现在必要的光亮之中，那么言说者的存在到底何益处呢？"对比拜沃特所使用的希腊文本（贝克尔［Becker］1831 年的四开本，同时也被用在哈佛大学出版社出版的《亚里士多德第二十三卷》中，法伊夫［Fyfe］的《诗学》译本也收于其中，我所参照的也就是这个版本），我们可以看到德里达在这里引用的希腊文只有这一个词的差别。即便亚里士多德的文本在这里被改动了——对此我并没有能力来做判断，德里达也并没有伪造两处引文的任意一个的**意义**，以便像莫尔所认为的那样来让它们支撑德里达自己的论点。需要指出的是至少另一个《诗学》的英文译本（藏于自由艺术书卷图书馆中的布彻［Butcher］翻译的《诗学与论音乐》）中这个有争议的词便是以"dianoic""思想"的形式出现。（感谢理查德·兰德［Richard Rand］）在这点上对我的帮助。——英译注

在把思想放到一边，并把它归给修辞学之后，亚里士多德接着定义了言语（lexis）的成分。在其中包括名词，起名词作用的词。而正是在名词的名义下，他开始处理隐喻。事实上，在这一语境中，名词有着两种意义。有时它与暗示了一种时间观念的动词相对立，有时它又包含了动词的领域，因为隐喻，这种名词间的置换，在《诗学》的例子中也同时在动词那里发生。考虑到名词与动词的深层的同一性，这种疑惑是可以被理解的：它们的共同之处在于，它们本身便是可以被理解的，并且与一个对象或者说一个意义单元有着直接的联系。它们构建了表义音（phone semantike）的秩序，正像我们将会看到的，这是从被排除在外的冠词、连词、介词以及一般意义上所有亚里士多德认为的自身不表义的语言元素出发的；换句话说，他排除了那些自身不会指定事物的语言元素。形容词能够变成名词性实词以及起名词作用，在这一意义上，它属于**语义**（semantic）秩序。因此似乎**称谓**（onoma）的领域——因此也是作为名词间的置换的隐喻的领域）——与名词化（nominalizable）的领域相比，名词化的领域是更严格意义上的名词（noun）领域（它在修辞学的发展中很晚才获得的意义）。所有抵抗这种名词化的词都是外在于隐喻的。现在只有那些宣称——或者随后宣称——拥有一种完全的、独立的意义的词，那些自身便是可理解的并且外在于任何语义关系的词，才能够被名词化。如果采纳在胡塞尔那里仍然在使用的一种传统对立，那么隐喻就会是范畴（categorematic）词①间的置换，而不是**如此这般**的助范畴（syncategorematic）词之间的置换。这种**如此这般**（as such）必须被重视，因为事实上助范畴词自身也能够引起一种名词化的操作②。

① 范畴词本来是指亚里士多德的十范畴，在后来的语言学中指具有概括意义、表示人或事物分类范畴的词语，也就是说它是有所指称，可以单独使用的，名词、动词都属此类；而接下来的诸范畴词则是指本身没有意义，不能作为某物的指称的词，因此不能单独使用，必须与范畴词共同使用，例如虚词。——中译注

② 莱布尼茨为这种**扩张**（extension）与抽取（extraction）的操作提供了一个突出的范例。问题是揭露隐藏的观念与名字，在每种关系的句法符号中被掩饰的独立实存的理念。因此，一个粒子被转化为一种完全的意义。这又一次是在一段哲学的对话中，并且这一主题的处理离《伊壁鸠鲁的花园》中的处理并不是很远："西奥菲勒斯（Theophilus）：我不明白我们为什么不能说存在着一些私人的理念，正像否定性的真理的存在一样，因为否定的行为是肯定的……斐拉勒忒斯（Philalethes）：这一点毫无疑义，它会更有利于接近我们所有概念与知识的起源处，并且考察被征用的词语是如何形成完全地是从感觉中移植而来的行为与概念，又是如何从可感观念中获得它们的**起源**，从而被转（转下页）

杜·马尔塞[①]曾经试图通过把隐喻定义为"一种使名词的固有意、字面意得以转变的修辞格"，以便严格地跟从亚里士多德。在另一个版本中，他用**词语**（word）替代了**名词**（noun），他的第一种做法受到了拉阿尔普（Laharpe）与丰塔涅（Fontanier）[②]的批评，而之后的这种替代则系统性地扩大了隐喻的范围，使得它包含了所有种类的词语，而所有这些，起码在这一点上，都没有从深处瓦解亚里士多德的传统。事实上，一方面，按照丰塔涅的说法，只有"单个词"的修辞是这样"专有地被命名的（properly named）"。另一方面，结果是在宣称所有类型的词都能引起隐喻之后，丰塔涅不得不从跟从助范畴词的列举中排除掉，即那些所谓的不完整的意义，话语的枢纽（pivots）：

（接上页）移进了更为深奥的意义中……因此我们也许可以推测出他们所拥有的是何种概念并且它们是如何言说这些初始的语言的，以及自然是如何出人意料地通过词汇本身而向人暗示出他们所有知识的起源与原则。西奥菲勒斯：……这一事实并不是总能被认识到，因为真正的词源经常是迷失的……然而它有利于对**这种可感与不可感之物的类比**的思考，这种类比一直是修辞的基础：如果你能考虑一种扩展的例子，如通过**介词**的使用而提供的，那么你会更好地理解这一问题，如'to，with，from，before，in，without，by，for，upon，towards，'等等，它们都起源于位置、距离、移动，然后被转移进了每一种变动、秩序、序列、差异以及一致。为了意指接近，正如在'我走向罗马（I go to Rome）'这句话中的表达。但是正如为了吸引任何我们带向近前并且希望将其结合的事物，我们说一个物被联结到（to）另一个物。并且此外，也可以那样说，好像存在一种非质料的联结。"这种论证对每种介词都进行了，并且以这种方式而结束："并且正如这些类比是极端多样的并且它们不依赖于任何规定的概念，因此可以得出语言在使用这些有介词统治的——或者说它们在其中被揭示为被理解以及实质上被包含之物——**粒子**与**实例**时多种多样。"《有关人类理解力的新论》（*New Essays Concerning Human Understanding*），trans. A. G. Langley（London，1896），book 3，chap.1，"Words，" pp.289—91。杜·马尔塞，《论修辞》（*Traité des tropes*）："每种语言都有着独特的……专有的……隐喻（第一章，X）。""某些修辞格在不同语言间可能有着多种多样的差异"，正如丰塔涅所说，"并且某些并不是在每种语言中都存在。"《话语的修辞格》（*Les Figures du Discours*），ed. GérardGenette（Paris：Flammarion，1968），p.275.

孔狄亚克，这个丰塔涅判定为与杜·马尔塞同样"强大"的人（《话语的修辞格》，p.276），也认为"同样的一些修辞格并不被每种语言所认同"。《书写的艺术》（*De l'art d'écrire*），in *Oeuvres Philosophiques* II，iv. ——作者注

① 杜马尔塞（Du Marsais，1676—1756），法国语法学家，曾参与狄德罗等人编写的《百科全书》中语法学词条的编写。——中译注

② 丰塔涅（fontanier）18世纪修辞学家以及19世纪修辞理论集大成者，也被称为修辞格分类学家。——中译注

相似性的修辞便是隐喻[1]：相似性的修辞是指**在另一个更引人注目或者更为人所熟知的观念下呈现一个观念，同时除了某种符合与类比之外，后者与前者并没有任何其他关联**。一般地，那些修辞可以被缩减为一个——即隐喻，一个众所周知的词，并且可能相对于它所意指的事物，我们更为熟悉这个词，据拉阿尔普的观察，这个词已经失去了其学术价值。通常地，隐喻并没有被分成各种类别，像转喻和提喻；但是我们不应该认为它只有一种形式，一种外观或者在所有情境下它都是不变的。相反，它是多样的，无疑比转喻和提喻更加广泛，因为它不仅包括名词，也包括形容词、分词、动词，以至各种词。因此所有种类的词事实上都可以被隐喻式地使用，如果不是作为一种修辞格的话，也至少作为词形更改的例子。可以被作为修辞格而隐喻式地使用的词的种类是名词、形容词、分词、动词，可能还包含副词，虽然这并不常见。

现在一方面，从这个表单或者这段话语中所排除出去的一切，都属于隐喻的词形变更，一种“并非真正的修辞格”，“在它的扩展中甚至包含了感叹词”(“在每种类型中，甚至都存在非常少量的词，不在它的支配之下。”[第 215 页]我们会在之后回到这一问题)，因此真正的隐喻被限定在了亚里士多德的“名词(noun)”的界限内。另一方面，这似乎被丰塔涅在他对词语的普遍定义中提出的整个区分系统所确认。在这些对应着“一个对象的观念”的词(自然可以被名词化的词)中包括了名词、所有“被实体化地”运用的词(**美丽**，**真**

① 丰塔涅，“Préface”，p.99。相似性或类比：从亚里士多德到丰塔涅，这都是隐喻独特的来源。杜·马尔塞在定义隐喻时也将其说成是一种“头脑中的对比”。那仍然是亚里士多德在扩展类型的意义上为隐喻所下的定义，正如我们已经看到的，以便包含转喻在内的其他常规修辞格；丰塔涅限制了隐喻的领域(因此也限制了类比或相似性的领域)以便让其与转喻相对；而杜·马尔塞首先是通过词源学松动了对于转喻的限制：“**转喻**这个词意指着转移或者名字的改变，一个名字变成另一个名字。在这种意义上，这种修辞格包含了所有其他种类的修辞；因为在所有的修辞中，一个并不是按照专属于它的意义而理解的词，它唤醒了一种可能被另一个词所表达的理念。在下文中，我们将会注意到那种专门地将转喻与其他修辞区分开来的东西。艺术的大师们将转喻限制在以下的使用上。”(杜·马尔塞，II，2)。孔狄亚克(其哲学比其他人的更或者至少像其他人的一样，可以被看作一种类比的论述)提出了一种对称的逆命题：“我们关于比喻所说的那些也一定适用于隐喻。我会让你注意到——在一个人参考词源学的前提下——所有的修辞都是隐喻：因为隐喻专有地意指着一个从一种意义转移到另一种意义的词。”(*De l'art d'écrire* II，vi)——作者注

实，刚刚；吃，喝，睡；为了，反对；前面，后面；为什么，怎么样；内部，外部；但是，如果是；理由，原因）以及主动的或被动的分词。前者对应着一个对象的**实体的**（substantive）观念，后者对应着一个对象的**具体的**（concrete）观念。对应着“关系的观念”的词包括了动词（“但在这里，涉及**动词**，我只理解专有称谓的动词，即动词**存在**[to be]，它被称为‘抽象动词’或者‘实体动词’；而不是那些非专有称谓的动词，即通过将动词‘存在’联接到一个分词而形成的具体动词：我‘爱’，我‘读’，我‘来’对应着我‘正在爱’、我‘正在读’，我‘正在来’。”[第 45 页]）、介词、副词以及连词。那些对立似乎有着异常显著的不对称性：对象的观念是优越于关系的概念的（“我们不希望从它们的符号中分离这些微妙的观念，因为担心它们从我们这里逃脱。”[第 45 页]），同样实体的观念也有着这种优越性。这种优越性不只在动词“存在”那里存在。所有种类的词，所有这些可以变化（在它们的形式、它们的词形方面）的词，都是由实体性观念所主宰的（“但是很容易看到它们是由实体性观念所主宰的，它们或多或少趋向于实体性观念的表达……”[第 46 页]）。其他类型的词（介词、连词、副词，感叹词）“一点也不会变化，因为它们并没有与实体性观念直接相连接、并且事实上是完全外在并独立于它的，在根本上，它们除了一种精神观点外似乎也并没有什么其他基础，似乎除了看的方式外它们也不是头脑中的其他什么”（第 46 页）。

在隐喻理论中，按照这一区分体系，或者至少按照这一体系的原则而被组织起来的一切，与他的存在的范畴理论，他的逻辑学，他的认识论一道，更严格意义上与他的诗学与修辞学一道，似乎都属于亚里士多德存在论的庞大的恒定链条。事实上，让我们参考亚里士多德对隐喻的主要元素，即名词的定义。它是表义音（phone semantike）的一种合成物，这种表义音的元素本身则是无意义的（asemos）。名词也有着和动词一样的特性，而它与动词的区别仅仅是其非时间性。

在涉及名词之前，亚里士多德已经列举了所有由非表义音组成的言语元素。例如，字母，这一元素（stoikheion），这一最根本的元素，它是言语的一部分，但自身却没有意义。这里所说的字母并非书写形式，而是语音要素，是声音的原子（atom）。它的无意义是不确定的。字母并不是任意的无意义的噪音，而是一种尽管其自身是没有意义的，却一定能够自然地进入一个表义音的信息或合成物中，能够打开一个名词或动词的可能性，能够促成“对是什么的言说（saying what is）”。这是人与动物之间的差异：根据亚里士多德的说法，两者都能发出不可分的音，但只有人能从其中创造字母：“字母是一种独特的不可分的音，它可以变成一个可理解的声音中的要素。动物也能发不可分的音，但这些不是我们所说的字母。”①亚里士多德并没有分析这种差异——他根据其目的论进行回顾性的阅读。没有什么内在特性可以区分动物声音基素与字母之间的差别。只有当我们从表义音的合成物，从意义和指涉（reference）出发，我们才能够区分人类语音与动物喊叫之间的差别。意义和指涉：那就是说，通过一个名词进行意指的可能性。名字所专有的是对某物的意指（Ta de onomatasemaineiti; *Rhetoric* III, 10, 1410b11），一种与自身同一的独立存在，如此这般地被构想。正是在这一点上，名词的理论——被隐喻观念暗含的名词理论——与一种存在论相关联。除了对于没有话语（logos）的动物与作为会说话的动物（the zoon logon ekhon）的人之间的分界线的古典的、武断的宣言之外，在这里现身的是隐喻的本质与形而上学链条的某种不可分性，这种形而上学链条也一并联结了话语（logos）、表义音（phone semantike）、名词（onoma）、含义（semainein）、模仿（mimesis）、相似性（homoiosis）的本质。隐喻的定义在《诗学》这本以对模仿的研究为出发点的书中占有一席之地。模仿一直对相似性或相像性有着理论的觉知，也便是，它总是被作为隐喻的条件。相似性不仅构建了真理（aletheia）——统治着整个链条的一个观念，并且对于隐喻的运作也是不可或缺的：“发现一个好的隐喻便是看到一种相似性（To gar eumetapherein to tohomoiontheorein estin.1459a7—8）。”隐喻（好的、真的隐喻）的条件也便是真理的条件。由于动物没有话语、表义音、字母等等，它也必然不会模仿。因为被定义为属于话语（logos）的模仿，并不是动物行为那里的模拟（aping）与伪装（mimicking）；它是与话语中的意义以及真理的可能性相关的。在《诗学》的一开始，模仿便以某种方式被作为栖居在自然（physis）中的一种可能性。通过模仿，或者在诗歌（模仿的一种形式）中，自然被揭示出来。使这得以可能的是一种隐—晦的结构，

① 参见陈中梅先生翻译的《诗学》，北京：商务印书馆，2002，第143页。——中译注

在其中模仿的再倍化（redoubling）或者可折叠的影响并不是外来的。它是属于自然的，或者我们可以说，自然包含了自身的外在化与双重化。在这种意义上，模仿便是一种“自然”的行为。亚里士多德将这种自然性还原并限制在人类言语之上。但相对于一种还原，这种形而上学与人类主义的基本姿态（gesture）更是一种目的论的规定：一般意义上的自然性言说自身，聚集自身，认识自身，向自身显现，反射自身，并且卓越地“模仿（mimics）”自身，并且是**真正地**处在人类的本性中的。模仿是人类所专有的，只有人能谈得上模仿。只有他在模仿，在学习模仿以及通过模仿的学习中会获得快感。真理的能力，作为经由模仿而对自然的揭示，天生地属于人的身体，属于人类学。这是诗歌的自然起源，并且这也是隐喻的自然起源：“作为一个整体，诗艺的产生似乎有两个原因，都与人的天性有关。首先，从孩提时候起人就有模仿的本能。人和动物的一个区别就在于人最善模仿并通过模仿获得了最初的知识。其次，每个人都能从模仿的成果中得到快感。”①

诗艺的两种起源确证了我们的观点：逻各斯（logos）、模仿以及真理在这里变成了同一种可能性。并且逻各斯只有以语音的形式才是在它的元素中。与其他位置相比，它更属于那里。并且按照一种目的论的规定，那总是如此：正像自然在人类本性中被设定为最好的模仿，正像人类，超越任何其他种类的动物，更适合于模仿，语音也以相同的方式成为最适宜于模仿的官能。《修辞学·卷三》中用相同的词指定语音的职能：“……词语（onomata）是模仿（mimemata），并且……人类的语音……是所有官能中最能模仿事物的（he phone pantonmimetikotaton ton morion）[III, I, 1404a21—22; translation modified]。”②

因此隐喻，作为模仿与相似性的一种结果，类比的一种显现，将会成为认识的一种手段，虽然是一种次要的手段，但确实是某种手段。也许我们会用谈及诗歌时所说的东西去谈论它：它比历史更富哲学性、更严肃（*Poetics* 1451b5—6），因为它不仅重述具体的事件，

① 参见陈中梅先生翻译的《诗学》，北京：商务印书馆，2002，第47页。——中译注

② 参见罗念生先生翻译的《修辞学》，上海：上海世纪出版集团，2006，第162页。——中译注

而且表现普遍的、可能的、必然的事件[①]。然而它却没有哲学本身严肃，似乎在整个哲学史中，它都保持了这种中间状态。或者说从属状态更为合适：因为被适当控制的隐喻，是为真理服务的，然而这个主人（真理）对它并不满意，而是更偏爱那种在完满意义上显示真理的话语形式。例如，亚里士多德在《形而上学》中批评了柏拉图对“诗学隐喻（metaphoraslegeinpoietikas）”的中意，并且当他说理念是其他事物分有的范式时，他的话语是空洞的（*Metaphysics*，A9，991a20，M5，1079b25）。

出于同样的原因，快感，即模仿与隐喻的第二个“原因”，也是认知的快感，通过相似性的学习的快感，对同一的觉察的快感。哲学家将会比其他人更善于此道。他是最完美的人选：“这是因为求知不仅于哲学家，而且对一般人来说都是一件最快乐的事，尽管后者领略此类感觉的能力差一些。因此，人们乐于观看艺术形象，那时因为他同时也在通过被再现的事物学习、推论。”[②]这一观点在《修辞学·卷三》中被表述得更加详细，在茎与花之间：“不费劲就能掌握一个新的观念，对于每个人来说自然是件愉快的事情：词语意指某物，因此那些能够为我们带来对事物的新的领会的词，也最能让我们愉悦……只有隐喻……最能给出对事物的新奇的领会。当时任称老年为‘残梗（withered stalk）’时，他通过‘枯萎（lost bloom）’这个适合于两者的一般观念，向我们传达了一个新的观念，一个新的事实。诗人们所说的明喻也可以产生同样的效果……因为明喻，如前面所说的，也是隐喻，差别只是在于前者需要一个前缀词；由于比较长，所以不那么使人愉快。再说，明喻并不直说‘这个’就是‘那个’……”[③]因此隐喻以一种活泼的方式直接将事物放到我们眼前，而明喻则间接地、粗笨地做着同样的工作。对于亚里士多德来说，好的隐喻有着将事物直接放在我们眼前，创造一个画面，产生一种生动的效应的

① “隐喻必须从——正如之前已经说过的——与原本的事物有关联的事物中提取，并且这种关联还尚不明显（apooikeionkei me phaneron），就好像在哲学中，敏锐的心灵也会甚至在相距甚远的事物间觉察到相似性。”（*Rhetoric*，III，ii，1412a9—12）——作者注

② 参见陈中梅先生翻译的《诗学》，北京：商务印书馆，2002，第47页。有改动。——中译注

③ 参见罗念生先生翻译的《修辞学》，上海：上海世纪出版集团，2006，第192页。有改动。——中译注

品质；并且那些品质常常和活力（energeia）的观念相关联，这一活力的观念在他的形而上学中，事实上，在一般的形而上学中，都扮演着决定性的角色。“现在说明‘创造一个画面’是什么意思，怎样才能产生这种效果。我的意思是说，借用表示活动的词语使事物活现在眼前。例如，说一个好人是‘正方形的’，是一个隐喻，因为‘好人’和‘正方形’都是完美的，但是这个说法并不表现活动（activity），而‘正处开花的盛年’一语却表现了活动。”[①②] 一般地，隐喻的这种活力化（activition）与现实化（actualization）是基于为无生命的事物赋予生命，并将其带入事物的“精神（phychic）”（《修辞学》，1412a2）秩序中。（生命与无生命的对立同时也主宰了丰塔涅的整个隐喻分类体系。）

因此存在着一种快感的奖励，它可以补偿隐喻中潜藏的三段论的经济学发展，以及相似性的理论认知的经济学发展。但是这一过程只有在一个前提下才是有活力的，那就是相似性不同于同一性。只有当模仿让我们在活动中看到的并不是活动自身给出的事物，而是在它的非常相似的副本，它的摹本（mimème）中给出的事物时，它才会带来快感。让我们把这种不在场的活力的问题，这种神秘的打断，也就是开启了历史与场景的这种裂隙的问题，保持为敞开。[③]

---

① 参见罗念生先生翻译的《修辞学》，上海：上海世纪出版集团，2006，第197页。根据英文本修订。——中译注

② 按照如此多的亚里士多德所做的其他会聚性的肯定，在第一个例子（正方形）中似乎确实存在着隐喻，但那是一种拓展了的隐喻，即“一个词领先于”一种对比，一个图像（eikon）。——作者注

③ 快感在这里是一种三段论——为了补充的。修辞学必须考虑到这点。“既然学习和好奇是令人愉快的，那么像模仿行为这样的事情也一定是令人愉快的——例如绘画、雕塑、诗歌，以及一切精湛的模仿作品；对于后者，尽管被模仿的对象本身并不是令人愉快的；因为在这里并不是对象本身产生给人以快感，而是欣赏者从推论（syllogismoi）中认识到‘那就是如此这般’，并且因此学到某些新的东西。戏剧性的转折与幸免于难是令人愉快的。与一个人本身相像（homoion）并同种（sungenes）的事物是令人愉快的……并且由于每个人都喜欢自己，因此属于我们自己的事物对于我们所有人都是令人愉快的，例如我们自己的言与行（ergakailogous）。那是为什么我们通常都喜欢阿谀者，以及荣誉，还有我们的孩子，因为我们的孩子是我们自己的作品。弥补匮乏的事物也让人觉得愉快，因为完整的事物因此变成了我们的作品……同样，由于娱乐、每种形式的消遣以及笑话都是令人愉快的，那么滑稽的事物也是让人愉快的，无论它们是人，还是言词或者行为。我们已经在《诗学》中专门讨论过滑稽。”（*Rhetoric* I，ii，1371b4—1373a1），中文版参见罗念生先生翻译的《修辞学》，北京：生活·读书·新知三联书店出版社，1991，第54—55页。——中译注

（转下页）

语义系统（表义音[phone semantike]以及所有与之相关的观念的秩序）并不是由一条简单的、连续的线而与外在于它的事物相分离的。我们在这里着手处理的并不是人类与动物之间的简单界限问题。存在着贯穿于整个“人类”语言的另一种分界。这种分界并非是同质的，也不是在其所有方面，在相同的程度上都是人类的。名词的标准依然发挥着决定作用：它的元素，即发声的音，不仅仅包括字母。音节也属于言语（lexis），但是当然它本身没有意义。尤为重要的是，存在着所有那些“词”，尽管它们在话语的组织中扮演着不可或缺的角色，但在亚里士多德看来，它们却是没有意义的。连接词①是一种“非表义音（phone asemos）”。对于冠词，一般意义上的关节（arthron），在意指元素之间，在名词、实词或动词**之间**发挥作用的一切，都是如此（《诗学》，1456b38—1457a10）。关节是没有意义的，因为它并不通过一种范畴单元，指涉一个独立的单元，一种实体或存在的单元。正因为此，它作为一种专名学的（onomastic）的领域而被排

（接上页）根据模仿（mimesis）的这种简化的三段论，认识的快感总是会调节自身以适应于它的对象的显著的缺席。它甚至是出生于这种调节。模仿既不是事物本身也不是某种完全不同的东西。没有什么会扰乱按照同一与差异的经济学而来的这种快感的法则，甚至——尤其是——被模仿之物恐怖、丑陋以及让人无法忍受的猥亵也不能，一旦它不再在视线之中或者不再是可触及的，也便离开了舞台。我们必须跟从自亚里士多德到莱辛以来的这种纠缠着经典**主题**（topos）的例证之链。像往常一样，当模仿的省略在运作之中时，俄狄浦斯，这个狡猾的人（serpent），这个弑父娶母者便离我们不远了。“尽管这些对象本身观看起来是痛苦的，然而我们却乐于欣赏它们在艺术中最真实的再现，比如那些最低级的动物以及死尸的形式……之所以会愉悦于看到这些形象，那是因为一个人会在同时学习并推理（manthaneinkaisyllogizesthai）被再现的事物，比如，这个形象是如此这般的一个人。”（《诗学》，1448b10—17）“没有毒蛇（serpent）或可怕的怪物 / 通过艺术模仿，并不能愉悦双眼：/ 精美的技巧笔法 / 使得最可怖的对象惹人喜爱。/ 因此，出于我们的愉悦，催人泪下的悲剧 / 俄狄浦斯，充满血腥，以及悲痛 / 弑母者俄瑞斯忒斯听见了警钟，/ 并且，出于我们的消遣，我们移除我们的泪水”（布瓦洛[Boileau]，《诗的艺术》（*Art Poétique*），Chant II，I-8）。欧里庇得斯笔下的俄瑞斯忒斯希望不再在他的梦中看见愤怒的有着蛇发的头颅。朗吉弩斯引用并评论了描写了这一场景的片断；布洛瓦翻译了它们。在同一空间中，同一体系内，一个人也可以拒绝这样一种再现的令人无法承受的愉悦。在朱尔·德·拉·梅纳尔迪埃（Jules de La Mesnardière，1639）的《诗学》（*La Poétique*）中：“美丽的描绘肯定惹人喜爱……但是无论这些非凡的绘画有着怎样强大的吸引力，它们也只应该再现令人愉悦的或者至少让人可以承受的事物。一块好的调色板是被那些并非可怕的主题所应用的，一个人不应该像那些怪诞的画家一样工作，那些画家将他们的整个的技术都放在了对于一条蛇或某种可怕的爬行动物的描绘上。”——作者注

① 《修辞学》同样处理了连接词的好的使用（III，v）以及连词省略的影响，连接词的压抑（III，xii）。——作者注

除在隐喻的领域之外。从这点出发，字谜的（annagrammatical）[使用名词的一部分]、被分解的名词也是被作为“关节”的语法运作，而外在于一般隐喻的领域的。

由于整个语义的、言语的、名词的理论都是被隐喻所暗含的，那么自然的，接下来应该对隐喻的定义做出理论的展示。这是《诗学》的顺序。在表义音与非表义音的定义之后，对隐喻的定义紧接着便出现了，而它不仅是必然的，也是困难的。隐喻远不是对如此被描述的一般可能性的一种说明。它携带着能够打断它本应归属的语义充实的威胁。因为它标记了一种转向或迂回（du tour ou du détour）的时刻，在其中意义可能抛离自身，从作为它的目标的事物本身那里被释放，从让其与其指涉物相一致的真理中被释放，隐喻可能会开启一种语义的漫游。一个名词的意义，不再是指向名词一向必须指定的事物，而是发生偏离。如果我说夜晚是白天的老年，或者老年是生命的夜晚，在这里，“夜晚”，尽管它有着相同的意义，却不再意指相同的事物。由于它的隐喻配置的能力，意指（signification）将是一种预备状态，出于非一意义的前语言（有一种意义）与真理的语言（会如此这般地说事物，即它是它自身）。这种真理是不确定的。可能存在坏隐喻，但它们还是隐喻吗？只有通过一种真理理论所支撑的价值论才能够回答这个问题；并且这一价值论是属于修辞学的内部的。它不可能中立。

在非意义中，语言还没有诞生。在真理中，语言，在它自身一涂抹的这点上，它应该被充实、被获取、被真实化，在真理中的事物得到明证之前，不可能存在这样的运作。甚至言语，如果我们可以这样说的话，只存在于过渡的状态中，在其中意义已经出现，但真理依然在迷失中，并且事物（思想）还没有在活动中得到明证。这是意义作为非一真理的可能性的时刻。它也是迂回的时刻，在这种迂回中真理可能依然在迷失之中，隐喻确实属于模仿，属于自然的折叠（fold），属于——自身遮蔽自身的——自然在它的属性的行为中尚没有重新发现自己固有的赤裸面貌的时刻。

如果隐喻——模仿的机会与威胁——总是不能触及真理，这是因为它必须应付一种确切的不在场。在对隐喻的一般定义之后，亚里士多德区分了四种隐喻。显然脱节的举例也许是来自一种整体叙述的疏松的缝隙。

1. 以属喻种(Transport from genus to species)【从属到理念[genos--eidos]】:“我的船停在这儿。”①与比较普遍的词“停”相比，在这里更合适的表达应该是“泊”，一种“停”的方式。(对于船、它的运动、它的桨与帆的老套的求助，以便用形象性的方式再现隐喻的形象——本身就是一种运送[transport]的方式。)

2. 以种喻属:“俄底修斯的确做过一万件美事。”一万是一般意义上的“大量”的一种形式。

3. 以种喻种:“用铜汲走生命”“用长边的铜切割”,“汲走”与“切割”都是“取走”的表达方式。

4. 类比:类比指的是，在存在着两对词的情况下，将第四个词放在第二个词的位置上，同时把第二个词放在第四个词的位置上。酒杯之于狄奥尼索斯正如盾之于阿瑞斯。“狄奥尼索斯的盾”与“阿瑞斯的酒杯”便是由类比而来的隐喻。又如老年之于生命正如黄昏之于白昼，因而可以用恩培多克勒的比喻，“生命的黄昏”。

类比是隐喻完美的典范。亚里士多德在《修辞学》中经常强调这点:“通过使用类比的、形象的隐喻，可以获得活力”(《修辞学·卷三》, 1411b21),“在这四种隐喻中，类比的隐喻是最好的”。因此，伯利克里便把因为战争导致的年轻人从他们的国家中的消失，称为“犹如一年中缺少了春天”。勒普提涅斯在谈论拉栖第梦人的时候说，他不愿坐视希腊“瞎了一只眼睛”(《修辞学·卷三》, 1411a1)。类比的这种优越性清楚地显示了亚里士多德的包含在他对于存在的类比的一般理论中的整个隐喻学。

在所有这些例子中——经常被谈论的是汲走、切割、缩减(生命、眼睛，等等)的问题——然而所有这些词汇都是在场的或可显现的。我们总是能够从中提取出四个成员(成对地),一种家族，在其中它们的关系是明确的，它们的名字是为人熟知的。隐藏的词并不是无名的，也不需要被发明:类比中词的替换并不是神秘的、隐晦的。它几乎是一个明喻，或者一种双重的明喻。现在亚里士多德指出，存在这些词之一缺失的情况。在这种情况下，这个词必须被发明。更令人惊奇的是，这种发明带来的印象更加强烈，有时也有着更多真理性

① 这里德里达关于四种隐喻的分析可以参见参见陈中梅先生翻译的《诗学》, 北京:商务印书馆, 2002, 第 149 页。——中译注

或诗意：言语的转向更加广泛，更加衍生，更加巧妙。亚里士多德用一个例子说明了这点：一个最为详细的例子，比所有其他例子都要详细，可能是最为光彩夺目的。正是与它的生殖力量相关，缺失的名字的问题被提出，以便类比领域中的那个词语能够被补充。

【在柏拉图《理想国（*Republic*［VI—VII］）》中，在由分有的类比解释了存在论的一行（Line）之前与之后，太阳出现了。为了去消失。太阳就在那里，但是是以一种持续日食的方式，作为光的不可见的源泉。它是超越本质的：它生产了是什么（what is）的本质——存在与显现。我们无法直接观看它，否则的话便会目盲或死亡。让自身超出所有的那些，它描绘了善——可感的太阳是这种善的儿子：生命与可见性的源泉，种子与光的源泉。】

这是《诗学》中的太阳的情况："有时，我们或许找不到通用的名称来形容类比中的某些属项，但即便如此，我们仍可通过同样的方式把它们表现出来。比如，撒种叫撒播，但太阳的'撒'光却没有一个专门的称谓。"我们该如何增补这一欠缺的称谓？"然而，放光之于太阳的关系和撒播之于种子的关系是相似的，因此，诗人用了'撒播神造的光芒'一语。"①

但我们在何处"看"到了放光之于太阳与撒播之于种子有着相同的关系呢？如果这一类比强加给它自身——并且如果它这样做了——那么在语言之中，类比自身是来自于一条极长的并且几乎是不可见的链条，而展示这一链条中的首次的联结是极端困难的，不仅仅对于亚里士多德是如此。与其说是一个隐喻，难道我们在这里不是发现了一个"谜语（enigma）"，一种由几个隐喻所组成的隐秘的叙事，一种连词省略的或者连词未被标明的有力的联接，而它的本质特性便是"以一种词语的不可能的联接去描述一个事实"（《诗学》，1458a26—27）？

如果所有隐喻都是简化的明喻或类比，那么我们现在便应该处理一种完美的隐喻，一种隐喻的再倍化，一种省略（ellipse）的省略。但缺失的词召唤来了一个作为某物的专名的词。根据亚里士多德的说法，那些在场的词（太阳，光线，撒播，种子）本身并不是修辞。在这里隐喻指的是专名（有着一个固定的意义与指涉）的替代物，特别

① 参见陈中梅先生翻译的《诗学》，北京：商务印书馆，2002，第150页。——中译注

是在对太阳的说明中。它的指涉是源始的、独特的、不可替代的，至少在我们赋予它的再现中是如此。并且在这一体系中只存在一个太阳。在这里，这一专名是隐喻自身的非隐喻的原动力，是一切修辞格之父。一切事物都朝向它，一切事物都围绕着它。

然而，在一句话中，在一个很快开始又结束的插入语中，亚里士多德不经意间唤醒了一种言语的情况，在其中言语自始至终都将是隐喻的。至少在其中，不会以任何明显的方式有着专名的存在。在太阳的撒播之后，我们有了“无酒的杯子”：“使用此类隐喻还可用另一种方法，即先用一个表示其他事物的名称形容某个事物，然后再否定该词原来表示的那个事物的某个特性，比如，假设诗人不称盾为‘阿瑞斯的酒杯’，而称之为‘无酒的酒杯’。”①

但是这一程序是可以被无限追加与复杂化的，尽管亚里士多德并没有这样说。在这样的隐喻中不再存在任何专有称谓的指涉，修辞格开始了在一个很长的、隐匿的句子，在一种秘密的叙事中的航行，而在其中没有什么能保证我们可以回到专名。隐喻的隐喻化，它的无穷无尽的超确定性，似乎被写入了隐喻的结构中，尽管是作为它的否定性。一旦我们承认在类比关系中，所有词语都已经一个一个地被隐喻关系所捕获，那么一切便开始运行，不再作为一个太阳，而是作为一颗星星，真理的微弱的源泉，专有的、不可见的、被夜色所笼罩的源泉。无论如何，在亚里士多德的文本中，它将我们带回专名的问题，或者存在的类比问题。②

如果太阳可以“撒播”，那么它的名字便被铭写进了建构了它的一种关联体系中。它的名字不再是一个独特事物（随后会被隐喻所**替代**）的专名；它开始谈及所有撒播的复多的、分裂的根源，即那些眼睛的、不可见性的、死亡的、父亲的、“专名的”等等的撒播。如果亚里士多德没有继续这个结论，那无疑是因为它将会和真理的哲学力量，和是什么（what is）的属性的专有显现，和赋予隐喻以作为一种哲学观念的位置，通过给予它边界而给予它力量的整个观念体系

① 参见陈中梅先生翻译的《诗学》，北京：商务印书馆，2002，第150页。——中译注

② 在这里我们无法处理这一问题。可参见皮埃尔·奥本克（Pierre Aubenque）的《亚里士多德那里的存在问题》（*Le problème de l'être chez Aristote*）（Paris：Presses Universitaires de France，1966），以及 J. 威约曼（J. Vuillemin）的《从逻辑到神学》（*De la logique à la théologie*）（Paris：Flammarion，1967）。——作者注

是相抵触的。事实上，他是通过停止它的运作而做到这点：正像我们通过删除去压制，或者正像我们控制一艘船极大的浮动以便我们在自己希望的地方抛锚。驾驭着隐喻理论的整个称名理论，以及简单称谓的整个亚里士多德学说都是被用来守护真理与专有之物的避风港的。

像模仿一样，隐喻“回到了自然”，回到它的真理与在场。在那里，自然总是可以重新找到自己的类比，找到它自身对自身的相似性，找到从自身出发的增长。在隐喻中，自然给出自身。从另一个角度讲，这是为什么说隐喻的能力是一种天赋才能。在这个意义上每个人都有这种才能[①]（*Rhetoric* III，II）。然而，就我们经验到的情况而言，自然的给出（自身），总是对某些多一些，对另一些少一些。给予人的多于给与野兽的，给予哲学家的多于给与其他人的。由于创造隐喻是一种先天的、自然的、天生的能力，因此它也会是天才的标志。自然的概念使这一矛盾得以被接受。在自然中，每个人都有他的自然。某些人比其他人拥有更多自然——更光彩，更高贵，更多种子。如果“到目前为止最伟大的事情便是成为一个隐喻大师”（《诗学》，1459a5—7；同时参见《修辞学（*Rhetoric* III，II）》），一些人拥有隐喻的天赋，比其他人更好地知道如何去认识相似性并揭示自然的真理。这是一种并不在我们的掌握中的能力。“它不是能够向其他人学习的东西，它是天赋的一个标志。”你或者知道，或者不知道；你或者能，或者不能。这种不可把握是认识潜藏的相似性的某种天分，但同时它也是用一个词替代另一个词的能力。因此模仿的天赋能够给出被替换所控制的一种语言、一段密码，给出修辞学的才能与技术，给出对天赋的模拟（imitation），给出对不可把握的把握。因此，是否我能够确定唯一不能从我的身上取走的能力便是替换的能力？例如，替换一些被其他事物从我身上拿走的东西？在什么情况下，我们总是在我们的袖子上、口袋里藏着另一种诡计，另一种转变？另

① “布洛瓦与杜·马尔塞已经说过，并且那已经以他们的名义被重复了上千遍，即修辞更多的是在列·阿莱的一个集市日上被创造，而不是在整部《埃涅阿斯纪》中，或者在文艺协会（Académie）的一系列连续的会议上……现在难道这不是一种明显的证据，即修辞是言语语言的本质的一部分；并且像这种言语语言一样，它们已经被自然所给予我们以便服务于我们的思想与感性的表达；并且因此它们与这种语言以及一般的语言有着共同的起源？”（丰塔涅，“Préface”，p.157）——作者注

一个种子？并且是否太阳将总是能够撒播？并且**自然**是否能够撒播自身？

第四节　修辞之花——向日葵
（The Flowers of Rhetoric: The Heliotrope）

让我们回到需要论证而不是类比的哲学。——狄德罗，《论聋哑信札》（*Letter on the Deaf and Dumb*）①

莱斯皮纳斯小姐：为什么，我应该认为它是我的头。博德厄：你的整个头？莱斯皮纳斯小姐：不，但是看这里，医生，如果我想表达清楚的话我就不得不运用一个比喻。女人和诗人似乎主要是通过比喻来推理。因此想象一下一只蜘蛛……达朗贝尔：那是谁？是你吗，莱斯皮纳斯小姐？——狄德罗，《达朗贝尔的梦》（*D'Alembert's Dream*）②

有一天，一切都将只是与今天在男性的或女性的太阳中存在的信念一样多的价值，仅此而已。——尼采，《曙光》③

这种“非此—即彼”的取舍，不论以何种方式，都无法在梦中被表达……它们显示了一种特殊的偏好，那便是将对立结合进一个统一中或者把它们作为同一个东西而再现……同一朵花的分支（“纯洁的花”，在歌德的诗《米勒的背叛》中）既代表了贞洁也代表了它的对立面……这些逻辑关系中的一个，仅仅一个，受到了梦的形成机制的青睐；那便是，相似性，一致或者近似的关系——这种“正像”的关系。这种关系，不像其他的那些，它能够在梦中以多样的方式被再现。（注：上面引用了亚里士多德关于一个梦的阐释的品性的评论。）——弗洛伊德《梦的解析》④

亚里士多德在这方面说到梦的最佳诠释者是那个最能把握相似

① 见《狄德罗早期哲学作品》（*Diderot's Early Philosophical Works*），trans. Margaret Jourdain（Chicago：Open Court），p.187。——英译注

② 见《拉摩的侄子以及其他作品》（*Rameau's Nephew and Other Works*），trans. Jacques Barzun and Ralph H. Bowen（New York：Doubleday，1956），p.127. Translation modified。——英译注

③ 见尼采：《尼采作品全集》（*Complete Works*），vol. 9，trans. J. M. Kennedy，p.12。

④ SE IV，316—20. 接下来两段来自《梦的解析》的引文也出自这一版本。——英译注

性的人……（同上，第 27 页，注释 2）

也在这点上，这句话“昂贵的花，我们必须为它们买单”，一定有着无疑的名副其实的财务的意义。因此这个花朵在这个梦中的象征意义包括了贞洁的女性、男性以及被暴力玷污的一种暗示……（她）更加强调“中心”的在先——在另一个场合，她使用了“一个中心—花片”这样的表达——也就是说，关于她的贞洁……在稍后做梦者为这个梦生产了一个追补物：“……存在着一个裂隙，在花朵中的一点空间中。……”（同上，第 376 页）

那么，隐喻是人类所专有的（proper）。并且根据自然的、天生的禀赋在人身上的**宰制**（dominates），对于每个个人而言更加专有。但这种宰制是什么样的？并且当问题涉及这样一种能力的时候，在这里“人类专有的”是什么意思？

我们已经指出了对“专有的（properness）”这个概念进行历史的、系统的调查的需要。这是一项庞大的任务，它要求一整套的解构策略与一系列的阅读系统的制定。应该提前了解到，这一任务，尽管可能会比较漫长，但从事它只能以一种方式，或另外一种，即着手处理在亚里士多德的文本中被译作“专有的（proper）”事物。也就是说，最少有三种意义。

亚里士多德的隐喻问题并不回到在专有的、字面的意义与修辞的意义之间异常简单的、明了的（也是核心的）区分。没有什么会阻止隐喻词（lexis）成为专有的——也就是说适当的、合适的、得体的、相称的、适宜的，与主题和情景特定关联着，与它们所是的事物①特定关联着。那是真的，即这种成为专有的方式外在于话语的（隐喻的或者非隐喻的）形式。但这并不是迄今为止的风格（kurion）与习语的意义，两者都被译成相同的一个词：专有的（proper）②。尽管风格（kurion）与习语之间的差异从来没有得到明晰的处理，但是似乎正是前者，这个在《修辞学》和《诗学》中更频繁出现的概念，指定了在它

① 例如，可参见《修辞学》（*Rhetoric* III，7），关于“prepon”一词翻译见布伦瑞克（Brunschwig）在他所翻译的《亚里士多德修辞学》（*Les Topiquesd' Aristote*）中的脚注，（Paris：Belles Lettres，1966），p.6，note 3。——作者注

② 正如我们会看到的，在接下来几处从亚里士多德那里而来的引文中，风格（kurion）与习语（idion）在英语中并没有被翻译为同一个词（特有的[proper]），尽管它们在法语中是被翻译成这同一个词的。然而，这些概念确实属于德里达在这里所分析的“特有的（proper）”（字面的，正确的，通常的，个人的，特定的，所有物）之概念体系。——英译注

的支配的、控制的以及资产的意义上所使用的一个名字的属性。让我们不要忘记主权（sovereignty）的意义也是风格（kurion）的主导意义。相关地，风格（kurion）被解释为源初的（相对于衍生的）意义，并且有时也与流通的、字面的或熟悉的意义相等价（to de kurionkai to oikeion［*Rhetoric*, III, II, 1404b6］）："所谓普通词（kurion），指某一地域的人民共同使用的词。"①那么一方面它和那些非普通的、不常见的、习语的词相区别，另一方面，则与隐喻相区别。至于在这一语境中非常少见的习语，似乎参与进了另外两种意义中。更严格地说，在《修辞学》（III, V, 1407a31）中回到专有称谓是为了避免迂回，那样做是合适的。这三种意义的相互粘连似乎已经替换了在西塞罗那里固有言语（verbapropria）对立于翻译言语（verbatranslata）的观念（*De oratore* 2.4）。

然而，这整个"隐喻学"似乎藉由**习语**（idion）的观念而得以持续，尽管它并不显眼。例如，我们知道在《论题篇》（*Topics*）中，它便占据着一种特有的、本质的、偶性（accident）的理论的核心之处。现在如果隐喻（或者一般意义上的模仿）旨在知识的表达，那么除非把它与一种和**定义**有关的知识联系起来，否则它便不能够被从事：与一个人正在特有地、本质地或者偶然地言说的东西有关的知识。事实上，一个人能够特定地或非特定地谈论对于事物非专有的东西，例如谈及它的一种偶性。专有的与非专有的这两种意义，事实上在这种情况下并非有着相同的承载。自然地，因为所有语言的观念，特别是隐喻的观念，都是在让事物本身得以被认识，如果言语的转向能够将我们带向事物本质的或者专有的真理，那么它就是更好的。语言的"空间"，在其中它可能发生歧化的领域，是被本质、"专有"与偶性之间的差异严格地打开的。这里是三点准备性的参考。

1. 当一个名称仅仅只有一种意义的时候，它就是专名。或者，仅仅在这种情况下，它才完全地是一个名词。单义性是语言的本质，或者更好的，它是语言的**目的**（telos）。从来没有任何哲学反驳过亚里士多德的这种理想化（ideal）。这种理想化便是哲学。亚里士多德知道一个词可能有几种含义，这是一个事实。但这一事实没有进入语言的权力，除非在这样一种范围内，即多重的意义是有限的，不同

① 参见陈中梅先生翻译的《诗学》，北京：商务印书馆，2002，第149页。——中译注

的意义被数量所限定，并且首要的是那是足以**相区别的**（distinct），每一种仍然保留为单数的与可判定的。语言是其所是——语言是语言，仅仅在它能控制并分析复多的意义的范围内。并且无一例外。不能够被控制的撒播甚至不是一种复多的意义：它属于语言之外。

即使当一个人说一个词有着几种意义也并没有区别，如果它们在数量上仅仅是有限的；对于每种样式都可能存在被指定的不同的词。例如，我们可以说"人"有着几种而不是一种意义，其中一种把人定义为"两条腿的动物"，同时如果它们在数量上是有限的，那么也存在着其他几种样式；每种样式都可能被指定一个特定的名字（Ross 把"特定的名字"严格地翻译为"专"名，习语的名字［idiononoma］；并且把"样式"翻译成**逻各斯**）。然而，如果它们不是有限的，而是像人们曾说过的词语有着**无限**的意义，那么明显地推理（话语、定义、逻各斯）将是不可能的；因为没有一个意义便是没有意义，如果词语没有意义，与他人讲道理，事实上与自己讲道理，便被废止了；但如果这是可能的，一个名字应该被指定给**这个**事物。让我们作出假设，正像我们在开始所说的，名字有意义，并且只有一个意义。（*Metaphysics* 4，1006a34—b13）①

每次当多重的意义是不可还原的，当意义的统一甚至无法向其允诺，那么它便是外在于语言的。并且因此外在于人类。能够创造隐喻无疑是人类特有的能力，但那是为了表达某物，单独的一物。在这种意义上，哲学家，从来都只言说一件事物的人，是人中之人。他，那个并没有把这种两可性归属给这一法则的人，已经是少于一个人的：一个诡辩家，他最终会说没有任何事物能够被带至一个意义。② 在这种"不一意谓一任何"的边界上，一个人几乎连动物也不

---

① See also Topics I，18. 杜 · 马尔塞："在推理的序列中一个人必须总是按照他最初所使用的在同一意义上使用一个词，否则的话他便不是正确地进行推理。"丰塔涅："词语在原则上只能意指一个事物。"见茨维坦 · 托多洛夫（TzvetanTodorov）的引文，《文学与含义》（*Littérature et Signification*）（Paris：Larousse，1967），pp.109—110。——作者注

② 诗人处在这两者之间。他是隐喻者。当哲学家将兴趣集中在意义的真理，甚至超出符号与名字之外；智者操纵空洞的符号并且从能指的偶然式中提取他们的结果（因此他的兴趣在于多义性，尤其是同音异义，能指的欺诈同一性），诗人则玩味所指的多样性，但这是为了回到意义的同一性："首先主要是同形同音异义字被智者用来误导他的听众。同义词则被诗人所使用，我是说那些其一般意义是相同的词（kuriatekaisunonuma），即进行（advancing，poreuesthai）与行进（proceeding，badizein）；这两个是普通的词（kuria）并且有着同样的意义。"（*Rhetoric* III s 1404b37—1405a1）——作者注

是，而是一株植物，一株没有思想的芦苇："然而我们能够否定地证明同一事物存在与不存在的不可能性，如果我们的对手将仅仅是说某物的话；并且如果他什么都不说，而且在他拒绝推理的意义上，试图和一个不会推论任何事物的人讲道理是荒谬的。对于这样一个人，它已经被看作并不比一株植物（homoios gar phutoi）更好。"（《形而上学》，1006a12—15）并且在它事实上被**模仿**、**逻各斯**以及人类的声音所呈现的意义上，这样一种隐喻的植物甚至也不再属于**自然**。

2. 尽管与本质无法分离，但是专有之物并没有与之相混淆。无疑正是这种区分允诺了隐喻的运作。隐喻能够显示属性，关联起已经从不同事物的本质中抽取出来的每种其他的属性，在它们的相似性基础上使得它们被认识，却并没有非常直接地、完全地，或者特定地说明这本质，并没有使得事物本身的真理得以可见。

被转移的意义是那些作为主体或实体的而被归属的属性，而不是事物本身。那使得隐喻仍然是间接的、抽象的。为了让隐喻得以可能，一个人必须——而这并不涉及一种替换的运作中的事物自身——能够用一种属性替换另一种属性，并且这些属性是属于同一事物的相同本质的，或者它们是从不同的本质中抽取出来的。这些抽取与替换的必要条件是一个固定的主体应该有着若干属性，并且在一个物的本质与专属于一个物的事物（是与本质不可分离的）之间一种特定的置换是可能的，在一种类似—同义（quasi-synonymy）的中介内。这是亚里士多德称为"antikategoreisthai"的运作：规定了一物本质的断言与归属给它专属于它的某物的断言，这二者可以相互替换，而不会使得这个判断不成立："属性是某种并不会展现一物本质的东西，而是单独属于它的，并且被它可互换地断言的。"[①]我们能

---

① Aristotle，*Topics* I，5，102a18—19，trans. E. S.Forster（Loeb Classical Library）. 布伦瑞克（Brunschwig）的《修辞学》版本中包含了一条在这里对我们会深有启发的注释："与它的传统解释相反（但肯定它的词源学意义），antikategoreisthai 这个词并不是指**主语与谓语的转换**的合法性，而是指在**两个谓语间的一种相互替换**的合法性，而这两个谓语是关联于一个相同的固定的主语（被事［toupragmatos］所指定）。换句话说，一个人可以说一个谓语 P 是专属于一个主语 S 的，这不是因为'S 是 P 并且 P 是 S'的情况，而是说'对于每一个固定的主语 X，如果 X 是 S，那么 X 是 P，并且如果 X 是 P，那么 X 是 S。'"也可参见这条注释的接下来一部分。以及关于不同种类的"专有"（自身专有——"例如，人作为必死的，活的生物并且善于接受知识的属性"，——或者相对的专有；永久的或暂时的），see *Topics* V，I，128b30—35。——作者注

够宣称，例如，隐喻，隐喻的能力是人类特有的。参照一个具体的主体，苏格拉底，其本质是人类；某些专有的事物——某些属性将会被表达，当每次我们说“如果苏格拉底是一个人，他便拥有逻辑”；或者“如果苏格拉底有逻辑，他就是一个人”反之亦然，或者“如果苏格拉底能够模仿，他就是一个人”，反之亦然，或者“如果苏格拉底能够创造隐喻，他就是一个人”，反之亦然，等等。在《论题篇》中首次被给予的关于“antikategoreisthai”的运作的例子是语法：语法，学习读或写的能力，是人类特有的。这种属性属于人类其他属性之链的一部分（逻各斯，有意义的声音，模仿，隐喻，等等）。“例如，能够学习语法是人类特有的；因此如果一种确定的存在是人，那么他能够学习语法，如果他能学习语法，他便是一个人。”①

3. 什么是太阳专有的？这个问题作为一个例子被放置在《论题篇》中。这是偶然的吗？事实上，难道它没有有寓意地出现在《诗学》中？不停地，无意地，我们已经被这种将太阳带向隐喻中的转向的运动所裹挟着；或者已经被那种让哲学的隐喻转向太阳的事物所吸引。难道这种修辞之花不是（不像是）一株向日葵吗？——尽管它不是完全意义上的同义词，也与向日葵相类似？

无疑地，在亚里士多德的例子中最初呈现的是向日葵的隐喻可能是坏的隐喻。事实上，知道太阳所专有的是什么，它的专有称谓是什么，是一件很困难的事：这**可感的**太阳。因此任何暗示了太阳的隐喻（像男高音[tenor]，媒介物[vehicle]）都不能带来清晰的、确定的知识：“每种感觉（sensation）的对象，当它超出感觉的范围，便会成为模糊的；因为它是否依然存在将是模糊的，因为它仅仅能被感觉所理解。真相则是这种属性并非是必然地，并且一直地为这个主体服务。例如，当一个人将太阳的性质设定为‘围绕着地球运转的最亮的一颗星星’，他便已经使用了某种只能被感觉所理解的性质，即‘围绕着地球运转’；因而太阳的专有属性不会被正确地设定，因为当太阳升起，它是否围绕着地球运转，这无法得到明证，因为感觉欺骗了我们。”②

---

① *Topic* I，5，102a20—22. 同时可参见布伦瑞克（Brunschwig）的注。——作者注

② *Topic* V，3，131b20—30. 同时可参看G. 韦贝克（G. Verbeke）的《修辞学中的属性概念》（*La notion de propriété dans les Topiques*），收于《亚里士多德论辩证法：修辞学》（*Aristiotle on Dialectics：The Topics*），ed. G. E. L. Owen（Oxford，1968）。韦贝克特别地分析了为何“‘专有’对于主体的所有物无法单独地由感觉所认识”（p.273）。——作者注

这似乎带来了两个结论。它们可能显得相互矛盾，但它们之间的对立是以一种隐喻的哲学观念构成的，依据一种不断被确认的模糊律法将它分离。

第一个结论：向日葵的隐喻总是不完美的隐喻。它们为我们提供了太少的知识，因为在这个替代物（可感知的太阳）中被直接或间接暗示的种类不能被专有地认识。这无异于说可感知的太阳总是被非一专有地认识，因此被非一专有地称谓。一般的感觉并不会出于与生俱来的可感事物的**在场形式**而限定我们的知识；而是主要因为可感知的（aistheton）总是能够不呈现自身，隐藏自身，让自身缺席。它不会让自身屈服于命令，它的在场无法被控制。现在，从这点来看，太阳是一种完美的可感对象。它是可感的**以及**隐喻的范例：它经常转离（自身）并且隐藏（自身）。隐喻的修辞总是暗示着一个可感的内核，或者毋宁说某种像可感物一样的东西，而这种内核永远无法实际地、当面地在场。太阳，在这种考量下，是可感之物的完美的可感能指，可感之物的可感模型（可感的理型[Idée]，范式[paradigm]，或者比喻 / 抛物线[parabole]），因此太阳的轨道将总是隐喻的轨道。事实上，坏的隐喻仅仅给出非专属的知识。但因为最好的隐喻永远不能是绝对好的，否则的话它将不再是隐喻，难道坏的隐喻不是总提供最好的范例吗？因此隐喻意谓着向日葵，既是朝向太阳的运动，又是太阳的偏转运动（the turning movement）。

但让我们不要太轻率地将这看作一种隐喻的真理。我们确定自己知道向日葵是什么吗？

太阳不仅仅提供一个——总是在消失，保持在视线之外，并不显现的——可感**存在**的例子，尽管它是最卓越的例子。在显现与隐藏之间的每种对立，现象、真理的所有词汇等等，白天与黑夜的，可见与不可见的，在场与缺席的，所有这些都是在太阳的前提下才可能的。并且太阳，在它构造了哲学的隐喻空间的意义上，再现了哲学语言中的自然之物。在所有哲学语言中，它都允许自身被自然语言所保留。在这种让形式的或人工的语言与自然的语言相对立的形而上学转换之间，"自然的"将总是会将我们引回作为一个独立系统的**自然**（physis），或者更准确地讲，引回感知系统中的地球 / 太阳关系的某种历史。

第二个结论：某种东西已经在我们的谈话中被反转。早些时候我们说太阳是独一无二的，不可替代的，以及辐射到周围每件都必须朝向它的事物的自然对象，并且它朝向必须转向它的一切。但现在，按照同样的轨迹，我们必须反对这一命题：专有称谓的太阳，这可感的太阳，并不只是因为生产了坏的隐喻而生产了坏的知识，它自身便仅仅是隐喻的。因为，按照亚里士多德所说，我们不再能确定它的可感特性是一种**专有属性**（properties），太阳从来不会在话语中专有地呈现。每次存在一个隐喻，无疑都会在某处存在着一个太阳；并且每次存在着太阳，隐喻便已经开始。如果太阳已经并且总是隐喻的，那么它不再是完全地自然的。它已经并总是一个发光体，一只吊灯，我们可能会把它称为一个**人造**的构成物，如果在自然已经消失时我们还能够给予这种意义以信任的话。因为如果太阳不完全是自然的，那么在自然中有什么是自然的？在自然中最自然的对象在其自身中有超出自身的能力；它和“人造的”光一道，它遭受日蚀（eclipse）和省略（ellipse），总是让自身成为其他的：父亲、种子、火、眼睛、蛋，等等，所有这些以及更多如此的事物，提供了坏的与好的隐喻的尺度，清晰的与模糊的隐喻的尺度；以及，在这一界限上，那些比隐喻更好或更坏的事物的尺度：

考察含混语词的一种方式是看他所用的是否是与其他什么同名异义的词……另一种方法是看他是否采用了隐喻的表述。例如，是否把知识说成不能变更的东西，称大地为乳母，或把节制叫做和谐。因为所有这些隐喻的表达都是不清楚的。通过把他的陈述当成特定的表达，也可以诘难这种使用隐喻的人；因为如果这样，他所表述的定义就是不合适的。例如，对于克制的表述就是如此；因为一切和谐都存在于声音中……再有，要看对方是否使用了没有确认这种用法的语词。例如，柏拉图把眼睛称为眉毛遮盖之物……因为所有不常用的词语都是不清楚的。有时候，有的人使用的语词既不是多义的，也不是隐喻的，但又不是特义的。例如，把法律说成本性公正之物的尺度和隐喻的映象就是如此。这种用法比隐喻更糟糕；因为隐喻毕竟还通过相似性的比较说明使我们增长了一些知识；所有使用隐喻的人都是按照某些相似物进行隐喻说明的。但是，刚才所说的这种用法却不增加任何知识；因为按法律是尺度或映象的说法，并无相似物存在，也没有使用特有的常用表达。因此，如果有人断言法律是尺度或映象乃是道出了特有含义，他就是在说胡话；因为所谓映象，指的是通过模仿才生成的东西，而这并不属于法律；如果这种用法不是特有含义，那么显然，他的表述就是含混不清的，并且，比隐喻的表达还要糟糕。再次，从他的陈述看相反者的论断是否不清楚；因为正确规定的定义也能表明相反者。或者，当它被自身说明时，要考察它是否没有清楚地表明定义的到底是什么，就像以前画家们的作品一样，如若未被标明，就没法知道每一幅表达的是什么（*Topics* VI，2，139b19—140a23；see also IV，3，123a33）。

清晰与模糊的标准的应用将足以确认我们在之前陈述的观点：隐喻的整个哲学的划界已经是被"隐喻"构建或制造的。一些只是或一种语言如何能够使当地成为清晰的或模糊的？现在所有的在隐喻的定义中参与这一游戏的观念都有着一个根源或一种力量——它们本身便是"隐喻的"——去使用一个不再严格地适用于指定那些如此多作为定义而加以定义的修辞的词。[①] 如果我们回到《诗学》所提出的定义中的每个词，我们应该都会在其中发现一种修辞格的标记（隐喻与尾词重复也是一种空间转换运动；**理念**（eidos）也是一种可见的图形，一种轮廓与形式，一个方面或一个种类的空间；种［genos］也是一种亲缘关系，一种由出生而来的基础，一种起源，一种家族，等等）。所有这些在它们根系的纠缠中持存与沉淀的修辞是很明显的。但问题并不是沿着一条直线将这种观念的功能带回名词的词源。我们已经对亚里士多德的观念中的内在的、系统的、共时的关节加以注意，以便避免这种词源主义。因此，他的这些名称没有任何会是一个惯例的、任意的"x"，所指观念系于它的能指（语言）的这种历史的或谱系的（而不说是词源的）链条不是可进行复位的偶然事件。

这种在定义中被定义的含义，这种隐喻的深渊（abyss）将总是在自身一层化的过程中，同时地加固自身、空洞化自身：一种古典修辞学的（人造）光线与（被设置的）居所（habitat）。

杜·马尔塞这样阐释他对隐喻的定义：

当我们说**精神之光**，"光"这个词是被隐喻地使用的；因为正像

---

① 这种内含物的一般形式被《修辞学》所认识，并且有这样一个例子而阐明："另一种方式是当被定义的词汇被用在定义自身之中。这暗中的发生，当被定义对象实际的名字没有被使用，例如，如果一个人想将太阳定义为'一颗白天出现的星星'；因为引入了白天，他也引入了太阳。"（VI，4，142a—142b）——作者注

光在其本来的意义上使我们能够看到有形的对象，认识与感知的官能也是如此启发精神，并且使其能够承受有声的判断。隐喻因此是一种**修辞**；被隐喻地使用的词语不是使用它的字面的、固有的意义而是使用它的其他意义：可以这么说，**它栖居在一个借来的家中**，正像一位古人说过的那样；那是所有修辞的共同的、本质的东西。

这两个例子（光亮，家）有着不同的功能。杜·马尔塞认为自己能够提供一个原初的隐喻以作为其他隐喻的范例，作为隐喻中的隐喻。但我们现在有理由认为这个原初的隐喻并不独立于隐喻观念被设定的系统。杜·马尔塞并没有将另一种图形——借来的家中——给出为隐喻中的隐喻；因此它在那里是为了意指隐喻**自身**；它是一个隐喻的隐喻；一种剥夺（expropriation），处在一远一离一家之中，但依然在一个家中，远离自己的家门但仍然在某个居所中，并且在这一居所中一个人能够回到自身，认出自身，聚集自身或与自身相似，在自身之中外在于自身。这是作为（或者说基于）再居有（reappropriation）的绕道的哲学隐喻，是再次来临（parousia［基督再临］），是观念在自己的光中的自身—在场。一种从柏拉图的**理念**（eidos）到黑格尔的观念的隐喻轨道。

依靠一个隐喻来给出隐喻的"观念"：这不能产生一种定义，但是它隐喻性地分派了一个检测一点，一条界限，一个交错点：隐喻/家。杜·马尔塞很自然地给出这两个例子，不论是否是偶然的。但所有隐喻依然可能被同时破译为一种特定的修辞格以及隐喻化过程本身的范式：**理念化**与**再居有化**。在关于隐喻的话语中的，贯穿理念的符号以及它的整个体系的一切，都是与精神的（nous）视野与可感的视野之间的类比，可知的太阳与可见的太阳之间的类比链接在一起的。在场的**存在**之真理是通过一种在修辞系统中的绕道而得以被规定的。作为**理念**（在隐喻的眼睛之前被设置）或作为实体（hupokeimenon）【可见的现象或偶性［accidents］的基础】的**存在**（ousia）的在场面对着理论的器官，正像黑格尔的《美学》提醒我们的，它有能力不去确定它感知的事物，而是让其成为欲望的对象。哲学，作为一种隐喻理论，将首先已经是一种理论的隐喻。这种转换并不排除，而是允许并加强这种转换，即把在场转换进自身—在场，转换进入对于自身的主观性存在的亲密或专属的状态。"正像我们在上面所说的，应该被跟随的是'专有（proper）'意义的绕道与回归的历史。”

“观念化”的隐喻，它构建了一般的哲学素，并打开了丰塔涅的《话语的修辞格》(*Figures of Discourse*)一书，马上向他提供了他的理论场景的最普遍的形象。事实上，整本书都植根于能指与所指、意义与感觉、思想与语言之间的分离，并且首要的是**观念**与**语言**之间的分离。丰塔涅回溯了(尽管作为一个次要的问题)观念这个词的词源以及被深埋的根源，这曾经出现在他的书的开端处，也就是他提出了他认为的在语言与观念之间的主要区别的地方：

思想是由观念组成的，而言语中的思想的表达是由词语组成的。让我们首先考察观念在其自身中是什么；之后我们应该转向与观念相关的词语，或者，如果我们更喜欢这种表述方式的话，在它们被词语再现的意义上观念是什么。**一个——观念**。观念这个词(从希腊的理型[eido]一词而来，看)意指着被精神看到的并看作**图像**的对象关系，并且意指着与**视觉**或**感知**看到同样的事物的精神的关系。但被我们的精神看见的对象，或者是物理的，并且反映我们感觉的物质对象，或者是形而上学的，并且超越我们感觉的纯粹智力对象。(第 41 页)

在这之后，他区分了所有物理的或形而上学的(并且道德的)观念，简单的或复杂的观念等等。隐喻的或哲学阐释的整个基层因此支撑着那些被称为先于语言或词语的观念，那些被称为先于、外在于并优越于语言与词语的观念，正像意义之于表达，被再现之于再现，**哲学**(dianoia)之于**言语**(lexis)。如果你愿意的话，可以说一种隐喻的言语(lexis)已经介入到哲学(dianoia)的定义之中。它给出了观念(idea)。

在这里关注能指“观念”的历史，并不意味着给语源学一种已经被否认的重要性。我们认识到它自身系统内的一个**术语**的特殊的功能，但我们不能将这种能指作为完美的常规惯例。无疑的，黑格尔的观念不是柏拉图那里的观念；无疑地，这些观念存在的系统效应是不可还原的，必须被惯常性地理解。但理念这个词并不是任意的“x”，它包含着从柏拉图的系统到黑格尔的系统的一种传统承载，也必须被如此研究，即通过一种分层的解读：既不是纯粹的词源学或根源，也不是同质的连续统，也不是绝对的共时性(synchronism)或简单的一个系统自身的内在性。这意味着我们必须同时地分析哲学先验历史的模型，以及完美地隐藏在他们的技术的与同步的操作中的语义结构（迄今为止仅仅在可判定的作品中根据一个符号的“专名”被认识到）。

但是，按照我们在上面所问及的，这些优先于所有哲学的修辞并生产了哲学素的行使定义的修辞还能够被称为隐喻吗？这一问题能够引导丰塔涅在《修辞理论补遗》（*the Supplement to the Theory of Tropes*）① 对词形变更的分析进行整体的阅读。在这里让我们满足于一种暗示。这种**补遗**（**Supplément**）首先是关系着一种符号的暴力的、强力的或滥用的铭写，以及关于一个符号的意义的征收（imposition），这种意义在语言中还没有一个专属的符号。所以这里没有替代物，没有特有符号的转移，而是对专属于一种理念、一种意义的一个额符号的侵略性扩张，对它们的能指的剥夺。在这里存在着一种“第二起源”：

然而，由于我们关于**词形变更**的原则是我们整个拓扑学系统的基础，那么如果可能的话，我们便只能尽最大努力让它们明晰。正是出于这一原因，对于那些已经在如此大量的**注释**中发现的问题，我们应该在这里增加一些新的考察。

一般地，词型变更是如此组成的：一个已经被指定给最初观念的符号应该也指定给一个没有任何符号的新的观念，或者不再有一个作为它的特有表述的符号。因此，它是任何其用法是强力的或必然的修辞，是任何以一种纯粹被扩展的意义为结果的任何修辞；这种第二起源的专有意义，是原初专有意义与比喻意义之间的一种媒介，但我们自然地对第一种比对第二种更熟悉，尽管它本身在原则上就已经是比喻的。现在以纯粹扩展的意义产生的修辞不止有着三种，就像由一种比喻意义的结果而来的修辞，它们更多的是被与后者一样的关系所决定的：在观念之间的一致，联系，或者是相似性；并且它

---

① 丰塔涅，“Préface”，pp.207ff.“在这一**补遗**中关于一种重要的新观点会被揭示，并且那无疑是非常有启发性的，关于扩展的（extensive）的意义或者词形变更（Catachresis），如此多的反对杜・马塞尔在对他的论文的评论中的相关主题。同时也可以看到修辞是如何与其他被称为修辞格的话语形式区别开来的；由此人们将学会如何更好地对这些不同的形式进行区分。但是这一补遗所特别地提供的，以及杜・马尔塞的论文与评论并没有首次提出的是识别与欣赏修辞的艺术，识别并欣赏被还原到它的原则以及实践的修辞。”（p.211）——作者注

们以相同的趋势出现：通过转喻，提喻，或者隐喻。①

因此丰塔涅提出所有这些剧增的修辞的，所有这些没有语义替代物的密码（code）的“非一真实修辞格”的一种理论分类，将会是已经先在的。但这种分类将会借用从最主要的、最为人熟知的形式而来的类型。所以在这里我们有着双重方向的运动：一方面将词型变更加以分离并且给予它一种不可还原的根源性地位，而另一方面将其带入一般的分类学，将其看做一种使用（或误用）的现象而不是密码。那是自然的，因为密码是强制的，但也显得奇怪，那是因为误用比起密码的应用也只不过是一种使用的形式。

像迪马瑟一样，我们已经承认了词型变更是一种修辞。但我们还没有给予它以应有的地位，也没有花费理论篇幅去讨论它。事实上，我们曾不相信应该更特别地、急切地处理这种修辞，也远没有为它做出一种种属的分配，像杜·马尔塞所做的那样，并且不仅是修辞的种类，甚至也包括修辞格，我们仅仅把它作为强制的使用，如果不是原始的，也至少是一般的，我们已经认识到的这三种大的种类中的一个或另一个。

在这补遗中，对隐喻的词型变更的处理占了最大的篇幅。这主要是因为名词化能力的屏障被打破了：“能够举出的例子是无尽的，并且不仅仅是给出它们的名字，而且是每种再现了一个观念的词。形象性的隐喻很少涉及副词；但词型变更的隐喻在它的范围内包含了一切词

---

① *Ibid.*, pp.213—214. 这些定义通过第一部分所提出的三种意义（相反的，字面的，精神的或理智的）的定义而被阐明并补充完整。字面的似乎更多的与亚里士多德那里的风格（kurion）相一致，它可以或者是固有的或者是比喻的（tropological），并且又是它被错误地翻译为“固有的（proper）”。以下是丰塔涅的定义：“字面义是这些字面地被领会的词语所保持的，是这些按照通常接受的用法被理解的词所保持的；因此意义直接地将自身呈现给那些懂得一门语言的心灵。有单独的一个词所保持的字面义，或者是**源初的**、**自然的**、**固有的**，或者是**衍生的**，如果必须这么说的话，也可以说是比喻的（tropological）。这最后一种是来自于修辞，在其中某些属与某些种被区分开来。但修辞出现，或者是由于必然性以及扩展，以便为某些在语言中遗失了的理念补充词语，或者是由于选择以及**修辞格**（figure），以便以更加生动的、引人注目的形象而不是它们自身的符号来呈现理念。因此有着两种不同的**比喻意义**：**扩展的比喻意义**与**修辞性的比喻意义**。第一种，正如一个人所看到的，出于**源初意义**与**修辞性**意义之间，并且几乎不能被看作其他什么而只能被看作一种新的**固有意义**（proper sense）。”（pp.57—58）在这里让我们感兴趣的是一种固有意义的产物，一种新的固有意义，通过一种词形变更的暴力手段，这种词形变更的中间状态倾向于逃脱源初的与修辞性的之间的对立，而作为一种“中间（middle）”处在二者之间。当一种对立的中间状态不是一种调解的通道，那么这种对立便很有可能是不中肯的。其后果是无限的。——作者注

型，甚至包含了感叹词。事实上，只有少数种类的词是不属于它的。”（第215页）那仍然是真实的，从介词（例如，to）而来的词型变更的隐喻的阐释总是由对意义的定义组成的，这种意义的定义是通过可判定的一种类别的名字（国家、地点、时间、姿势、动作、行为、原因、方向等等），并且甚至是通过一种单一名义上的意义——“正像孔狄亚克在他的《语法学》中很好地展示的”，“趋势（tendency）”。

对于名词和动词，丰塔涅给出的首要的也是唯一的例子是这些有着最多的哲学承载的词型变更的隐喻（光，盲目；拥有，存在，做，采取，理解）。这活生生的躯体为所有自然秩序中的例子提供了“传达媒介（vehicle）”：我们转向道德领域时所采用的第一个例子（并且是唯一一个）是光。

……在道德领域存在着一些：光，相对于理智的类型，相对于智力，或者相对于洞察力；盲目，相对于理性的昏暗与混乱。我们所了解的第一种光无疑是日光，这个词便是为那种光而创造的。但理性不正像一束火把吗，由自然的创造者为我们设置以照亮我们的灵魂，不正像对于我们道德的一束火把吗，白日间我们的火把是对于我们的物理本性？因此有必要将其系于光，并且像我们说**日光**一样说**理性之光**。（第216页）

在重复了关于盲目这个词的分析之后，丰塔涅问道：“没有这些强制的隐喻，这些词型变更，一个人怎样才能够追溯这些观念以回到它们的根源？”（第217页）他似乎认为这些“观念”已经存在，它们已经像一张没有一个词的图表在头脑中存在着；但人们将一直不能追溯它们，追它们回来，将它们带给一种没有**对抗使用**的缠绕力量的光，却并不会对词型变更造成破坏。词型变更并不超出语言之外，并不创造新的符号，并不丰富密码；但它转移它的功能：它以相同的材料生产新的交换规则、新的意义。哲学的语言，一种占有“强制的隐喻”的资源的词型变更的系统将与自然的语言有着关联，如果像他所说的那样，某种这样的东西存在过的话。当他设置，也因此提出，词型变更的观念或者意义是在先的（因为仅仅会回到一种已经呈现的观念），他用哲学的词语解释这一情况；事实上，这正是传统哲学如何解释它的强制的词型变更的：回到已经呈现的意义的一个链条，一种产物（符号的，或者意义的），但作为揭示，揭开，带到光亮，真理。这是为什么“强制的隐喻”也必然是“自然的、正确的”（第216页）。

第五节 形而上学——隐喻的扬弃 / 源自隐喻 (La métaphysique—relève de la métaphore)①

仍然，尽管我已经对于隐喻的交感使用给予了充分的考察(一种更加服务于人类对于无限的渴望的修辞格，与那些陷入偏见的或虚假的观念中的人所一般想象的是同样的事情)，那仍是真实的，那些农夫的古怪的嘴依然是大得足以吞下三头抹香鲸。让我们简化我们的思考，并且保持严肃。让我们满足于三个小的新生的字母。——洛特雷阿蒙，《马尔多罗之歌》②

那是一种非凡的事物，一般地讲，引导我们去搜寻(以便晚些时候去表述)隐藏在对象的自然性能中的相似与差异，那些相当分散的对象，并且相当不适宜的呈现，参与进这种悲悯的同情组合，并且，用我的话说，仁慈地授予一个作者的风格，允许自己放纵于个人的满足，对于一只永恒的、庄严的猫头鹰的不可能的、不可遗忘的呈现。③

古典的修辞学无法控制那种哲学文本得以成形的团块(mass)——它被吸收进了这种团块之中。与隐喻是在哲学文本之中(以及与它相匹配的修辞学文本中)的情况相比，哲学文本是在隐喻之中的情况会更多。后者将不再可以从哲学的形而上学中获得它的名字，除非通过一种词型变更——其通过它的哲学幽灵而对隐喻进行追溯——作为"非真实的隐喻"。

尽管如此，我们还能够梦想某种元哲学吗？梦想一种更一般的

---

① 这一标题是不可翻译的，至少因为它的双重意义。德里达同时将"relève"一词既用作名词又用作动词。如果"relève"被当成一个名词，这个标题将读作："形而上学——隐喻的扬弃"；而如果"relève"被当成一个动词，将其以通常的方式读，它可以它通常的意义被理解，即不把它看作是对扬弃(Aufhebung)一词的翻译，因此，这一标题将会读作："形而上学起源于隐喻"(此外，"relève"作为动词也可以被理解为扬弃一词的翻译，而这会给出一种相近于第一种的读法)。如果一个人能够留心于意义的这种不可阻挡的交替的影响，以及形而上学、隐喻与"relève"的相互影响，他便开始能够把握到德里达在这篇文章中谈论的东西。——英译注

② 洛特雷阿蒙(Lautréamont)，《马尔多罗之歌》(*Maldoror and Poems*), trans. Paul Knight(Harmondsworth: Penguin Books, 1978), p.172. ——作者注

③ *Ibid.*, p.200. ——作者注

但仍然是属于哲学的关于"第一等级"的隐喻的话语？以及这种打开了哲学的这种非真实的隐喻？在一种元—隐喻的名义下被从事的工作并不是毫无兴趣的。简而言之，那相当于将巴什拉的一种"元—诗学"的程序（《洛特雷阿蒙》（*Lautréamont*），第55页）运送进哲学中。[①] 这样一种转换的边界是什么呢？

在这一点上，巴什拉忠实于传统：对于他来说，隐喻并不简单地、必然地是一种对科学或哲学知识的阻碍。它可以发挥对一个观念进行（关键的）矫正的功能，或者将一个观念揭示为一个坏的隐喻，或者最终地"阐释（illustrate）"。无疑的，在科学认识的过程中，"言语的（verbal）阻碍"常常有着隐喻的形式（"隐喻的发明［contrivance］"，"被普遍化的形象"，"阐述中有缺陷的隐喻特性"[②]，等等）。无疑地，隐喻版图的扩展甚至摆脱了语言的束缚，在严格的言语"表达"的意义上："隐喻诱惑我们的理性。"[③] 但是一方面，对客体知识的精神分析首先必须谴责"直接隐喻"（"对于科学思想的构造，直接隐喻的危险在于它们并不总是通过图像；它们唤醒一种思想的自主形式；它们试图在图像的领域中被充实以及实现"[④]；正像我们应该看到的，巴什拉的主要兴趣是隐喻的**体系**）。另一方面，非直接的或者被建构的隐喻也是有用的，那是当它被用来"阐释（illustrate）"从坏的隐喻攫取来的知识时。因此它的价值本质上是教

① 巴什拉（Gaston Bachelard），《洛特雷阿蒙》（*Lautréamont*）（Paris：Corti，1939；new ed.，1956）。——作者注

② 巴什拉，《科学精神的形成》（*La Formation de l'espritscientifique*）（Paris：Corti，1938），pp.74—75. See also pp.15，194，195。——作者注

③ *Ibid.*，p.78. 巴什拉引用了范·斯彭登（Van Swinden）的话："'反讽是磁性液体的一块海绵这种表达因此是一个偏离了事实的**隐喻**：但所有的解释都是基于这种在**固有**、**专有**意义上使用的表达。但是对于我自身，我认为并非是正确的……即认为理性将这种表达指认为错误的，因此用它们来解释实验也是错误的（1785）。'以某种混淆的形式，范·斯彭邓的思想是非常清晰的：一个人不能如此轻易地声称将隐喻仅仅结合于表达的领域。不论一个人是否希望这样，隐喻都会诱惑理性。"在这之后，巴什拉马上指出了"那些伟大的头脑已经被闭锁在，可以说，原始的意象中"。因此，"笛卡尔的空间形而上学"将会是一块海绵的隐喻，"海绵的形而上学"。——作者注

④ *Ibid.*，p.81. 相反的，然而这种工作的初始话语授权了被建构的与建构性的隐喻，这种中间状态的隐喻打断了感觉的直接性与素朴实在论。它们属于"形象的量（figurative quantity）的秩序，处于具体与抽象的中途，处于一种中间区域"。"科学思想因此在'结构'的方向上被撤走，这种更多的是隐喻的而不是现实的结构，'配置的空间'的感觉空间最终只是一种枯竭的例子。"（p.5）——作者注

育性的（pedagogical）："因此，如果不是涂抹掉它们的话，客体知识的一种精神分析便必须试着提取那些本真的图像。当提取已经到达这点时，便是时候**阐释**（巴什拉的强调）理性图式（schemas）了。简而言之，最初的直观对于科学思想是一种障碍；只有一种超出这种观念而工作并且为这种本质的特性增添一丝颜色的阐释能够帮助科学思想。"[①] 在《科学精神的形成》的结尾处，我们应该会发现阐释这种图解（illustration）价值的最清晰的例证：不仅仅是哲学圆环、蛋以及卵形[②]，也是太阳、天空、中心、圆环以及椭圆。在这里我们只引用结论：

即使在图像的简单领域中，我们也经常使用价值的转换。因此在我们的教育中我们发展了以下的对立面。在亚里士多德主义的科学中，椭圆是一种被很糟糕地建构的圆环，一种无生气的圆环；然而在牛顿的科学中，圆是一种极限的椭圆，两个焦点相互重叠的椭圆。我会支持椭圆：椭圆的中心是无用的，因为它有着两个不同的焦点；在圆的情况下，开普勒第二定律（相等区域的定律）是陈旧的；但在椭圆的情况下，那是一种发现。一点一点地，我正在试图轻缓地将这种思想从它的附着中分离到特别的图像那里……同时，我毫不迟疑把严密（la rigueur）描绘为一种直观的精神分析，并且把代数

① 巴什拉，《科学精神的形成》（*La Formation de l'espritscientifique*）（Paris：Corti，1938），p.78. "现代科学使用了水泵的类比以便**阐明**（巴什拉做的强调）发电机的某些特性，但是否在一种尝试澄清**抽象**理念中……在这里一个人看到了两种心智状态（mentalities）生动的对比：在科学的心智状态中液压的类比在理论**之后**进入运作。它在近代科学出现**之前**的心智状态中进入运作。"（p.80）——作者注

② *Ibid.*，pp.233ff. 这确实是一个恰当的时机来回忆，按照巴什拉的观点，隐喻的障碍不仅仅是一种认识论的障碍，这种认识论的障碍来自于从同行的想象力或者从哲学的想象中起源的非科学图式在科学领域的持留。隐喻的障碍有时也是一种哲学的障碍，当科学的图式无规律地或无原因地被引进到一种哲学的领域中。有人可能会说**认识论化的**（epistemologizing）障碍。在哲学方面的某种朴素的科学主义会为了一些匆忙的理论家而把科学话语转变为一座巨大的隐喻或"模型"水库。"科学将自身作为一种特别丰富的聚集——对良好构建的并牢固绑缚在一起的知识的聚集——而提供给哲学。换句话说，哲学家所要求的只是科学的**例子**。'这些例子'总是被提及，但从未被发展。偶尔，科学的例子根据一些非科学的原则而被评论；它们导向隐喻，类比，以及普遍化。"《不的哲学（*La Philosophie du non*）》（Paris，1940），p.3. 在同样的方向上，也可参见这一章的结尾关于"对于一种科学观念的多种多样的形而上学解释"，以及巴什拉所说的关于作为一种数学化的幻想的神秘解读的（anagogical）幻想，当数学以及算术介入隐喻的位置的时刻（pp.38—40）。——作者注

的思想描述为一种几何学思想的精神分析。对于精确科学的领域，我们的想象力是一种升华。它是有用的，但是它可能把我们误导至一个领域，在那里我们并没有意识到我们正在升华，并且没有意识到我们如何升华它。它仅仅在它的原则已经被心理分析了的程度上是有效的。直观从来不应该成为一种数据，而应该一直是一种图解（illustration）。①

这种缓慢加剧的隐喻的认识论矛盾，它总是跟从着观念的运作，也许在生命科学中能得到最清晰的证明，在那里对一种目的论的断言的持续批评必须被从事。在这一领域中，动物的或科技的、社会的、文化的类比是最为在家的。我们还能在其他什么地方试图去"为了观念使用隐喻"呢？并且对于认识论与科学的批评史而言，还有什么任务是比在词、隐喻的媒介、事物以及观念之间的区分更急迫的？在贡居廉（G.Canguilhem）已经分析过的那些例子中，让我们考察其中两个。第一个是关于"细胞理论的发展"，在其中"协作与联盟的效用和社会价值进入了运作，直接地或者间接地"。②

在细胞的例子中，胡克（Hooke）被给予了太多的信任。他确实是发现它的人，出于运气以及一种在显微镜的最初使用时出于好玩的好奇举动。他从一段软木上切下了一个截面，并且观察它的隔膜的结构。他同时也是发明了这个词的人，那是在一个图像的影响下，因为一个细胞是一个小的房间，他把植物的组成部分比作蜂巢，比作本身相像于人类作品的动物的制作物。但是胡克的发现并没有创造任何东西：它并不是一个起点。即使这个词被错过了，也能在一个世纪之后被重新发现。

对这一发现与这种创造需要进行重新思考。在细胞中，我们会看到一个生物对象，由一种思考的程度所决定，这将确实是有效的。对于一个能够对它做出贡献的人，知识的精神分析是完全成功的，是被作为一个种类很好地建立的，即便并没有系统的目的。任何一个

---

① 《科学精神的形成》（*La formation de l'espritscientifique*），p.237。——作者注

② 《生命的认知》（*La connaissance de la vie*），2d ed.（Paris：Vrin，1969），p.49。关于隐喻的问题，同时参见《科学史与科学哲学研究》（*Etudes d'histoire et de philosophie des sciences*）（Paris：Vrin，1968），最为著名的章节的标题为"生物学发现中的模型与类比（Models and Analogies in Biological Discovery）"以及"观念与生命（Concept and Life）"（particularly pp.258—260）。——作者注

学过自然历史课程的人都会在他的头脑中有着关于生物的细胞结构的图像。这个图像几乎有着一种坚不可摧的权威。一个上皮组织的图表是一个蜂巢的图像。细胞是一个让我们思想的词语，它让我们想起的不是一个僧侣（monk）或囚犯（prisoner），而是蜜蜂。胡克已经指出蜂蜡的蜂房被蜂蜜充满正和植物细胞被细胞液充满是完美一致的。然而，对于我们，在我们头脑中的细胞的观念的出现，似乎并不是因为那种完全的一致。而也许会是，与有意识地从蜂箱、从蜂房这个词借用，去指定活的有机体的元素一样，人类思想也几乎有意识地从相同的观念根源借用那些生产蜂蜜的劳力。正像蜂窝状小窝是一个结构的元素，所以，正像美特林克所做的，蜜蜂是独立地又完全地被吸收进了共和国中。事实上细胞同时也是一种解剖学的以及一种功能性的概念，一种材质元素的概念，而一个独立的劳力是局部的以及下级的。①

蜂房的这种动物隐喻，在这里以它对一种理论的发展的确定影响而被分析，它被尼采以某种方式进行嵌套处理（mettre en abyme）②，以便描绘观念的隐喻性，隐喻的隐喻，以及隐喻的生产性自身的隐喻：

最初只能是由于那些最初形式解释自身的稳固的可能性，而后来只能是由于隐喻自身是一种能被再次编译的观念的结构。后者是一种在隐喻领域中的时间、空间以及数量关系的模仿。

像我们所说的，正是“语言”在观念的组建处源初地工作着；在

① 《生命的认知》（*La connaissance de la vie*），pp.48—49. ——作者注

② “嵌套（mettre en abyme，to put into abyme）”是纹章学中的术语，指的是将一个小的铭牌放置在一个比较大的铭牌中间。德里达在这里玩味了“abyme”一词的古意，即它所包含的无限反射的这一含义，以及“abîmer”一词的现代含义，即损坏/毁坏，以及“abîme”一词的含义——深渊、裂口、深处、混沌、间隔、差异、分离等等。正如德里达在接下来两段中所指出的，他希望既论证隐喻的普遍化，它的无限的反射能力，也论证在所谓的“非隐喻的”观念的产物中这种（隐藏的）普遍化的必要性，通过一种特定的隐喻的“毁灭”以及“投入深渊之中”。我们可能会将德里达所称的“作品套作品（abyme）的逻辑”看作我们所知的逻辑的“形象的毁灭”，正好像被反射与反射之间的区分分崩离析。这是这一节的标题的双重意义所应用的逻辑：**la métaphysique-relève de la métaphore**。“**relève**”的这种双重意义，在同一个能指中无限地反射自身，它言说形而上学从隐喻而来的“起源（derivation）”，同时也生产了它的无限的尝试，即在一个“更高”的层级——一种据称是非隐喻的层级——“神圣化”、否定并保留（Aufheben）隐喻。——英译注

之后则是“科学”。正像蜜蜂在蜂房中工作，同时也用蜂蜜喂养自身一样，科学也必须在观念的庞大骨灰库中，在感觉的公墓中工作，以建造更新的、更高的层级；支撑、净化、更新这旧的蜂房，并且首要的是尽力去填充那个庞大的骨架，并且把整个经验世界放置于其中，那也便是说拟人的世界。并且行动着的人类将自身生命绑缚到理性以及它的观念之上，以便避免被清扫以及失去自身，所以在真理之后的探寻者，把他的小屋建在临近科学的高耸大厦的位置，以便与它合作并且寻求保护。并且他需要保护。因为有着某种可怕的力量在连续地向他施压，并且抵制着另一种方式中的科学“真理”的“真理”遭受最多相特性的诡计（devices）。①

尼采的这种处理（通过将一个确定的隐喻进行嵌套［mettre en abyme］而使隐喻性一般化）只有通过冒险提出一种隐喻与观念之间的连续性才是可能的，正像在人和动物之间，在知识与直觉之间的连续性一样。② 为了避免以一种知识的经验主义的还原以及真理的一种空想意识形态而结束，无疑我们必须用另一种内在关节来替换隐喻与观念之间的古典的（被留存或被涂抹的）对立。并且这种新的内在关节，它并不会落入古典中对立的形而上学整体之中，而是必定对

① 《非道德论意义上的真理与谎言》（*On Truth and Falsity in Their Ultramoral Sense*），pp.187—188。——作者注

② 这是为了标记尼采将这种由人生产的隐喻式的组织（“唯独在这种……时间与空间概念的神圣性”）描述为一只蛛网的这种连续性（*ibid.*，p.186）。再次，一种特定隐喻的再标记与普遍化，它的影响是确定的，例如在科学史中。康居朗（Georges Canguilhem）在涉及毕查（Bichat）的《论细胞膜》（*Treatise on Membranes*）（1800）时写道：“‘组织（tissue）’这个词值得让我们暂停一下。组织这个词来自于，正如人们所熟知的，‘tistre’一词，动词编织（tisser）的古代形式。如果细胞这个词显得过度承载了一种情感与社会秩序的暗含意义，那么组织这个词则显得较少地承载了理论之外的暗含意义。细胞使我们想到蜜蜂，而不是想到人。组织使我们想到人，而不是蜘蛛。组织，一种编织，是人的卓越的产物。”［《生命的认知》（*La connaissance de la vie*），pp.64—65］同时见马克思的表述：“我们必须把劳动看成是人类所特有的一种形式。蜘蛛的活动和织工的活动相似，蜜蜂建筑蜂房的本领使人间的许多建筑师感到惭愧。但是最蹩脚的建筑师比最灵巧的蜜蜂高明的地方，是他在用蜂蜡建筑蜂房前，已经在自己的头脑中把它建成了。劳动过程在某物的创造中结束，而这个物在劳动过程开始时便已经存在于工作者的想象中，已经以一种观念形式而存在。所发生的不仅仅是工人为物质材料带来一种形式的改变，也是同时在独立于他自身而存在的自然中，他认识到了他自身的目的，这种给予他的活动以法则的目的，这种他必须让自己的意志服从的目的。”［《资本论》（*Capital*），book 1，chap.5，pp.169—170］——作者注

于特定的裂隙给出考量，这种在所谓的隐喻的影响与科学的影响之间的裂隙。无疑，尼采的作品提出了这种新的关节（articulation）的需要。而它也必定会唤醒科学的、真理的以及某些其他价值的一种更替与整体意义上的重新铭写。

这样一种重新分配必定会为“修辞格”的定义提供可能，这个在修正之后，在放弃一种被给予的模型“也许，总之，只不过是一个隐喻”①之后，仍然必定会继续在一个“观念”上留下它的“标记”的修辞格。

所以（这是我们的第二个例子）当血液**循环**的生物观念被**灌溉**（irrigation）②的科技观念所替代时，这种修正并没有删除全部的修辞印迹。尽管不是一座花园中的灌溉，正像在《蒂迈欧篇》③或者《动物学解剖》中所描述的，血液“循环”并没有在固有的意义上采用一个环形的路径。一旦我们只是保留了一种圆环（就像回到起点，电路的闭合）的断言，它的意义便被放置在一种修辞的位置上，转喻的位置，如果不是隐喻的位置的话。

因此修正是通过一个观念而对一个隐喻进行的修正吗？难道所有隐喻严格地说不是观念吗，并且难道会不存在任何使隐喻与观念相对峙的**意义**吗？难道科学批评中的修正不是从一种无效的以及错误一构建的观念修辞中转向一个有效的，在一个给定的领域中以及在科学过程的一个确定的点上更加精巧而有力的观念修辞？因为所有那些原因，这个过程或者变更的标准（在这里我们必须区分开“打

---

① “因此就这一点来说，实验性的胚胎学与细胞学已经矫正了组织结构的观念，那种观念曾经狭隘地被克洛德·贝尔纳（Claude Bernard）结合于一种社会模型，而这种社会模型也许最终只是一个隐喻。”《生物学思想中的整体与部分》（*Le tout et la partiedans la pensée biologique*），收于《科学史与科学哲学研究》（*Etudes d'histoire et de philosophie des sciences*），p.332。——作者注

② 见《生命的认知》（*La connaissance de la vie*），pp.22—23。——作者注

③ 从一种纯粹的修辞学观点出发，孔狄亚克展示了有关柏拉图（这个伟大的哲学家与修辞学家）所用来描述人的身体的的修辞格的严格性，他让身体变成了“一头逃脱了想象力的怪物”；最为著名的是当“他说血液是肉体的牧场：他继续道，为了所有的身体部分能够接受营养，它们挖掘了，就好像在一座花园中，几条水渠，以便静脉的溪流，从心脏中涌现一如从它们的源泉，能够流入人体这些狭窄的管道中”。孔狄亚克将这段话与从卢梭那里而来的六行话相对比，并因此评论道：“花朵在一根由一条纯粹的溪流所浇灌的茎秆中繁殖，这是一个美丽的意象，用来比喻荣耀的爱在一个高尚的灵魂中产生的东西。”（《书写的艺术（*De l'art d'écrire*）》，收于《哲学全集》（*Oeuvres philosophiques*），p.555）——作者注

断”“重铸（remodeling）”以及许多其他形式）并没有被定义；但现在一种双重的确证似乎是复杂的：1. 这一标准必须在一种修辞的评价中运作（“从隐喻到观念”，例如）；2. 修辞必须属于知识的先科学的阶段。

换句话说，也存在一种**隐喻的观念**：它同样有着一种历史，它生产了知识，它向知识学家的结构、修正中要求引进与输出的批判规则。

让我们回到我们的问题上：将巴什拉的一种元—诗的程序转移进哲学的领域是可能的吗？巴什拉是通过**集合**（groups）和**图表**（diagrams）开始的，而这也是我们应该首先考察的。通过**集合**：

当我们反思隐喻的自由以及它们的界限，我们意识到某些诗学图像能够被确定地、严格地**投射**（projected）给彼此，那相当于说在“**投射的**诗歌”中，它们是同一个图像。我们意识到，例如，在研究火的精神分析时，所有内在火焰的“图像”，隐藏的火焰，在灰烬下阴燃的火，简短地说，那些没有被看见，因此需要隐喻的火的图像，都是生命的“图像”。这种投射的关联，在那种情况下是如此原始的，以至于我们可以把生命的图像转移进火的图像中，并且我们可以确定那将会被每个人所理解，而不会有丝毫困难。

然后，这种图像的变形，必定指涉隐喻的“集合”，以一种严格的数学的样式。一旦一个人能够在一个特定的诗歌文本中指定丰富的隐喻“集合”，他将会意识到某些隐喻失败了，因为它们已经被添加进集合的凝聚的反抗中。自然地，一种有着诗学的感性的人将会直接地对于那些错误的附加产生反应，而不需要我们正在探求的学究式的装备。但尽管如此，一首元—诗应该采用一种隐喻的分类，并且或早或晚地将不得不去适应于一种分类的本质程序，适应于决定性的集合。①

---

① 巴什拉，《洛特雷阿蒙》（*Lautréamont*），pp.54—55。在这里，这种投射的模型可以不仅仅让我们认出隐喻的句法的连贯，同时也首要地认出它们的主题的起初的和最终的联结，它们的核心的语义聚焦点。此外，对于这一点的证明是非常精彩的：形象（火的形象，这种隐喻学必须首先基于它来关涉自身）的丰富性指的是——在反射它的同时——同样的中心形象（“同一个形象”）；但问题是一种隐藏的火“它是看不见的，并且因此需要隐喻”。这一“因此”意味着看不见的东西要求隐喻。这一点似乎不需说明。但是，如果我们跟从在这一情况中的类推的等式（被掩盖的火 = 被掩藏之物 = 生命），那么所有隐喻也就是生命的隐喻，作为所有隐喻被掩饰的焦点，**物理**（physis）的隐喻，隐喻的隐喻以及隐喻的源泉。意义的传播并不会将我们带向远处，而是总计同样的隐喻，到现在为止它的阴影为我们熟知。这是为什么我们首要的是强调联系生命的价值、隐喻（转下页）

接着是通过的**图表**（另一个数学的隐喻，或者至少，更严格地说是一种几何学的隐喻，而这次是被一种花所修饰，为了呈现一种元一隐喻的领域）：

如果目前的工作能够被作为一种物理的或化学的幻想的基础而保留，作为幻想的决定性的客观条件的一种方法轮廓，那么它应该为一种客观的文学批评主义（在这一术语的最严格的意义上）提供新的工具。应该证明隐喻不是简单的观念化，像是飞驰般起飞，以便在天空中去完全地展示它们的意义，相反的隐喻召唤另一个，是更加调整的而不是感觉，如此多以至于一种诗学的思想纯粹的、简单的是一种隐喻的句法。每一个诗人都应该被一个**图表**所代表，这个图表将指明他的隐喻的配合的意义与对称，正像作为装备植物功能的意义与对称的意义上的一朵花的图标。不存在没有这样的集合图案的"真实的花"。相似的，也不存在没有一种确定的诗学图像的综合的诗学花朵。然而我们不应该在这一理论中看到一种限定诗学自由的欲望，提出一个逻辑或者一种关于诗人创作的真实性（那是一回事）的欲望。那是客观的，在事后，在完满的花朵之后，我们希望去发现一份诗歌作品的观念主义与内在的逻辑。有时某些确实不同的图像，人们曾经把它们思考为相当对立的，非一致的与非—粘着的，将会结合、融合而成为一种迷人的图像。这种超现实主义的陌生的镶嵌图案将突然发现一种意义的连续性……①

在这条界限上，这种对语法、对隐喻产物的系统逻辑以及"隐喻的隐喻"（第 215 页）必然的必要的留意是与隐喻的观念相兼容的吗？我们能够在不对语义的，也即单义的（monosémique）观点进行质疑的前提下来对其进行判断吗？巴什拉自身阐释了作为一种语义的或者主题的联接的句法配置。隐喻的多样性被按照一个人的视野而设置进"同一个图像"，这一图像的折射仅仅是一种简单的投射

（接上页）的价值以及隐喻的隐喻的价值的必要性。那么思想对于**隐喻的隐喻**是自由的。正是基于这一观念我们结束了我们最近的《火的精神分析》这本书。对洛特雷阿蒙作品漫长的沉思被我们在《生命的精神分析》中所设置的视角而从事（p.155）。在这里，我们必须认识到一种程序的严格的限制。这种对"自身反应"于并不跟进的隐喻的"敏感诗意灵魂"的尊重，也已经在这一程序中被规定（从亚里士多德到孔狄亚克再到黑格尔），正像在别处所指出的这种规定并不"限制诗意的自由"或者"诗歌的创造"。——作者注

① 巴什拉，《火的精神分析》（*The Psychoanalysis of Fire*），trans. A. C. M. Ross（Boston：Boston Press，1964），pp.109—110. ——作者注

系统。意义的统一与连续性驾驭了句法的运作。我们在上面已经尝试去指出这种句法的从属关系已被铭写进了隐喻观念的最恒定的特性中；并且我们在其他地方[①]已经尝试去支出这样一种主题主义（thematism）本质的界限。

难道这样一种隐喻学，总是注定被转移进哲学领域中的隐喻学，不会重新发现相同的东西吗？同样的**自然**，同样的意义（作为在场的**存在**的意义，或者，**可以算作同样的**，作为在场/缺席的存在的意义），同样的圆环，同样的显现或隐藏自身的火焰，同样的太阳的转向。当我们搜寻隐喻，除了这种相同的回归我们还能发现**别的**什么呢？因为难道我们不是在寻求相似性吗？并且除了**支配**（domination）的隐喻，被那种使得它逃脱控制得以可能的掩饰力量——上帝或者太阳——所提升的隐喻之外，我们还能发现其他什么呢？

例如，如果我们想建立专属于（或者被假定为）笛卡尔的隐喻图表，甚至假定，退一万步说，我们能够严格地为这些指涉了这一独特签名的隐喻群划定边界，仍然有需要指出，在明显是教谕性的隐喻（这些在斯伯里[Spoerri]的精神分析以及经验分析中重新发现的：常春藤和树，道路，房子，小镇，机器，根基或链条）的层级之下的另一种层级，它是不明显的，但确实有着系统性的组织的，并且不仅仅是在前一种**之下**，同时也是与它相互纠缠的。我们应该回到蜡和笔，衣着和躶体，小船、钟表、种子以及磁石、书本、手杖等等。对这些隐喻的语法重建会将它的逻辑与一种将自身呈现为非隐喻的话语相关联，这种话语在这里便是所谓的哲学体系，观念的意义，以及理性的秩序，但是那同时也会将其与连续性以及持久性的图式、更长的序列的体系以及在不同地方有着不同功能的“相同的”隐喻相关联。但是另外首要地考虑到这一句法的哲学特异性，也会认识到它对于感觉或意义的附属，对于哲学观念的真理附属，对于在哲学中被指涉的东西的附属。并且显性隐喻的要旨总是会回到存在论神学的这种核心的所指：向日葵的循环。可以肯定，光与圆的隐喻，在笛卡尔那里是如此重要，并且不同于它们在柏拉图、亚里士多德、黑格尔或者胡塞尔那里被组织的方式。但是如果我们让自己处在这种批判过程中

---

① “双重法庭（The Double Session）”, sec. 2, in Dissemination。——作者注

的最具批判性的、最为笛卡尔所特有的点上，处在向日葵的怀疑以及**邪恶天才**的点上，处在当怀疑不仅动摇了可感起源的观念也动摇了“清晰与严格”的观念的点上，以及数学式的自明的事物的点上，那么我们便知道让这种话语可以被再次采纳以及追逐得以可能的事物，以及它终极的源泉，是被作为**自然的光线**（lumen naturale）而设定的。这种自然的光线，以及所有其使我们得以看见的公理，从来都没有受到最根本的怀疑。后者是在光**之中**展开的：“因为我不能怀疑自然的光让我相信的事实，例如，就像它已经向我显示了我是来自于我在怀疑的这个事实。”①在这些自然之光让我们相信的公理之中，每一次，在每个阶段中，都存在着能够让我摆脱怀疑，并且以理性的秩序前进的保证，尤其是它证明了一个不是骗子的上帝的存在（“现在它是由自然之光所证明，在这种效应以及完全作为它的结果的理由中，必定至少存在着一些真实性。”[第 162 页]“自然之光清楚地向我们显示了创造与话语之间的区别仅仅只是一种理性的区别。”[第 168 页]“从这一点出发，很明显**他**不可能是一个骗子，因为自然之光教谕我们骗子以及窃贼必然从某些缺陷开始的。”[第 171 页]）。先于任何确定的在场或者任何再现性的观念，自然之光建构了一种专属于它的思想或话语。作为自然之物，它在上帝之中有着它的根源，在这个其存在曾经受到怀疑而在**它的助力下**又得到证明的上帝中有着它的根源。“因为我确实没有理由抱怨，上帝不曾给予我一种更加强大的智慧，或者一种比我现在从他那里接受的更加强大的自然之光……”（《第四沉思》[*Meditation IV*]，第 177 页）通过避免曾经让他如此关注的逻辑的循环，笛卡尔刻画了在自然之光中的循环中的理性链条，这种循环从上帝出发又回到上帝。

这种隐喻无疑有着其自身独特的语法；但是作为种隐喻它属于一种更普遍的语法，属于一个更广泛的体系，这一体系的约束效应在柏拉图主义那里是同样有效的；并且在这个太阳之下一切都变得清晰了，这个缺席又在场的太阳，盲目的、明亮的、耀眼的太阳。这是在《第三沉思》的结尾，在那里上帝的存在通过自然的光线而第

① 笛卡尔，《第一哲学沉思录》（*Meditations on First Philosophy*），收于《笛卡尔哲学作品》（*The Philosophical Works of Descartes*）第一卷，trans. Elizabeth Haldane and G. R. T. Ross（剑桥：剑桥大学出版社，1970），p.160. 所有其他有关《沉思录》的引用皆来自这一版本。——英译注

一次被证明，通过那种他自身已经授予我们的自然之光，他假装消失并让我们继续搜寻清晰性的这种盲目的根源："那正好可以让我停止一会儿，以便注视上帝自身，在闲暇时考量他的不可思议的属性，去考虑、羡慕、崇拜，这种如此耀眼之光的美丽，至少在我的理智的强度范围内（在某种程度上因视力而感到眩晕）将允许我这样做。"（第171页）

当然，这里的这种敬慕是一个哲学家的敬慕，并且因为自然之光是自然的，因此笛卡尔并没有将自己的话语当作一个神学家的话语：那也便是，某个对隐喻感到中意的人的话语。并且隐喻必须被留给神学家："按照他的哲学，创造者能够以一种令人满意的方式解释世界的创造，正像在《创世纪》中描述的那样……那里对创造的叙述也许是隐喻的；因此它一定要被留给神学家们……事实上，为什么说黑暗领先于光？……而至于深渊的洪水，这是一个隐喻，但这个隐喻逃离了我们。"①

在场在它自身的光辉中消失着，光的、真理的、意义的隐匿根源，对存在的面容的涂抹——这必定是让形而上学服从于隐喻的坚定的回归。

服从于隐喻（metaphors）。这个词只以复数的形式被书写。如果只能存在一种可能的隐喻（哲学内心处的一个梦想），如果一个人能够将它们的运作还原到隐喻的一个家族或集合的循环之中，也就是说还原到一个"中心的""根基性的"或者"根本的"隐喻，那将不再存在任何真实的隐喻，而只有通过唯一真实的隐喻而被确保的专有之物的可识别性。现在因为这种隐喻从一开始便是复数的，因此它并没有逃脱句法；并且它也在哲学中促生了一个在它的意义（能指观念或隐喻的要旨：**理论**［thesis］）历史中，在它的主题（存在的意义与真理）的可见或不可见的在场中并没有被耗尽的文本。但那是也因为隐喻并不减少句法，相反它正是在语法中组织起它的偏离（écart），因此它自身带离自身，并且不可能是通过涂抹自身而排除的东西，无休止地构建了自身的拆构（destruction）。

这种自身—拆构也许总是能够采取两种——几乎相切，但仍是不

---

① 《与巴曼（Burman）的访谈》，收于《作品全集》（*Oeuvres completes*）（Paris：Pléiade，1967），pp.1387—1388。——作者注

同的，根据某种法则而重复彼此、模仿彼此并且也区分彼此的——的路线。其中一条是抵制在语法中隐喻的播散，而这种语法在某方面从一开始便在自身之中携带着意义的一种不可复原的缺失：这是**存在**的专有意义中的隐喻的形而上学的扬弃（relève）。隐喻的普遍化会意指这种再次来临（parousia）。因此隐喻被形而上学所包含，作为那种必须被带向一种视域或者一种专有的地基的事物，以及那种必须通过重新揭示它的真理的起源而完成的事物。因此太阳的转向被看作自反的循环，一种向着自身并且不会有着意义的损失以及不可逆的消耗的回归。太阳的这种回归自身——这种内化——不仅标记了柏拉图的、亚里士多德的、笛卡尔的以及其他种种话语，不仅标记了作为循环之循环的逻辑科学，同时也以同样的方式标记了形而上学之人。这个可感的太阳，在**东方**升起的太阳，在它路途的夜晚中，在西方人的眼与心中，称为内化的。它总结、假定并储存了人的本质，"被真实的光所照亮（photizomenosphotialethinoi）"①。

（如此这般的）哲学的话语描绘了在两个太阳之间被替换、被重新吸收的隐喻。这种隐喻的**终结**并不被阐释为一种死亡或者混乱，而是被作为内在化的记忆（Erinnerung），一种意义的聚集，一种从鲜活的隐喻性到一种鲜活的专有之物的规定的扬弃。这是一种无法抑

---

① "在地理学的研究中，世界历史的过程已经以其普遍的特性而被标出了。太阳——光芒——在东方升起。光是一种以自我为中心的存在；但是尽管在自身之中具有普遍性，它仍然在太阳之中同时作为一种个体性存在。想象力经常在自身中描绘一个盲人突然重获视力的那种激动，注视着破晓明亮的微光，逐渐变亮的光芒，以及冉冉上升的太阳燃烧的荣光。在这种纯粹的壮丽中对他的个体性的无边的遗忘是他首先感受到的，——彻底的惊讶。但当太阳升起来了，这种惊讶逐渐减弱；开始觉察到身旁的事物，并且从它们开始这个个体转向对他的内在存在的沉思，由此这两者之间的关系也渐渐被感知到。因此不活跃的沉思被活动所叫停；到这天结束时，人已经竖立起一座从他内在的太阳而建构的建筑；当夜晚他注视它时，他觉得这比原始的外在的太阳要更高。现在它处在一种与他的**精神相关**的意识中，并且因此处于一种**自由**的关系中。如果我们在头脑中快速地把握这一形象，我们应该会发现它象征化了历史的过程，精神卓越的日间工作。

"世界的历史从东方走向西方，对于欧洲来说是历史绝对的终结，而对于亚洲则是开始。世界的历史有一种东方 Kat'exochen，尽管东方这个词本身完全是相对的，因为即使东方形成了一个范围，历史也不会围绕着它旋转，但是相反却有一种确定的东方，v.z. 亚洲。在这里公开的物理中的太阳升起，而在西方它落下：在这里一致地升起了自我意识的太阳，它播散出一种高贵的辉煌。世界历史是不可控的自然意志的训导，将它带进对一种普遍原则的顺从并且给予其主观的自由。"黑格尔，《历史哲学讲演录》（*Lectures on the Philosophy of History*），trans. J. Sibree（New York：The Colonial Press，1900），pp.109—110。

制的哲学欲望，去总结 / 消除 / 内在化 / 辩证化 / 控制 / 扬弃在起源与自身之间的隐喻式的裂隙，这种东方的差异。在这种欲望世界中，隐喻在东方出生，一旦东方开始说话、工作、书写，悬置它的快感，从自身中分离自身，并且命名缺席：也就是说，是什么。这至少是在它的地理学以及历史学的阐述中的哲学假设。

由于人说话的最初动因出自情感，他的最初表达方式是隐喻。形象化的语言是最早产生的语言，词的本义是最后发现的。只有当人看到了事物的真实形状时，他才以真正的名称来称呼它们。一开始人们只能说出富有诗意的语言，直到很晚才出现推理的迹象。①

不仅仅是希腊哲学家们，比如柏拉图和亚里士多德，或者伟大的历史学家和演说家，例如修昔底德与德摩斯梯尼，同时也有伟大的诗人，荷马与索福克勒斯，这些人，虽然我们在他们那里发现了相似的例证，在全体中并且无一例外，在他们的直接的表达形式所应用的内容中。他们的有创造力的朴素以及纯洁的内容将不会让他们得到一种富多的产品，就好像是与隐喻的使用相绑定，它将不会承受它们，即使出于聚集所谓的表达之花的缘由，从他们的观念的印刻的完全简单的以及调整的结果，就像在一个模型中的金属浇铸，以一种迂回的方式渐渐地动摇。隐喻事实上总是对于观念化的逻辑进程的一个打断……另一方面特别是在东方，最重要的是稍后的伊斯兰教诗歌的文学，它们使用这种间接的或者比喻的表达模型，并且真的发现它们的本质。现代欧洲文学也可以被如此描述，如果不过分强调

---

① 卢梭，《论语言的起源》（*Essay on the Origin of Language*），trans. John Moran（New York：Frederick Ungar，1966），pp.12 and 11。同时也参见，比如孔狄亚克《人类知识的起源》（*Essaisurl' origine des connaissanceshumaines*）II，1，chap.10，sec. 103，尤其是关于**逻辑**："观念以及灵魂官能的创生必定已经是在这些语言（最初的通俗语言）中被感受的，在其中一个词的首次接受被得知，并且在那里一个类比提供了所有其他的类比。在名字中可以再次发现逃避了感觉的观念，它们所来自的可感观念的名字本身；并且不是将它们看作这些观念的专有名称，而是将它们看作显示了它们的起源的形象性表达。此时，例如，那并不是问实体（substance）这个词是否意谓着某物而不是在什么什么之下；是否思想（pensée）这个词，并不意指着权重（peser），称重、平衡、比较。总之，一个人无法想象这些在今天被形而上学家们问及的问题：语言，已经事先回答了所有这些问题，然而却没有承诺它们，并且还尚不存在坏的形而上学。好的形而上学在语言之前便已经开始；并且由它而来的语言是最好的语言。但这种形而上学因此是比一种直觉更加非科学的。它是一种指引人们而人们却并不认识的本性；而只有当形而上学不再是好的时候，它才变成为一种科学。"同时可参见丰塔涅的"Préface"，p.157。——作者注

的话。[①]

因此隐喻被哲学规定为意义的一种暂时的缺失，一种不会造成不可挽回的损害的专有之物的经济学，一种不可避免的绕道，同时也是一种在它的视野监视下的历史，一种在字面的、固有的意义的视域中以及循环性的再居有中的历史。这是为什么对隐喻的哲学评价总是模棱两可的：就**直观**（视觉与触觉）、**观念**（所指之物的被控制的或者专有的在场）、**意识**（亲近性或自身在场）而言，隐喻是危险的与外在的；但是那是一种和其所威胁事物的一种共谋，在一种同一性的法则下的相似性（mimesis，homoiosis）功能所引导的回归中的一种绕一道的意义上，那对于它一直是必要的。在此种意义上，直观、概念、意识之间的对立变得不再相干。这三种价值属于意义的秩序和运动，正像隐喻一样。

因此，意义的整个目的论，构成了隐喻的哲学观念的目的论，把隐喻与真理的明证，与作为没有恶魔在场的真理的产物相结合，与一种没有差异的语法的完满语言以及一种纯粹命名的职责相结合：没有无论如何不再有一种特定的无法命名的联接——这种联接不能被还原为语义的扬弃（relève）或者辩证法的内在化。

因此隐喻的自身—拆构的第二种形式相似于哲学的拆—构——在其被对照于它的意义上。而这次，贯穿并双重化第一种自自身—拆构，它借助于一种语法抵抗的增补，借助于打乱了语义与语法的对立的一切（例如在现代语言学中），特别是将语法附属给语义的哲学等级制度。这种自身—拆构仍然有着一种普遍化的形式，但这次它不再是拓展并确认一种哲学素的问题，而是使其没有边界地敞开，并且将它的属性的边界从它之中夺走；结果是在隐喻与专有之物之间稳固的二分法被爆破了，这种二分法在这两者之中从来都没有做任何事情，除了在它的辐射中反射并指涉彼此。

因此隐喻总是在自身中携带着它的死亡。并且这种死亡无疑的也是哲学**的**死亡。但这种所有格是双重的。有时那是哲学的死亡，一种属于哲学并在哲学中被思考、被概括的死亡，并在哲学之中重新认出、充实自身；而有时那是一种并不知道自己死去了并且无法在哲学中被重新发现的哲学的死亡。

① 黑格尔，《美学》（*Aesthetics*），pp.407—408。——作者注

这是一种同音异义，在其中亚里士多德认出了（在这点上，以智者的姿态）双重化并威胁着哲学的那种修辞格本身：这两种死亡按照向日葵的方式重复彼此并且模仿彼此。如果在这里我们可以使用转喻的缩写词，那么一边是柏拉图或黑格尔的向日葵，另一边则是尼采和巴塔耶[①]的向日葵。如此这般的花总是在自身中承载着它的双重性，无论它是种子还是类型（type），它的程序的偶然或者它的图表的必然。向日葵总是能够被**扬弃**。并且它总是能够成为一本书中一朵干瘪的花。在一本书中总是存在着，从任意的花园中摘取的，一朵干瘪的花；并且通过重复的特性它无尽地让自己进入嵌套（abyme）的行为之中，没有语言能够将一种文集（anthology）的这种结构还原到自身之中。这是一段贯穿了它自身领域的密码的替补，不断地变换它的围墙，打断它的线，开放它的圆环，而没有任何存在论能够将其还原。

除非文集也是一份石印品。事实上，"Heliotrope"[②]这个词也是指一种石头：一种漂亮的石头，带有红丝的绿色的、脉状的石头，一种东方碧玉。

（译者单位：中国人民大学哲学院）

学术编辑：高砚平

① 除了巴塔耶为人熟知的文本外，特别参见某些他的早期文本，由丹尼斯·霍里尔（Denis Hollier）所收集，并载于《巴塔耶作品全集·第一卷》（volume 1 of *the Oeuvres complètes*），（Paris：Gallimard，1970）："L'Anussolaire"，"花的语言"（Le Langage des fleurs），"梵高被割掉耳朵的多重献祭"（La mutilation sacrificieele de l'oreille coupée de Van Gogh），"低下的唯物主义与真知"（Le bas matérialisme et la gnose），"腐烂的太阳"（Soleil pourri），"天空的身体"（Corps celestes），等等。

② 除了向日葵，也有鸡血石之意。——中译注

关于荷马与赫西俄德的佛罗伦萨论文，他们的谱系与他们的竞赛（第5节）[①]

[德]尼　采　著
韩王韦　译

五
这场竞赛的流传

首先，不久前又被带入到学界的经验之中的是，黑里库斯·史蒂芬努斯究竟是从哪样一份手稿中提取出了这份特殊的、在文学史上并非微不足道的论稿，该论稿让我们至今还在研究，并且人们依据它的内容实质，简略地将之称为《竞赛》。通过瓦伦蒂尼·罗斯（《希腊与希腊—拉丁诗文汇编》[*Anecd. Graec. et Graecolat.*]，第7页）——他应当被认为是真正重新发现这份不同寻常的手稿的人——我们知道，它是同一个抄本——劳仑提亚努斯抄本[②]，plut. LVI，c.I——迈克尔·阿波斯弢里乌斯[③]将该抄本带往了意大利，当然这

① 译自Musarion版《尼采全集》第2卷，第149—218页。全文有五节，前两节发表于1870年，后三节则发表于1873年。前两节尼采主要运用了文献考证的方法，重构“荷马与赫西俄德”竞赛的原初形式，并试图论证这场竞赛可能源自阿尔西达马斯修辞学教学残篇的合理性。后三节则采用了史料考据的方法，进一步考察了阿尔西达马斯与这场竞赛的关系，以及这个竞赛文本在阿尔西达马斯之后的流传过程。文中所有脚注为译者所加。中译文第1—2节、第3—4节分别刊发于《外国美学》第25、26辑。

② 劳仑提亚努斯（Laurentianus）抄本，约3000份手稿，藏于意大利佛罗伦萨的劳仑提亚图书馆（Biblioteca Medicea Laurenziana）。

③ 迈克尔·阿波斯弢里乌斯（Michael Apostolios），活跃于15世纪，希腊语教师、文献抄写员，出生于君士坦丁堡，在经历了一场短暂的牢狱之灾后，他去了克里特岛，最后又逃往了意大利。

是他在克里特岛完成了一份波利艾努斯①的誊本以及那本历史诗歌集（eclogae）之后的事情，他的抄本很可能是在1553年于佛罗伦萨被黑里库斯·史蒂芬努斯所采用的。但事情的真相很早就已经无从知晓了，威斯特曼在《传记：希腊次等作家生平》（*vit. script. graec.*）② p.VII里所说的可能犯下了双重错误③，“看来，依据这份唯一的手稿，巴黎出版商黑里库斯·史蒂芬努斯1573年在巴黎出版了一本书”（ex unico qui restat, ut videtur, libro Parisiensi edidit Henricus Stephanus Paris.1573）：如该手稿也存在于“诞语录”④的版本中，该手稿抄本从属于“泉与泽”（κρῆναι καὶ λίμναι）等等的汇编，不过在这汇编版中，却提供了一个错误的注释，即，首次由巴黎出版商黑里库斯·史蒂芬努斯依据古手稿出版。虽然，在班蒂尼⑤和莫雷里那里，已经能够找到一丝对事情真相的正确理解的踪迹，而这种正确理解的踪迹又与霍尔斯特尼乌斯⑥的确切判断关联了起来，但很可惜的是，他们并没有自己的正式调研。就此的切近论证，可参见罗斯，I. c.。

这份手稿在班蒂尼的《希腊手抄稿书目》（*Graec.*）⑦，卷II，第289—291页，不久前又被罗斯收录（《亚里士多德伪书》第568页），接着又被鲁道夫·舒尔⑧在杂志《赫尔默斯》（*Hermes*）⑨卷III第274页充分地描述过，因而，依据着我手头的一份讲叙稿（Schilderung）——该讲叙稿是我的好友埃尔温·罗德⑩赠送给我

---

① 波利艾努斯（Polyaenus），罗马时期的希腊作家，生活于公元2世纪，主要作品有8卷本的《战略》（*Die Strategemata*）。

② 威斯特曼的《传记》全名为 *Biographoi. Vitarum scriptores graeci minores*。

③ 双重错误：1.时间上的错误，1553变成1573；2.将迈克尔·阿波斯弢里乌斯15世纪完成的抄本（副本）当作唯一的古抄本（原本）。

④ “诞语录”（Paradoxographen），特指古典文献中的一种类型，以描写荒诞和不可思议的事件为主。

⑤ 安杰洛·马丽亚·班蒂尼（Angelo Maria Bandini），1726—1803，出生于佛罗伦萨，意大利作家、图书馆管理员。

⑥ 卢卡斯·霍尔斯特尼乌斯（拉丁：Lucas Holstenius，德：Lukas Holste），1596—1661，人文主义学者、图书馆管理员、地理学家。

⑦ 拉丁文书名为：*Catalogus codicum manuscriptorum graecorum*。

⑧ 鲁道夫·舒尔（Rudolf Schöll），1844—1893，德国古典语文学家，曾求学于哥廷根大学和波恩大学。

⑨ 德国著名的古典语文学杂志，创刊于1866年，一直维持至今。

⑩ 埃尔温·罗德（Erwin Rohde），1845—1898，德国著名的古典学家，尼采的同窗好友，两人曾一起从波恩大学转学至莱比锡大学。

的——我只有少许相关的创新点能够补充到《竞赛》一文的书写方式之上。

最早的那份手抄稿——因为在这整个的汇编里可以辨认出五份不同的手抄稿——它也描写了那场竞赛（ἀγών），尽管有相当多的缩写，但却是非常易读的，与此同时并没有不同寻常的成分存在于其中。下标号 ι①在该抄稿中是没有一处能够被察觉到的，而上标号 ι②虽然不是绝对的罕见，但也仅仅是会出现在字母 η 之后。就此，罗德为我作了清楚明确的说明。重读（Die Accentuation）在该抄稿中则是持续正确的，一直到该抄稿中断为止；标点符号则只有句号（在字词的中间偏上方）和逗号比较常见。该手稿一页大多数会有 33 行。手稿的上边角有水渍污斑，并且这一边还被蛀虫啃食过；而内部的边缘则被磨损得非常严重，并且部分与纸张还粘连在了一起。

除了那份原初手稿之外，现在还有一份黑里库斯·史蒂芬努斯亲手抄写的副本，关于文本历史，它的精确认知无疑是极其宝贵的。瓦伦蒂尼·罗斯在他的《汇编》（*Anacreontea*）（p.IV 以及在该处的注解里）中虽然是在进行另外的考察，但也同样就此有所用心。感谢希腊手稿管理员（conservateur des manuscrits grecs）莱顿人威廉·尼古拉斯·杜·里奥③先生的特殊善意，他让我有机会在莱比锡长时间地使用这份手稿。这份手稿也属于弗森阿尼希腊古抄稿（*codd. Vossiani Graec.*）④，手稿的标号是 18，四开本。它无疑是一份多样化的手稿，是从许多不同的手稿片段里集合而成的，它还拥有它原初的页码编号，而一份新的连续的页码标号并不被认为是必需的。但是，这些古老的编号却表露出，黑里库斯·史蒂芬努斯曾经将这些一同存在于佛罗伦萨抄稿中的片段完整地转移到了他的誊本里，随后，这些彼此紧续的抄稿部分却被某位陌生人，即被某位书籍

---

① 下标号 ι（Das iota subscriptum），一种希腊字体的区分符号，如：ᾳ，ῃ，ῳ。在这三个字母下方，都有一个小的希腊字母 ι（iota）。

② 上标号 ι（das adscriptum），指在字母上方有一个小的希腊字母 ι（iota），如：ᾶ，ῖ，ῦ 等。

③ 威廉·尼古拉斯·杜·里奥（W.N.Du Rieu），1829—1896，生于莱顿，希腊手抄稿的编辑。

④ 弗森阿尼希腊古抄稿（die Codices Vossiani graec.），原是荷兰古典语文学家以撒克·弗森乌斯（Isaac Vossius）的私人藏书，后被莱顿大学买下，并命名为弗森阿尼古抄稿（die Codices Vossiani）。

装订工，在装订这些抄稿时弄得粉碎。我们的那份手稿《关于荷马与赫西俄德：他们的谱系与他们的竞赛》（περί Ὁμήρου καὶ Ἡσίοδου καὶτοῦ γένους καὶ ἀγοῶνος ἀύτῶν）也被标了页号：r.190 l.191 r.192 l.193. r.194 l.195. r.196 l.197. r.198 l. 一个空白页，现在出现了大量来自其他文件的材料。然后，标号继续从 r.199 到 l.204，以"人们为一些希腊英雄逐一地举办葬礼并且在他们的墓碑上题写铭词警句"（ποῦ ἕκαστος τῶν ἑλλήνων τέθαπται καὶ τί ἐπιγέγραπται ἐπὶ τῷ τάφῳ）一句结束。文稿的开本，就纸张和页面而言，与上面的《竞赛》手稿完全相同。这两个片段接续地以同样的方式存在于佛罗伦萨原稿中，这也就是说，《竞赛》一文是从 fol.16 r. med. 开始，而《警句集》（*der Epigrammencyklus*）则从 fol.20 开始。[①]

我在史蒂芬努斯的誊本里区分出了两种墨迹。一种是正文的墨迹。这写出正文的笔迹、这相同的手，也会经常在文稿的边角处用同样的墨水写下一些标注，这些标注部分地是依据着对该手稿的重复细读，或增添文本中的遗漏，或校改文本中的错误，当然也包括一些猜测。此后是一种引人注目的红色的墨迹，使用它，许多词语和音节被强调了出来，它还会在边角描述，或对数字进行调整，或补充出版该抄本的经过。正文里的缩写词反复地在边角被红色的墨迹彰显了出来。而某些拉丁语注解和引文被红色墨迹书写也并非稀有，当然，红色墨迹中还有一些是为这份原初手稿所增添的描述性标注，同样也有许多的猜测。时不时也会出现一个红色墨迹的法语注解，例如"其间赫西俄德第二个发言"（'Ησίοδος τὸ δεύτερον au milieu）[威斯特曼（Westerm.），第 36 页，L.77]。依据史蒂芬努斯的誊本，在第一版（editio princeps）第 4 页中间行列里，实际上是存在以上那句注解的。因此我就不再怀疑，正是史蒂芬努斯自己的抄本被印刷厂所采用。在该抄本进入印刷厂之前，史蒂芬努斯显然对手稿进行了又一次的细读，而这次细读的结果就是，史蒂芬努斯使用那红色的墨水，主要是为排字工人作了说明。

第一版并不包含佛罗伦萨抄本，并且在这一版的标题页就已经展现了被缩短的、从根本上歪曲了的题词，这对随后的许多页都产生

---

① 在佛罗伦萨手抄稿中，《警句集》是紧接着《竞赛》一文的，文稿的开本和页码标号的方式都相同。

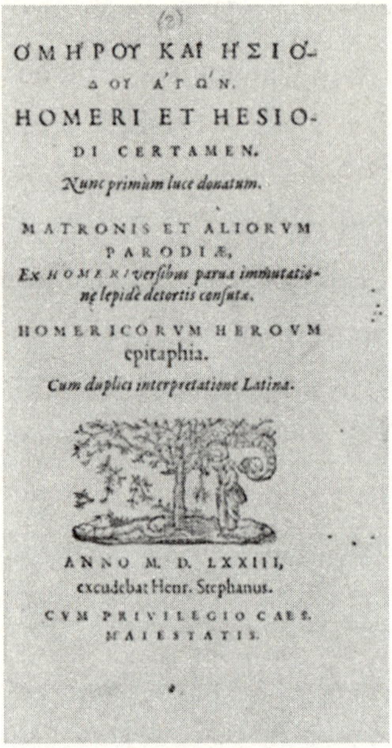
ΟΜΗΡΟΥ ΚΑΙ ΗΣΙΟ-
ΔΟΥ ΑΓΩΝ.
HOMERI ET HESIO-
DI CERTAMEN.
Nunc primùm luce donatum.
MATRONIS ET ALIORVM
PARODIÆ,
Ex HOMERI versibus parva immutatione lepide detortis consuta.
HOMERICORVM HEROVM
epitaphia.
Cum duplici interpretatione Latina.
ANNO M. D. LXXIII,
excudebat Henr. Stephanus.
CVM PRIVILEGIO CAES.
MAIESTATIS.

黑里库斯·史蒂芬努斯抄稿
第一版扉页

了误导(参见尼采, *Rheinisches Museum für Philologie*, 第 25 卷, 第 536 页[上文第 161 页])[①]: 荷马与赫西俄德竞赛(Ὁμήρου καὶ Ἡσιόδου ἀγών, Homeri et Hesiodi certamen)。现在这里就开始明朗了(Nunc primum luce donatum)。妇女与其他的打油诗等等(Matronis et aliorum parodiae etc)。[②] 该版手稿的出版地是日内, 出版年份是 1573(MDLXXIII)。相应地, 瓦伦蒂尼·罗斯在《汇编》一书第 16 页所发表的意见并不完全正确:"丹尼尔·海因修斯(他的《赫西俄德》Lugd. Bat. 1603 年, 四开本)缩减了史蒂芬努斯根据这份手稿所给出的标题《关于荷马与赫西俄德: 他们的谱系与他们的竞赛》(περί Ὁμήρου καὶ Ἡσίοδου καὶτοῦ γένους καὶ ἀγοῶνος άύτῶν)。显然, 因为他接受并认为, 是史蒂芬努斯发明了这个标题, 所以, 自从海因修斯的《赫西俄德》之后, 流传下来的就是不完整的对应标题, 赫西俄德与荷马竞赛(Ἡσίοδου καὶ Ὁμήρου ἀγών), 更确切地说是海因修斯删除了那原本的题名, 关于那个题名, 海因修斯并不知晓, 它才是原版的题名, 并且正是它为史蒂芬努斯的标题赋予了优越性。" 然而, 在史蒂芬努斯抄本的边角注解中, 就已经有了那个被肆意压缩和限制的题名。

《竞赛》一文在该版小册图书中占据了第 1 至第 17 页。编者还将内容概要用大写字母打印在了每一个页面之上: 在第 2 页是"关于荷马与赫西俄德"(περὶ ὁμήρου καὶ ἡσ.), 第 3 页是"关于荷马的竞赛"(περὶ τοῦ ἀγῶνος ὁμ.), 第 4 页与第 2 页相同, 在第 5 页上是"关于荷

① 即《关于荷马与赫西俄德的佛罗伦萨论文, 他们的谱系与他们的竞赛》第2节, 第1段结尾部分。第 161 页是 Musarion 版《尼采全集》第 2 卷中的页码。

② 在第一版的标题页上, 就有"荷马与赫西俄德竞赛(Ὁμήρου καὶ Ἡσιόδου ἀγών, Homeri et Hesiodi certamen)。现在这里就开始明朗了(Nunc primum luce donatum)。妇女与其他的打油诗(Matronis et aliorum parodiae)"等句。详见图。

马与赫西俄德的竞赛”（ περὶ τοῦ ἀγ. ὁμ. καὶ ἡσ. ），等等，一直到第 12 页，接着在第 13 页是“关于赫西俄德”（ περὶ τοῦ Ἡσίοδου ），第 14 至第 17 页是“关于荷马”（ περὶ τοῦ Ὁμήρου ）。

在新的版本里，对这一版本我曾怀有如下敬意，即它开创了一个语文学论文集的汇编形式，但愿这个汇编能为它的创建者和主人带来荣耀——莱比锡语文学社团档案（ *Acta societatis philologae Lipsiensis* ），弗里德里希·里奇尔[①]编辑（ edidit Fridericus Ritschelius ），第一个文摘集（ Tomi primi fasciculus ），[②]I，1871 年——从现在开始，我不仅想给予这个版本一个权威性的批评设置（ kritischen Apparat ），即罗德的佛罗伦萨论文校勘稿，同时更想将那份历史文本，特别是那份史蒂芬努斯校勘过的历史文本梳理清楚。在这一方面，我认为必要的是，从莱顿古抄稿（ S ）以及史蒂芬努斯抄稿第一版（ E ）中吸取足够多的养分，以便能够把史蒂芬努斯的遗误当作遗误，把他的猜测当作猜测识别出来。对每一个后来的复印本来说，那个批评设置明显地变简单了，特别是由于现在存在着大量的猜测，依据这些猜测，那原始手稿或者被给予了正当性，或者被引导着走向正当，而未来将不会再有遗失保留着不被提及。此外，我所面对的败坏数量却一直在增加，对于这些败坏，人们曾经采用了尽可能多样化的治愈手段，然而这些治愈手段却还要一直地被采用。我还能够补充的东西，大概可以把它们压缩到以下的段落中。在以下所有的增补里，有一个我在上文就已经讲述过了，至于其他增补，现在我也获得了讲述的时机。

第 13 页，第 160 行[③]：“保持善意，永远地与自己达成和谐”（ εὔνουν εἶναι ἑαυτῷ ἀεὶ χρόνον ἐς τὸν ἅπαντα ），依据我的改善应该是“保持善意，永远地与**灵魂**达成和谐”（ εὔνουν εἶναι ἑῷ θυμῷ ἀεὶ χρόνον ἐς τὸν ἅπαντα ）。

第 19 页，第 234 行：在“ἀνελόντας”一词之前，增补上“αὐτόν”一词[④]。第 237—238 行，无疑应该这样去建构：“被赫西俄德的旅游同伴，

---

① 弗里德里希·里奇尔（ Friedrich Ritschl ），1806—1876，波恩古典语文学学派的创建者、尼采的老师。

② 在里奇尔主编的《莱比锡语文学社团档案》中，《竞赛》一文是由尼采校勘的。

③ 指《竞赛》全文的第 160 行。在 T.W. Allen 编辑的版本中（ Homeri opera，vol. 5 ）是第 165 行。

④ 这个增补尼采在本文第 4 节第 9 段结尾处已经解释过了。

一个无足轻重的人，*** 名声（ὑπό τινος ξένου συνόδου τοῦ Ἡσιόδου δημώδους, *** ὄνομα.）。”①

这篇短小的手稿竟然被如此多样化地损坏，因此当黑里库斯·史蒂芬努斯偶尔采用粗鲁的方式试图正确有序地把握它时，这并不是一件太令人意外的事情。不过可惜的是，由于他对文本的真实流传保持着沉默，现在他的那些不走运的猜测就有了一层不合理的意义，并且他的猜测还被后来的批评家们当作了开展更多猜测的基本前提。例如，在读到以下这段话时，没有人不会对之产生犹疑，这段话也是被黑里库斯·史蒂芬努斯校勘过的：

荷马，美雷斯之子，如果真像传说中的那样，
缪斯，伟大宙斯的女儿们，给予你至高无上的荣誉，
那么就请告诉我，对有死之人来说，
最好与最坏的标准究竟是什么？
υἱὲ Μέλητος Ὅμηρ'. εἴπερ τιμῶσί σε Μοῦσαι,
ὡς λόγος, ὑψίστοιο Διὸς μεγάλοιο θύγατρες,
λέξον μέτρον ἐναρμόζων, ὅτι δὴ θνητοῖσι
κάλλιστόν τε καὶ ἔχθιστον, ποθέω γὰρ ἀκοῦσαι.

荷马回答：
ὁ δέ φησι·

迪奥的儿子赫西俄德，我乐于回应你的要求
并且也准备好了给你的答复
对有死之人来说，最美好的善就是
自己成为自己的标准，而最可憎的恶就是，
保持善意，永远地与自己达成和谐。
现在，你可以遵循着你的内心意愿向我提问。

① 在 T.W. Allen 编辑的版本中（Homeri opera, vol. 5）是第 245—246 行。整句是“被赫西俄德的旅游同伴，名叫戴莫德斯的那位所诱奸（毁灭）”（ὑπό τινος ξένου συνόδου τοῦ Ἡσιόδου Δημώδους ὄνομα）。尼采认为，在古希腊并不存在戴莫德斯这样的名字，δημώδους 的意思应该是无足轻重的普通人（见本文第 4 节第 13 段）。因而这句话的意思应该是“被赫西俄德的旅游同伴，一个无足轻重的人，（败坏了）名声”。

（Ἡσίοδ' ἔκγονε Δίου, ἑκόντα με ταῦτα κελεύεις
εἰπεῖν· αὐτὰρ ἐγὼ μάλα τοι πρόφρων ἀγορεύσω.
κάλλιστον μὲν τῶν ἀγαθῶν ἔσται μέτρον εἶναι
αὐτὸν ἑαυτῷ, τῶν δὲ κακῶν ἔχθιστον ἁπάντων.
εὔνουν εἶναι ἑαυτῷ ἀεὶ χρόνον ἐς τὸν ἅπαντα.
ἄλλο δὲ πᾶν ὅ τι σῷ θυμῷ φίλον ἐστὶν, ἐρώτα.）

赫西俄德：人们应该如何最好地居住在城邦，并且他们应当遵循什么样的习俗法规？

ΗΣ. πῶς ἂν ἄριστ' οἰκοῖντο πόλεις καὶ ἐν ἤθεσι ποίοις;

荷马：要拒绝用不干净的方式得利，
要尊重善，惩罚不义。
这是人们可以向神灵祈求而来的最好的东西。

ΟΜ. εἰ μὴ κερδαίνειν ἀπὸ τῶν αἰσχρῶν ἐθέλοιεν,
οἱ δ' ἀγαθοὶ τιμοῖντο, δίκη δ' ἀδίκοισιν ἐπείη.
εὔχεσθαι δὲ θεοῖς ὅ τι πάντων ἐστὶν ἄμεινον.①

在第一个回答中，有一组真正的出乎意料之外的对立："对人类来说最好的，就是自己成为自己的标准，而最糟糕的，则是想一直地保持善意。"后者现在是否应该被称为：一直地自我满足？因此，这种自足的满意程度就会被认为是至高的恶？或者"自我善意"（εὔνουν εἶναι ἑαυτῷ）是一种"利己主义"的体现，而这种利己主义现在又被称为是"最可憎的恶"（τὸ ἔχθιστον κακῶν）？依据着第一个想法的古代姿态——自己成为自己的标准是最美好的（μέτρον εἶναι αὐτὸν ἑαυτῷ κάλλιστον）——那么人们无疑首先就会期待它的对立面：暴虐骄横（ὕβρις）作为最可憎的恶（ἔχθιστον κακῶν）。但是，人们在此却获得了某种相反的东西，它为我们呈现出了绝对的非希腊的样貌：这是一种来自一个完全异样世界的声音，这种对"自我满足"的尖锐批判，正是"针对自我的善意"的批判。

---

① 这段话在T.W. Allen编辑的版本中（Homeri opera, vol. 5）是第151—165行。有所不同的是，在T.W. Allen的版本里，第164行是赫西俄德的提问"人们可以向神灵祈求而来的最好的东西是什么"（εὔχεσθαι δὲ θεοῖς ὅ τι πάντων ἐστὶν ἄμεινον.），第165行是荷马的回答"保持善意，永远地与自己达成和谐"（εὔνουν εἶναι ἑαυτῷ (ἀεὶ) χρόνον ἐς τὸν ἅπαντα.）。尼采在下文也作了相类似的校改。

究竟什么样的习俗法规能最好地让城市和国家繁荣昌盛呢？对这个问题，首先将会有一个恰当的具备双重性的答案，以同样的方式提供出来：第一重答案是，如果城市居民希望不从可耻的事情上获得他们的好处；而另一重答案则是，如果善［在这里，“善”(οἱ ἀγαθοί)似乎很难被认为是一个政治概念］能够被尊重，而恶又能够被惩罚。但现在，依据史蒂芬努斯的文本，荷马的这个回答还没有结束，而是在之后还晃荡着一句风格上与前文不一致的六音步诗行：“向神灵祈求，所有的东西中最好的。”(εὔχεσθαι δὲ θεοῖς, **ὅ τι** πάντων ἐστὶν ἄμεινον)。哥特凌试图将这句话变得通情达理一些，于是他建议将“ὅτι”换成“ἔτι”，相反戈特弗雷德·赫尔曼却果断地假设，在这行诗句之后有一句诗行遗失了，并且他还将这句诗校改为“向神灵祈求：所有的东西中最好的那一个”(εὔχεσθαι δὲ θεοῖς · **τὸ** πάντων ἐστὶν ἄμεινον.)。倘若现在从佛罗伦萨原稿和莱顿手抄稿中都不能够确认，我们关于这整个段落的认知与史蒂芬努斯的一个任性的改造有关，那么，在这种情况中，人们就必须像在其他类似的情况中一样，要考虑到一位优秀的伪造者。真实的流传文本很有可能是这样的：

最美好的善就是，自己成为
自己的标准，而最可憎的恶就是，
我现在要准备回答你随心而发的其他所有问题，你请问吧。
κάλλιστον μὲν τῶν ἀγαθῶν ἔσται μέτρον εἶναι
αὐτὸν ἑαυτῷ, τῶν δὲ κακῶν ἔχθιστον ἁπάντων
ἄλλο δὲ πᾶν ὅ τι σῷ θυμῷ φίλον ἐστὶν, ἐρώτα.
赫西俄德：
(Ἡσιόδος.)
人们应该如何最好地居住在城邦，并且他们应当遵循什么样的习俗法规？
πῶς ἂν ἄριστ' οἰκοῖντο πόλεις καὶ ἐν ἤθεσι ποίοις;
荷马：
Ὅμηρος.
要拒绝用不干净的方式得利，
要尊重善，惩罚不义。
εἰ μὴ κερδαίνειν ἀπὸ τῶν αἰσχρῶν ἐθέλοιεν,
οἱ δ' ἀγαθοὶ τιμοῖντο, δίκη δ' ἀδίκοισιν ἐπείη.

赫西俄德：
Ἡσιόδος.
人们向神灵能够祈求到的更好东西是什么？
εὔχεσθαι δὲ θεοῖς ὅ τι πάντων ἐστὶν ἄμεινον.
荷马：
（Ὅμηρος.）
保持善意，永远地与自己达成和谐。
εὔνουν εἶναι ἑαυτῷ ἀεὶ χρόνον ἐς τὸν ἅπαντα.

这个段落也存在于史蒂芬努斯的抄稿之中，更确切地说与这个段落一同存在的，还有一个如下的重要边角注释：hic pon. vernus εὔνουν（也就是说，在“ἔχθιστον ἁπάντων”之后，有一个星号被标识了出来）；然后，在诗行“εὔνουν……”处的注释为“εὔνουν 诗行与星号有关”（εὔνουν versus refertur ad asteriscum）。史蒂芬努斯已经注意到——首先他在这里所强调的是，在原稿中，诗句“最为可憎的恶”（τῶν δὲ κακῶν ἔχθιστον ἁπάντων）之后有一句诗行被遗落了，就像我在我的版本中用星号来标识诗行的遗落一样。①也就是说，已经有足够多的证据可以表明，史蒂芬努斯这次填补脱落的尝试并没有成功。与此相反，例如可以允许这样一句诗行适宜地存在，来补偿那个缺陷：

狂妄暴虐的竞赛，以及神灵对于不敬的报复惩罚。②
ὑβρίζειν ἔργοισι, θεῶν ὄπιν οὐκ ἀλέγοντα.

现在，这句诗行“保持善意，永远地与自己达成和谐”（εὔνουν εἶναι ἑαυτῷ ἀεὶ χρόνον ἐς τὸν ἅπαντα）（如此不完整地存在于佛罗伦萨论文中），自然在原稿中保有它应有的位置，当它的位置转换被证明是完全

---

① 尼采在上文曾用星号表示有诗文脱落：“被赫西俄德的旅游同伴，一个无足轻重的人，*** 名声（ὑπό τινος ξένου συνόδου τοῦ Ἡσιόδου δημώδους, *** ὄνομα.）。”

② 尼采虚构的这句诗，存在于“最可憎的恶”（τῶν δὲ κακῶν ἔχθιστον ἁπάντων）之后，即“最可憎的恶是狂妄暴虐的竞赛，以及神灵对于不敬的报复惩罚”。在《荷马的竞赛》一文里，尼采曾经提到过，古希腊人为了保持竞赛的可持续性，制定了陶片放逐法，凡是破坏该条法令的人都会被放逐。这条法令就是为了防止某个独一无二的杰出人物的独裁。而在古希腊文学作品中，杰出人物如果在人群里找不到竞争者，就会胆敢去和神灵竞赛，他们最终都会因为对神的不敬而被报复，落入到悲剧性的命运当中。

不适当之后。假设每一个问题和每一个答案都占据着一个诗行，就像在随后简短的问题和回答以这种方式重复了五次一样，然而这种假设在这里也并没有更接近真实情况。那个在现存的流传文本中不可辨识的问题，在我看来，却被我的好友罗德正确地构造了出来，他建议：

人们向神灵能够祈求到的更好东西是什么？
εὔχεσθαι δὲ θεοῖσι τι πάντων ἐστὶν ἄμεινον;

现在，我认为，当我采用惯例回答这个问题时，我也将找到合适的句子：

好的是能与灵魂达成一阵子的和谐。
εὔνους εἶναι ἑῷ θυμῷ χρόνον ἐς τὸν ἅπαντα.

“什么是可以向神灵祈求到的更好的东西？永远地在自己的性情中保持善意。”在那流传下来的形式中“自己的”(ἑαυτῷ)一词是很难理解的，在它之后跟随的应是一个韵律的空缺。那个多余的词“永远”(ἀεὶ)，是史蒂芬努斯安放到空缺处的(他也设想，依据他的抄稿，“δεῖ”一词在这个位置，韵律是不合适的)，这种安放完全是出于任性，相反，我所建议的词语“εωΘΥΜω”则很容易地在过去通过“εαΥΤω”一词而被损坏。现在通过我的修复，那整个的段落将展现如下：

最美好的善就是，自己成为
自己的标准，而最可憎的恶就是，

* *①

我现在已经准备好回答你随心而发的其他所有问题，你请问吧。
κάλλιστον μὲν τῶν ἀγαθῶν ἔσται μέτρον εἶναι
αὐτὸν ἑαυτῷ, τῶν δὲ κακῶν ἔχθιστον ἀπάντων

* *

ἄλλο δὲ πᾶν ὅ τι σῷ θυμῷ φίλον ἐστὶν, ἐρώτα.

---

① 尼采使用 * 这样的符号表示有诗行脱落。

赫西俄德：
Ἡσιόδος.
人们应该如何最好地居住在城邦，并且他们应当遵循什么样的习俗法规？
πῶς ἂν ἄριστ' οἰκοῖντο πόλεις καὶ ἐν ἤθεσι ποίοις;
荷马：
Ὅμηρος.
要拒绝用不干净的方式得利，
要尊重善，惩罚不义。
（εἰ μὴ κερδαίνειν ἀπὸ τῶν αἰσχρῶν ἐθέλοιεν，
οἱ δ' ἀγαθοὶ τιμῷντο，δίκη δ' ἀδίκοισιν ἐπείη.）
赫西俄德：
Ἡσιόδος.
人们向神灵能够祈求到的更好东西是什么？
εὔχεσθαι δὲ θεοῖσι τι πάντων ἐστὶν ἄμεινον;
荷马：
Ὅμηρος.
好的是能与灵魂达成一阵子的和谐。
εὔνουν εἶναι ἑῷ θυμῷ χρόνον ἐς τὸν ἅπαντα.

在《竞赛》一文中，我直到现在只不过发现了一个诗行上的一个空缺的存在，它就在这个被提取出的段落里；而新近的编校者①则相反，在我所校改的这个地方，他却毫无感触地一掠而过，但在那的确很棘手的两人对话中（第 9—12 页，ed.m.），他却多次地设想有漏缺，而那里却并没有韵律上的正当理由，就此我马上就要作出展示。

《竞赛》一文中那个棘手的章节是由以下这般的话语导入的："这里荷马又一次漂亮地回应了赫西俄德，于是赫西俄德就转而求助于一些模棱两可的句子，他引用了许多这样的句子，并且要求荷马能够恰当地补充完整每一个句子的意义。在下面的诗文里，第一

① 这里指的应该是上文提到过的新近的《竞赛》一文的编校者，即尼采自己。值得注意的是，下文括号中的"ed.m."，之前在本文第 4 节第 17 段里也曾经出现过一次，它指的应该是阿尔西达马斯的《竞赛》的一个编校版本（很可能就是尼采自己的编校本）。

行是赫西俄德，其次是荷马，但有时候赫西俄德也会用两行来提出他的问题（καλῶς δὲ καὶ ἐν τούτοις ἀπαντήσαντος ἐπὶ τὰς ἀμφιβόλους γνώμας ὥρμησεν ὁ Ἡσίοδος παὶ πλείονας στίχους λέγων ἠξίου καθ' ἕνα ἕκαστον συμφώνως ἀποκρίνασθαι τὸν Ὅμηρον. ἔστιν οὖν ὁ μὲν πρῶτος Ἡσιόδου, ὁ δ' ἐξῆς Ὁμήρου, ἐνίοτε δὲ καὶ διὰ δύο στίχων τὴν ἐπερώτησιν ποιουμένου τοῦ Ἡσιόδου.）。"① 用模棱两可的洞识（ἀμφίβολοι γνῶμαι）来描述荷马，这种奇怪的任务就表现在，荷马需要马上对一句含义模棱两可的诗行作出回答，并且通过他的回答，他将某种可理解的和确凿无疑的东西从那看起来毫无意义、令人疑惑的东西中引导了出来。于是赫西俄德就刁难道："接着他们在正餐时吃着牛肉和战马的脖子……"矛盾之处应该就在于吃马肉之上，因此荷马就在他的回答中采用"卸下马鞍套具"（καὐχένας ἵππων）而不是"他们用牛肉进餐"（εἵλοντο βοῶν κρέα）来接续，荷马继续说道："并且他们发现，战马的脖子上全是汗水，而这时他们就已经厌倦了战争。"在第二个刁难问题中，赫西俄德谈到了弗里吉亚人，他们不善于航海是众所周知的：

弗里吉亚人，所有人里在船上最优秀的……
καὶ Φρύγες, οἳ πάντων ἀνδρῶν ἐπὶ νηυσὶν ἄριστοι

这完全颠倒了事实，于是荷马现在尽量地将之翻转为"弗里吉亚人，是在船上所有人里最善于去岸边夺取海盗的餐食的"：这毕竟是一次古怪的侵袭，它可能是从一次文本上的损坏里滋生出来的。作为回答，我这样猜想无疑也应当是合适的："他们是海盗到岸边来俘获的奴隶中最好的"②，用"到岸边俘获奴隶"（ἐπ' ἀκτὴν δοῦλοι ἕπεσθαι）来取代"俘获餐食"（δόρπον ἑλέσθαι）。但如果在这里去思考一个诗行的脱漏，如哥特凌所做的那样，就很可能是错误的。接下来属于赫西俄德的诗行"赫拉克利特丢开了他肩膀上的弯曲的弓"（Ἡρακλέης

① 本处译文参考了英译本：*Of the Origin of Homer and Hesiod, and of Their Contest*, translated by Hugh G. Evelyn-White, 1914, http://www.sacred-texts.com/cla/homer/homrhes.htm。

② 由于弗里吉亚人不善于航海，所以对海盗来说，俘获他们当奴隶是最好的选择。尼采这样猜想不无道理。

ἀπέλυσεν ἀπ΄ ὤμων καμπύλα τόξα）并不包含至少一个意义上的模棱两可，所以我假设，这里需要排放两个诗行。首先，让我们认真地考虑一下，这句诗“为了在下面用双手将箭丢向全部的巨人群”（χερσὶ βαλὼν ἰοῖσιν ὅλων κατὰ φῦλα γιγάντων）是否符合那个目的。① 现在我理解不了“全部的巨人”（ὅλων γιγάντων）：“在下面……全部的巨人群（ὅλα κατὰ φῦλα γιγάντων）”的意思很可能是“在整个的巨人群下面”。但是，这些巨人自己是不可能被称为“全部的”（ὅλοι）。在这一点上，佛罗伦萨论文所流传下来的文字是“消灭”（ὄλλων），这让我能够如此猜想，即这里很可能指的是“原始的巨人群”（ὠμῶν κατὰ φῦλα γιγάντων）。当然，接下来还需要对上述的句子作一点小小的改变。这里的矛盾之处以及对荷马来说困难之处在于，赫拉克利特在野蛮的巨人群下面用双手抛掷箭矢，但荷马却机智地如此这般地构造了那句诗，他将“双手”（χερσὶ）与主句的动词连接在一起（即与“ἀπ΄ ὤμων καμπύλα τόξα”连接起来）：“赫拉克利特用手解开了他肩膀上的弯弓，并且在下面将箭矢射向巨人群中。”如果这个解释是对的，那么无论如何那个词应该是“箭矢”（ἰοῦς）而不是“全部的”（ἰοῖσιν）：双手②，在下面将箭矢射向野蛮的巨人群［χερσὶ, βαλὼν (oder βαλέων) ἰοῦς ὤμων κατὰ φῦλα γιγάντων］。

此后，赫西俄德说“这个男子是一位英勇和胆怯的男人的儿子”——一个矛盾，这个矛盾荷马是如此解决的，他并没有将“和胆怯”（καὶ ἀνάλκιδός）这两个词语与“男人”（ἀνδρός）连接在一起，而是继续向后关连，“（和胆怯）的母亲［的儿子］，战争对任何女人来说都过于残酷”［（καὶ ἀνάλκιδός）μητρός ἐπεὶ πόλεμος χαλεπὸς πάσῃσι γυναιξί.］。——那些对于后面诗行③的开端各式各样的谨慎猜测，必定都会赞同戈特弗雷德·赫尔曼的猜想：

正是因为（校改为“难道不是因为”）你，你的父亲和母亲在爱欲中结合。

ἤτ' ἄρα（für οὔτ΄ ἄρ）σοί γε πατὴρ ἔμίγη καὶ πότνια μήτηρ.

---

① 该目的是：至少有一个意义上的模棱两可。

② 双手，这里接上行诗，意思是“赫拉克利特用双手解开了他肩膀上的弯弓”。

③ 指接下来赫西俄德对荷马的刁难。

模棱两可之处在于，如果人们将“σοί γε ἔμίγη”翻译为“和你一起他们结合”[①]，荷马，在他的回答中，通过将这句话理解为“为了你，你的父亲和母亲在爱欲中结合”，而将之作了别样的转变：

当时他们是在女神阿芙洛狄忒[②]的帮助下才孕育出了你。

（赫尔曼将“τότε σπείραντο”校改为“τόγ' ἐσπείραντο”）

σῶματότεσπείραντο (so Hermann für τόγ'ἐσπείραντο)

διὰχρυσέηνἈφροδίτην.

在接下来的诗行中，“然而，当她屈服于婚姻时，喜欢射箭的女神阿耳忒弥斯[③]……”(αὐτὰρ ἐπεὶ δμήθη γάμῳ Ἄρτεμις ἰοχέαιρα)，阿耳忒弥斯是永远不会结婚的，所以赫西俄德在这里所说的就是某种不可能的事情。荷马立刻就把“喜欢射箭的女神阿耳忒弥斯”(Ἄρτεμις ἰοχέαιρα)构造成了另外的样子，他使用的方法是把主句的主语变为阿耳忒弥斯，“阿耳忒弥斯用银色的弓箭杀死了卡利斯托(die Kallisto)[④]，在那次被逼婚的时候(als diese γάμῳ δμήθη)”。卡利斯托(Καλλιστὼ)是宾语，而前置从句则是“婚礼”(γάμῳ)之前的所有文字。

接下来所转变的玩笑话(Scherz)是全然清楚的，“他们吃喝了一整天，但却没有任何东西”，就此荷马回答道，“没有从家里拿取任何东西，因为阿伽门农，众人之王，给他们提供了餐食”。紧接着赫西俄德说：“在进食的时候，他们从发热的灰烬中收集起宙斯的尸骸。”

---

① 小品词γε在这里很难翻译。该词在起限定作用时，意思为“至少，无论如何”；在增强语气时可译为“是的，确实，至少”。结合之前的 ἤ τ' ἄρα 等词，勉强可译为“正是因为……”“的确是为了……”或“与……一起”，等等。

② 阿芙洛狄忒(古希腊：Ἀφροδίτη，德：Aphrodite)，即罗马神话中的维纳斯。在希腊神话里她是美神与爱神，荷马说她是宙斯和狄俄涅(古希腊：Διώνη)的女儿，但赫西俄德却说她是乌拉诺斯(古希腊：Οὐρανός)的女儿(乌拉诺斯的儿子克罗诺斯用镰刀割了父亲的生殖器，并丢入大海，于是阿芙洛狄忒从浪花中诞生)。阿芙洛狄忒掌管着人间的爱情、生育和婚姻。

③ 阿耳忒弥斯(古希腊：Ἄρτεμις，德：Artemis)，古希腊神话中的月亮女神和狩猎女神，与阿波罗是孪生兄妹。

④ 卡利斯托(古希腊：Καλλιστώ)，在希腊神话中是一位来自女神阿耳忒弥斯的狩猎场的宁芙女神(Nymphe)，被宙斯诱奸怀孕之后，遭到阿耳忒弥斯的驱逐，在孩子出生以后，她又被善妒的赫拉变成了一只母熊。许多年后的一天，她在森林里看到了已经成为猎人的儿子，于是就跑上前去想拥抱他，谁知却被自己的儿子当成野兽射杀。

δεῖπνον δειπνήσαντες ἐνὶ σποδῷ αἰθαλοέσσῃ
σύλλεγον ὀστέα λευκὰ Διὸς κατατεθνηῶτος.①

荷马避开了这个模棱两可的诬蔑，他采用的办法是，连接上这样一句："宙斯神一样英勇的儿子萨尔珀东②死亡后的尸骸。"（παιδὸς ὑπερθύμου Σαρπηδόνος ἀντιθέοιο）。在《竞赛》第一版（ed. princeps）中，宙斯（Διὸς）的存在是正确的，而哥特凌显然并没有向这个版本请教，他必然是第一个通过猜测将之复原的。相反巴尔内斯错误地假设这里有一个缺漏，由此他猜测接下来的诗行应该是，"并且这时宙斯怜悯起了生命的脆弱，眼泪流了下来"（καὶ τότε Ζεὺς ἐλέαιρε τέρεν κατὰ δάκρυον εἴβων）。③

我对接下来的诗行并没有把握。虽然真正的要点并不会被判断错误："从船上出发让我们继续我们的道路，扛在肩膀之上"（ἴομεν ἐκ νηῶν ὁδὸν ἀμφ´ ὤμοισιν ἔχοντες），这句话应该会诱导出这样的想法，即，"道路"（ὁδὸν）一词是"扛着"（ἔχοντες）一词的宾格宾语，"道路扛在肩膀之上"。荷马却将"道路"（ὁδὸν）一词与"出发"（ἴομεν）一词构造到一起，并在"扛着"（ἔχοντες）一词之后添加了"有柄的剑和长杆的矛"（φάσγανα κωπήεντα καὶ αἰγανέας δολιχαύλους）。但是现在，在诗行"从船上出发"（ἴομεν）之前还有一句，"我们逗留于西莫恩斯平原④之上"（ἡμεῖς δ´ἀμπεδίον Σιμοέντιον ἥμενοι αὔτως）。紧邻在这句之后应该有一些文字遗落了，这并非是不可能的，然而，无论如何在这行诗中必定有某一种模棱两可的双关语存在，这一模棱两可的双关语将会诱导人们走上误解的薄冰。我并未发现这种薄冰，

① 该句希腊文尼采在上句已经用德语复述过一遍，即"在进食的时候，他们从发热的灰烬中收集起宙斯的尸骸"。

② 萨尔珀东（古希腊：Σαρπηδών；德：Sarpedon），在荷马史诗《伊利亚特》中是宙斯和俄达弥亚（Laodameia）的儿子。

③ 巴尔内斯将这一行续接在荷马的回答之后，即诗行"宙斯神一样英勇的儿子萨尔珀东死亡后的尸骸"之后，表示宙斯为自己儿子的死去而伤心。尼采认为，巴尔内斯的这个猜想是错误的，这句构想出来的诗行的存在毫无必要。

④ 西莫恩斯（Simoeis），在荷马史诗《伊利亚特》中是一条流淌在特洛伊平原上的河流的名字，同时也是这条河的河神的名字。《伊利亚特》第21卷第311—315行，斯卡曼得罗斯（Σκάμανδρος）在对抗希腊英雄阿喀琉斯时，曾向河神西莫恩斯求援。

因此我猜测，赫西俄德只不过说了“在我们徒劳地逗留于西莫恩斯平原之后”[如《瑞索斯》(*Rhesus*)① 第 546 行，“在西莫恩斯逗留歇宿”(Σιμόεντος ἡμένα κοίτας)]，“我们继续上路等等”。《竞赛》一文的作者在早前就已经告诉过我们，赫西俄德有时(ἐνίοτε)会用两行诗来表达他的问题，这意味着，这种情况至少会出现两次。直到现在，我们首次假设了一个两行的问题，而这却是两行问题的第二次显现。②

在接下来的例题“那些英武的年轻人用手从大海里……”(δὴ τότ´ ἀριστῆες κοῦροι χείρεσσι θαλάσσης)中，双关玩笑话存在于这个不可能的连接之上——“用大海的手”③，但荷马却将“大海”(θαλάσσης)一词与“拉出”(ἀπείρυσαν)一词联系在一起：“高兴而又迅速地将他们的舰船拉出。”(ἄσμενοι ἐσσυμένως τε ἀπείρυσανὠκύαλον ναῦν)顺便提一下，一行诗，包含着一个严格的、只凭借那第三个韵脚的阴性停顿(die weibliche Cäsur des dritten Fusses)来申辩的停顿(zu entschuldigende Cäsur④)(可参见，例如《伊利亚特》，第 3 卷，第 376 行)。后续的诗行提供出了这样的笔迹，令我无法辨认出，在这里有对一个误解提交申辩的必要：他们到了科尔基斯并且国王埃厄忒斯⑤(Κολχίδ᾽ ἔπειτ᾽ ἵκοντο καὶ Αἰήτην βασιλέα)。也许是有一行诗脱落了，可是我认为，如果人们将这两行诗的顺序颠倒一下，就能够达到所需要的结果。于是赫西俄德首先问道：

---

① 《瑞索斯》(古希腊语：Ῥῆσος)，欧里庇得斯的一出戏剧(一般认为是伪作)。瑞索斯是色雷斯的国王，据说他英勇无敌，是河神斯特律蒙(英：Strymon)的儿子，母亲是缪斯女神中的一位。在特洛伊战争中，色雷斯是特洛伊的盟国。英勇的瑞索斯刚上战场，就在夜间酒醉中被希腊的英雄奥德赛和狄俄墨德斯(Diomedes)潜入营帐中杀死。

② 第一个两行问题出现于这一诗行之前，“在进食的时候，他们从发热的灰烬中收集起宙斯的尸骸”(δεῖπνον δειπνήσαντες ἐνὶ σποδῷ αἰθαλοέσσῃ /σύλλεγον ὀστέα λευκὰ Διὸς κατατεθνηῶτος.)。

③ 大海一词“θαλάσσης”在这里是第二格，它接在复数第三格的“手”(χείρεσσι)一词之后，很容易被认为是“大海的手”。

④ 停顿(Cäsur)，一般会用于诗行的中间，分为两种类型，一种是表示诗律节拍，另一种则表示对诗句意义的要求，其后一般会跟随展现主题的短语。如果它紧跟着一个重音音节出现，那么它就是阳性的；如果它前面是一个非重音音节，那么它就是阴性的。entschuldigende Cäsur 比较难译，在这里指该停顿是扭转诗句意义的关键。荷马正是从这个诗律上的停顿开始，扭转该诗句意思的。

⑤ 埃厄忒斯(古希腊：Αἰήτης，德：Aietes)，科尔基斯(Kolchis)的国王，性情残暴。伊阿宋(Ἰάσων)曾来科尔基斯盗取过金羊毛。

当察觉到了他的不好客①和无律法之后，他们逃走了。
φεῦγον，ἐπεὶ γίγνωσκον ἀνέστιον ἠδ΄ ἀθέμιστον.

这里的误解之处在于“当察觉到它（逃跑 τὸ φεύγειν）是无家可归的和无律法的之后，他们逃走了”，然而荷马却将“不好客和无律法”（ἀνέστιον ἠδ΄ ἀθέμιστον）与一个特定的人关联到一起［如《伊利亚特》第9卷，第63行：“他是一个六亲不认的、不好客和目无法纪的人”（ἀφρήτωρ ἀθέμιστος ἀνέστιός ἐστιν ἐκεῖνος）］，并且说“当他们到了科尔基斯之后，他们就察觉到了，国王埃厄忒斯是一个不好客和无法纪的人，于是他们就从那里逃走了”。

接下来的诗行在顺序上并不可疑。赫西俄德说，“但是当他们斟酒并且饮下，这翻涌的大海”（αὐτὰρ ἐπεὶ σπεῖσάν τε καὶ ἔκπιον οἶδμα θαλάσσης），这里人们不能将“饮下”（ἔκπιον）这个词与宾格宾语“翻涌的大海”（οἶδμαθαλάσσης）连接在一起，荷马以这种方式继续道：“他们打算驾驶着牢固的船只去跨越它（ποντοπορεῖν ἤμελλον ἐυσσέλμων ἐπὶ νηῶν）。”

现在还剩下其余的五行诗。在它们之中的倒数三行诗，提供出了那种被渴望的形势（gewünschte Verhältniss）②。赫西俄德开始道：

吃吧，喝吧，我的客人们，希望你们之中无人
能够重返他那亲爱的家园
ἐσθίετ᾽ ὦξεῖνοικαὶπίνετεμηδέτιςὑμέων
οἴκαδενοστήσειεφίληνἐςπατρίδαγαῖαν

通过这样的介绍就引发了一个问题，他是否说了某种彻底荒唐的话，“现在吃吧，喝吧，你们这些异乡人，你们中将无人能够返回他的亲爱的家园”！但是荷马却想起了“多灾多难”（πημανθείς）一词，③“还是祝愿你们所有的人都能够毫发无损地返回家园”（ἀλλ᾽ αὖτις ἀπήμονες οἴκαδ΄ ἵκοισθε），于是荷马凭借被世人称赞的沉着，挽救了这句诗行

---

① ἀνέστιον，除了有不好客的意思之外，还有无家可归的意思。

② 指模棱两可的刁难和对该刁难的回答。

③ 这样前面诗行的意思就变成了：希望你们中无人在重返他的家园时多灾多难。

的意义。——在这三句诗行之前，还存在着两句诗：

阿特柔斯[1]之子祈祷他们全部丧生
但绝不会在海上，并且他开口说出这般话来：
τοῖσιν δ' Ἀτρείδης μεγάλ' εὔχετο πᾶσιν ὀλέσθαι
μηδέποτ' ἐν πόντῳ καὶ φωνήσας ἔπος ηὔδα.

现在，就像迄今为止所发生的那样，人们可以把第一行诗归于赫西俄德，而将第二行归于荷马。可是我却想对这样的分配提出反对意见。首先这里的一种可能的误解，一种模棱两可的观点（ἀμφίβολος γνώμη）根本就不是谈话。那么，为什么阿特柔斯之子（der Atride）没有祝愿“全部”（τοῖσι πᾶσιν）都不会丧生呢？这种想法当然并不包含荒谬的成分，就像上文“翻涌的大海”（οἶδμα θαλάσσης）“大海的手”（χείρεσσι θαλάσσης）一样，可能有些不合乎伦理，但它出自一种发怒的祈福（Achill）[2]之口又无疑恰好是可能的。然后，依据上述的那种顺序分派，荷马必须说出这样的话：“并且他开口说出这般话来”（καὶ φωνήσας ἔπος ηὔδα），这也就意味着，荷马在这里完全脱离了他的角色，并且突然地说出一些话，首次向赫西俄德提出了挑战要求。这样一种角色上的混乱是绝对不可能的，因此我更倾向于认为，这四行互相关联的诗都属于赫西俄德。此外，这四行诗里有着一个明显的逻辑性很强的矛盾，就像我们期待它在那最后的例题中作为“模棱两可见解”（γνῶμαι ἀμφίβολοι）的终结一样。这个矛盾被宽泛而又详尽地表达了出来，因而，在一个诗行中清除掉之前所有的不谐和，这最后的任务还是显得特别困难。“阿特柔斯之子极为正当地为所有人祈福，愿他们绝不会葬身于大海，并且他说出这样的话：吃吧，喝吧，你们这些异乡人，希望你们中无人能够重返他那亲爱的家园——”，然后荷马用上文已经提到过的方式就此作了回答。我认为戈特弗雷

---

① 阿特柔斯（古希腊：Ἀτρεύς，德：Atreus），古希腊神话中的迈锡尼国王。阿伽门农和墨涅拉俄斯（古希腊：Μενέλαος）的父亲。这个家族曾经被诅咒每一代都会发生一场血亲谋杀（或手足相残或夫妻反目或父子相杀），并且会一直持续五代。

② Achill是阿喀琉斯（Achilleus）的简称。因为英勇的阿喀琉斯通过荷马史诗而不朽，所以这个名字后来也指对英雄气概和荣誉声望的祈福（Segenswunsch）。

德·赫尔曼那样的诗行分配是不可能的，他曾经建议说：第 128 和 129 行[①]属于赫西俄德，而第 130、131 和 132 行[②]属于荷马。因为经过这样的诗行分配，那种戏谑游戏的目的与意义，即每个刁难都应具备的那种误导人的模棱两可性，就彻底地错漏了。就像我从整体上作出的观察那样，这种两人对话的早期编辑者和批评者根本就不知道，应该怎样评价它。但是在这里，我们必须从竞赛实施的整体上，思考在所有类型的会饮竞赛和隐晦谈话中，希腊人的特殊练习。而在“模棱两可的见解”（γνῶμαι ἀμφίβολοι）一词之上，我们恰好能够回想起克里尔库[③]的话语，阿忒纳乌斯[④]在《智者的盛宴》（p. 457e）中，将这样会饮（sympotisches）的游戏描述为：“当第一个人引用了一行抑扬格诗句[⑤]之后，其他每个人都需要说出一个诗行去续接（τῷ πρώτῳ ἔπος ἢ ἰαμβεῖον εἰπόντι τὸ ἐχόμενον ἕκαστον λέγειν）。”

我们在对这整段文字的处理中可以感觉到，没有一处显得不自然，因而就不需要去接受一个假定的遗漏来获取安慰，相反，就像我已经阐明的那样，需要从其他地方来证实一个真正的错漏（Defectus）。如果我们考虑到可能有一个六音部格脱落了，那么我们也就在这里收获到了完满。在这场竞赛之后，荷马在雅典获得了国王梅敦的款待，他应该是在雅典逗留期间，于极度的寒冷中创作了如下这样的诗歌，此时市政厅里却火光灿烂温暖：

孩子是一个男人的冠冕，塔楼是一座城池的冠冕，
马匹是一块平原的纹饰，而船只则修饰着大海。
看到有一位贤人坐在议会场合，多好。
但更有价值的是，当在一个冬日，
克罗诺斯之子令大雪降临，能有一间屋子，火光灿然。
ἀνδρὸςμὲνστέφανοςπαῖδες, πύργοιδὲπόληος,

---

① 在 T.W. Allen 编辑的版本中（Homeri opera，vol. 5）是第 133、134 行。

② 在 T.W. Allen 编辑的版本中（Homeri opera，vol. 5）是第 135、136、137 行。

③ 克里尔库（Chearch），Chearchus 的缩写，希腊人名。亚里士多德的弟子中也有叫克里尔库的。

④ 阿忒纳乌斯（古希腊：Ἀθήναιος，德：Athenaios），生活于罗马帝国时代的希腊演说家，著有《智者的盛宴》（*Δειπνοσοφισταί*）。

⑤ 抑扬格（古希腊：ἰαμβεῖος，英：iambic），古典诗歌的一种格律，通常在一个音步里有一轻一重两个音节。

ἵπποιδ᾽ αὖπεδίουκόσμος, νῆεςδὲθαλάσσης,
λαὸςδ᾽ εἰνἀγορῇσικαθήμενοςεἰσοράασθαι.
αἰθομένουδὲπυρὸςγεραρώτεροςοἶκοςἰδέσθαι
ἤματιχειμερίῳὁπόταννίφῃσιΚρονίων.

这相同的故事，在希罗多德的《荷马生平》（*vita Homeri*）中也曾经被报道过，只不过在局部上有所改变，并且诗句上也有一些差异，这对我们而言至关重要，参见威斯特曼（Westerm.）版《荷马生平》第 16 页，（可参见《苏达辞书》，tom. alt. Bernh. 1102）：

孩子是一个男人的冠冕，塔楼是一座城池的冠冕，
马匹是一块平原的纹饰，而船只则修饰着大海，
财产增强着房屋，而尊敬则增强着王权，
看到他们聚坐在一起，对其余的人而言是秩序井然的，
但一团燃烧着的火苗则是这个屋子里最为瑰丽的珍宝。
ἀνδρὸς μὲν στέφανος παῖδες, πύργοι δὲ πόληος
ἵπποι δ᾽ ἐν πεδίῳ κόσμος, νῆες δὲ θαλάσσης,
χρήματα δ᾽ αὔξει οἶκον, ἀτὰρ γεραροὶ βασιλῆες
ἥμενοι εἰν ἀγορῇ κόσμος τ᾽ ἄλλοισιν ὁρᾶσθαι
αἰθομένου δὲ πυρὸς γεραρώτερος οἶκος ἰδέσθαι.

在后者的文稿中，“在其余的人看来……是秩序井然的”（κόσμος τ᾽ ἄλλοισιν ὁρᾶσθαι）等文字让我感到困惑，它取决于对这则警句诗的所有单元的划分，很显然修饰词与被修饰词被并置于一起，孩子与男人，塔楼与城池，马匹与平原，船只与大海，诸王[①]与——其余的人（die ἄλλοι）。不，我认为，应该是居民（die Bevölkerung），臣民（die Unterthanen），亦即子民（λαοί），因此，我将其校改为：“在臣民看来是秩序井然的（κόσμος λαοῖσιν ὁρᾶσθαι）。”——现在还有之前的那个诗句“财产增强着房屋”（χρήματα δ᾽ αὔξει οἶκον），在该诗句里还有字母 F（das Digamma）[②]在“房屋”（οἶκον）一词那里显现着它自己的

① “诸王”即国王一词的复数形式，该词在上文译为王权。

② Das Digamma，希腊古字母，是拉丁字母 F 的源头。小写为 ϝ，大写为 F。英国古典语文学家理查德・本特利（Richard Bentley，1662—1742）在修复荷马史诗的韵律时，首次重新发现了这个发音为［w］的 ϝ。如果有文字以字母 ϝ 开始，那么一般会要求在这些文字之后有一个开头音为辅音的单词。

全部威力。但这绝对不是偏爱这样一种文本变体“财产使房屋增强”（χρήματα δ' οἶκον ἀέξει）的方法上的依据，[①] 莫纳克（Monac.）抄本333所提供的这种文本变体，对《荷马生平》的批评校勘来说，是毫无意义的。相反，这句诗与其他诗句相比，显得如此不和谐。在我上文所提到过的全部的编排清单（Zusammenstellungen）中，修饰词与被修饰词的关系都比在诗句“财产增强房屋”里表达得更加生动和直观。与通常情况下占据优势的生动性比起来，在这里，那种关系的整体概括却被否决了。接着所有的诗句依然还在向着高潮点攀升，“燃烧的火苗对屋子来说是最好的珍宝”，在这个高潮点之前，很难设想屋子还有一个另外的修饰词。因而这里还能考虑的就只剩下庙宇了，即第一次出现的房屋（οἶκον）被设想成神灵的屋子（例如在希罗多德第8卷，第143行；欧里庇得斯《腓尼基的妇女》（Eurip. *Phoen.*），1373）。那么，当这个概念与财产（χρήματα）一起出现时，该概念必然会被这个附加（das Hinzukommende）界定清楚，因为房屋（οἶκος）本身并不能被标识为庙宇，但是在一种这样的关联里无疑却是可能的：θήματα δ' ἀέξει οἶκον，“献祭（‘θήμα’依据赫西基奥斯[②]的看法等同于‘献祭’（ἀνάθημα））装饰着庙宇”。

让我们先悬置掉这个变动，不如暂且观察一下《竞赛》一文中的相关诗句，无论如何应该是这一句：

看到有一位贤人坐在议会场合，多好。
λαὸς δ' εἰν ἀγορῇσι καθήμενος εἰσοράασθαι.

我们会发现它完全不可理解。它绝对的隐晦，就像“看到”（εἰσοράασθαι）一词所构造的那样，参照刚刚所处理的那则警句诗，我们就会发现，与其说人民应是集会的一个修饰词，不如说诸王应是人民的一个修饰词。由此，我认为可能的是，我们的警句诗原初应该

---

① οἶκον一词之前有字母ϝ，因而该词之后就需要一个开头音为辅音的单词。尼采认为，这并不能成为偏爱这种文本变体“财产使房屋增强”（χρήματα δ' οἶκον ἀέξει）的理由。

② 赫西基奥斯（Hesychios von Alexandria），希腊语词典的编著者，可能生活于4世纪晚期。

包含有六个诗行，其中的第三、第四行从前很可能是：

献祭装饰着庙宇，而尊敬则装饰着王权
臣民们看到诸王坐在议会场合，多好。
θήματα δ' αὔξει οἶκον, ἀτὰρ γεραροὶ βασιλῆες
λαοῖς εἰν ἀγορῇσι καθήμενοι εἰσοράασθαι.

那流传下来的形式无疑只是一位校勘学者的作品，他并没有觉察到第三行诗歌的脱落，面对这余下的显得很难理解的第四行，他找不到有比以下的校改更好的开始，于是就将“臣民”(λαοῖς)校改成了“人民”(λαὸς)，将“他们坐”(καθήμενοι)校改成了“他坐”(καθήμενος)。

我在那个版本①第 6 页所改动的一个行列，我清楚本不应当如此简短地解释的，因此我应该会在随后对此有一个相关的深入研究，届时，我将连续地探讨赫西俄德与荷马的族谱问题。总体而言，还有几个在文学史上有着重要意义的关于这场竞赛的陈述，特别是那整体竞赛图景的概念和历史，都仍然有着宝贵的价值，值得认真地对待。之前人们对这些文稿充满了成见，自然就不愿意去考察它们。但是，对以下这类情形而言，那些文稿却是值得研究的，那些情形我之前无疑已经作出过描绘了，即我们在面对着文本上所有的残损和删节时，从它的核心里重新辨认出了一个古典时代的作品，它是由一个高尔吉亚门徒和演说家②杜撰出来的，并且它无论如何应该是一个用于教学的版本，虽然这是一份古老的荷马生平(βίος Ὁμήρου)的残破图案，但是它却让人们回忆起了叙事诗朗诵者的竞赛，回忆起了会饮时的谜语游戏和最为早先的荷马研究。

（译者单位：上海社会科学院哲学研究所）

学术编辑：何兰芳

① 指向不明，或许指的是尼采自己在莱比锡大学时的《荷马与赫西俄德》校勘版，或许指的是杂志 *Rheinisches Museum für Philologie* 第 25 卷。很可能是前者。

② 即阿尔西达马斯。

重读美学史

克鲁萨的《论美》及其美学史位置①

张　颖

内容提要　在围绕西方美学史的写作里，瑞士哲学家克鲁萨的《论美》时常被忽略，或者得到负面的评价。本文认为，该书在原创性上确有不足，但作为第一部系统性的法语论美著作，它对美学史有其独特贡献。克鲁萨将一种笛卡尔式的哲学思维引入美的研究，同时清除了笛卡尔的相对主义立场对建立美的理论的阻力。克鲁萨从对“美”的语言分析入手，着力于阐述美的一般观念，总结出美的一般原理。《论美》具有折衷主义色彩，尽力保持观念论与感觉论的平衡，给美的感觉的探讨留下一定余地。克鲁萨的审美趣味没有超出传统的古典主义，对想象和天才问题缺乏系统探讨，终未能真正进入现代意义上的美学研究。

关键词　克鲁萨　《论美》　美学　观念　感觉

让-皮埃尔·克鲁萨（Jean-Pierre de Crousaz，1663—1750）（一译“克罗查斯”）生于瑞士洛桑，先后在洛桑学院和日内瓦研习哲学和神学，后来离开瑞士，游学莱顿、巴黎等地。他曾与皮埃尔·贝尔、蒲柏、莱布尼茨论战，也在大学教授过哲学和数学。1726 年被指定为年轻的弗里德里希王子（即黑塞-卡塞尔的弗里德里希二世）的监管教师。1733 年，他返回洛桑学院，直至辞世。他将笛卡尔哲学引入洛桑，改变了那里盛行的亚里士多德主义。他著有一部六卷本《逻辑学》（1741），两部对卢梭《爱弥儿》产生过影响的教育学著作《儿童教育新准则》（*Nouvelles maximes sur l'éducation des enfants*，

① 项目信息：本文为文化部文化艺术科学研究项目“法国存在主义艺术理论研究”（批准号：14DA02）、教育部人文社会科学重点研究基地重大项目“西方美学史 1—2 卷”（批准号：14JJD720022）成果。

1718)《论儿童教育》(*Traité de l'éducation des enfants*, 1722), 一部对莱布尼茨进行批判的《论人的心灵》(*De l'esprit humain*)等等。由上可知,他的身份主要是拥有神学背景的数学家、逻辑学家、哲学家和教育学家。

相比之下,他对艺术作品的关注不太突出,在美学上的成就也相对较小。[①] 其唯一的美学著作是《论美》(*Traité du beau*)。该书的副标题为"表明人们称何者为美,并从大多数艺术和科学中选例"。该著含十一章,以及一封致友人的书简。前七章讨论关于美的一般原理;第八章至第十一章,按作者的说法,将这些原理应用于三个大主题:科学之美、德行之美、雄辩之美[②]。最后第十一章讨论音乐之美,共分八节,占全书超过四分之一的体量。

该书 1714 年于巴黎出版,1715 年在阿姆斯特丹再版[③]。1724 年又一次再版时,增加了一篇苏格拉底《大希庇阿斯篇》的法语译文,那是苏格拉底论美的名篇。或许其初版影响不大,致使大部分研究者将该书的面世时间标注为 1715 年。按其语言和影响范围,我们将这本书视作广义法国美学的成果之一。《论美》的面世先于主题相近的杜博(1719)、安德烈(Yves-Marie André)(1741)、巴托(Charles Batteux)(1746)、孟德斯鸠(1757)、狄德罗(18 世纪中期)等法国作家的美学专论,当之无愧是最早出现的法语美学论著,安妮·贝克称之为"最早的成体系的美学反思"[④]。当然,依卡西尔的看法,18 世纪法国出现的任何一部美学著作都不是体系性的,它们难以同鲍姆嘉通等德国美学家意义上的"体系"同日而语[⑤]。然而,至少就其占得先机而论,克鲁萨的《论美》位于 18 世纪法国美学浪潮暗流涌动的开端。

起步最早的克鲁萨,在美学史上的影响力和地位却远不如后来

① 有一桩逸闻或可为证:贝尔努伊(Bernoulli)曾抨击克鲁萨书中关于音乐的章节,克鲁萨便在 1724 年再版时将此章置换为他更擅长的宗教学内容(https://plato.stanford.edu/archives/sum2013/entries/aesthetics-18th-french/.)。

② 第十章"雄辩之美"涉及诗歌、文学等各种语言艺术,不单讨论辩术。

③ 本文所依据的法文本,即为 1715 年的阿姆斯特丹版本的再版(J.P. de Crousaz, *Traité du beau*, Amsterdam: Francois L'Honore, Geneve: Slatkine Reprints, 1970)。

④ Annie Becq, *Genèse de l'esthétique française moderne 1680—1814*, p.403.

⑤ 具体可参见卡西尔《启蒙哲学》第七章"美学的基本问题",顾伟铭等译,济南:山东人民出版社,2007。

的杜博等人，围绕着他生出一些非议。很多同时代人评价过克鲁萨：狄德罗批评过他的美学，夏特莱夫人说他啰嗦，伏尔泰认为他是最不哲学家的哲学家、最饶舌的饶舌者……以至于曾有人专门研究他与启蒙世纪的观念冲突。①可见，他是一位与同时代思潮不太合拍的学者。后世出现的很多评价也是负面的。有人尖刻地指出，“作为一位自由思想的启蒙时代的哲学家，对他的最高评价就是：他的才智增长被历史超越了”。②

对于他的美学，一般的评价都是“缺乏原创性”。如R. 纳夫指出过，克鲁萨担不起人们在美学史上给他安置的地位，他充其量是一位纯粹的“几何学家”，其唯一的原创性不过是在四百页的纸上用几个公式论证了一个主题。③这个看法很有代表性，大概也是在有关西方美学史的著作里不常出现克鲁萨之名的原因。

但正面的评价和研究也存在。塔塔尔凯维奇是少数将之列入自己的《美学史》进行专节讨论的美学史家之一。他并不否认克鲁萨的美学思想缺少独创的成分，但认可其优点在于能够将其他人的思想进行系统化。④这等于肯定克鲁萨对前人的承续。科尔曼则更肯定他的开创性，这表现在他是法国第一位将笛卡尔式严谨用于美学的哲学家，其《论美》是法国第一部哲学性的美学著作。⑤克利斯特勒从艺术史的角度指出，这本书“确实对视觉艺术和诗歌有所讨论，也专门探讨了音乐。并且，这是一项重要的尝试，它给予美以不同于善的哲

① 可参见以此题名的著作《让-皮埃尔·德·克鲁萨与启蒙世纪之观念冲突》一书（Jacqueline E. de La Harpe, *Jean-Pierre de Crousaz（1663—1750）et le conflit des idées au siècle des Lumieres*, Berkeley and Los Angeles: University of California Press, 1955）。

② Leland Thielemann, “Review”, *Comparative Literature*, Vol. 9, no. 1（Winter, 1957）, p.86.

③ R. Naves, Le Gout de Voltaire, Paris, Garnier, s.d., p.101. 转引自Annie Becq, *Genèse de l'esthétique française moderne 1680—1814*, Paris: Editions Albin Michel, 1994, p.307. 针对这一类负面评价，安妮·贝克针锋相对地指出，克鲁萨的美学远不是纳夫们所说的那样贫乏，其《论美》的初版也的确称得上现代美学史的一个重要日期。

④ Tatarkiewicz, *History of Aesthetics*, Vol. III, *Modern Aesthetics*, trans. Chester A. Kisiel and John F. Besemeres, ed. D. Petsch, The Hague: Mouton and Warsaw: PWN-polish Scientific Publishers, 1974, p.431. 另外需要指出的是，就其使用法语写作，就其与法国思想文化的连续性而言，我们可在同样的意义上将克鲁萨、卢梭这一类作家视作法国作家。

⑤ Francis. X. J. Coleman, *The Aesthetic Thought of the French Enlightenment*, University of Pittsburgh Press, 1971, p.7.

学分析，从而重申和发展了古代和文艺复兴柏拉图主义者的概念”①。这也肯定了克鲁萨对艺术史的推进。

上述正面意见是公允的。诚然，克鲁萨美学陈旧有余，独创性不足；但《论美》的确是笛卡尔之后第一部哲学美学意义上的美的专论，此举本身已具有一定的开创性价值，因为他克服了笛卡尔理性主义观念中的美的不可言说性。

按笛卡尔的看法，美是相对的，所以难以作为研究对象。笛卡尔说过：“一般地说，所谓美和愉快的都不过是我们的判断和对象之间的一种关系。人们的判断既然彼此悬殊很大，我们就不能说美和愉快能有一种确定的尺度。”② 美的相对性缘于人的判断受到个体遭际及其留下的情绪记忆的影响：“同一件事物可以使这批人高兴得要跳舞，却使另一批人伤心得想流泪；这全要看我们记忆中哪些观念受到了刺激。例如某一批人过去听到某种乐调时，跳舞的欲望就会又起来；就反面说，如果有人每逢听到欢乐的舞曲时都碰到不幸的事，等他再次听到这种舞曲，他就一定会感到伤心。”③ 于是，当人与人彼此谈论美时，他们所指很可能不是相同的东西，故而时常难以相互理解、有效沟通。同样出于这个原因，研究者也难以把这个歧义迭出的、浮动的美作为对象，除非切断它的日常经验，讨论一种纯粹形而上的美。

要想走出笛卡尔留下的这个死胡同，必须消解美的相对性。这是克鲁萨《论美》所面对的重要任务。他的证明实际上分三步进行：先是论证美之观念和美之感觉可以相互独立；接下来论证美之观念的一般性以及美的实在性；最后论证美之观念才是美的真正根源，而美之感觉只是伴随性的。通过消除相对主义的美论，克鲁萨展开了他对美的专论，树立起一种以神学为奠基的审美理性主义。与此同时，感觉和想象在审美活动中的作用受到压抑，致使克鲁萨令人遗憾地与现代意义上的美学/感性学的诞生擦肩而过。

---

① Paul Oskar Kristeller, “The Modern System of the Arts: A Study in the History of Aesthetics(II)”, *Journal of the History of Ideas*, Vol. 13, No. 1(Jan., 1952), p.17.

② 见1630年2月25日笛卡尔致麦尔塞纳神父的信，朱光潜译，《西方美学家论美和美感》，北京：商务印书馆，1980，第78—79页。

③ 转引自朱光潜：《西方美学史》(上册)，北京：商务印书馆，1979，第184页。

二、美的一般观念

克鲁萨没有选择去切断美的日常经验，恰恰相反，他以日常谈美的语言分析作为《论美》的开篇。讨论不是从“美”(Beauté)这个名词开始，而是始自“美的”(Beau)①这个形容词(“美的某某”)，或者说谓词(“某某是美的”)。这种转换恰恰易于将分析带入日常语境，因为日常话语通常不谈论什么是“美”(那是哲学话语)，却常说“某某是美的”。那么，这句话是什么意思？克鲁萨认为，这是个双语义的句子：语义一，“它令我赞同”；语义二，“它令我感到愉悦”。他称前者为“观念”(Idées)，称后者为“感觉”(Sentiments)。②需要指出，感觉不是简单的观念，而是外界事物对自我的某种或某几种知觉的触发。

美之观念关联于赞同，美之感觉关联于愉悦。当某人说“某某是美的”时，可能既赞同又愉悦。克鲁萨不否认这种情况是常见的。但他更关注另外两种特殊情况是否存在：其一，我们说“某某是美的”，纯粹出自赞同而毫无愉悦感；其二，我们说“某某是美的”，纯粹出于愉悦感而毫不赞同。

第一种情况：当一个人在考虑一个对象时，仅致力于形成对它的观念，获取关于它的精确认识，他不动声色地倾注思想。此人此时会说，这里没有什么触动他、令他高兴的东西，即便他认识到此物是美的。克鲁萨举了一例：假设一个人正在法官候见厅里焦急地等待一桩与自己相关的案子的判决。此时他若看到一幅画，必定毫无心思去感受美的愉悦，然而，他仍可判定这幅画是美的。在这样的情况下，美之观念的产生既不依赖于也不伴随着美之感觉。第二种情况：某物可能丝毫不带来可赞同的观念，但却刺激愉悦的感觉。比如在不合宜的感官愉悦里，主体的愉悦遭到了其理性的反对，理性不愿分享和参与这份愉悦。③

---

① 克鲁萨有意给“美”及其一系列相关词汇做了首字母大写。这在当时的著作里十分少见。故而本文在涉及此类词汇时皆附上法文原词。

② J.P. de Crousaz, *Traité du beau*, p.7.

③ *Ibid.*, pp.9—11.

观念和感觉之所以在有的时候能够各自独立产生美，是由于它们分别关联于心灵（Esprit）和心脏（Coeur）。基于这个生理 / 心理基础，观念和感觉具有截然不同的性质和作用方式。先说观念。“观念令我们愉快，锻炼我们的注意力或令我们劳神，取决于对象是否为复合的，取决于它们相互结合的程度。”观念之喜悦来自观念的清楚、简单、复合①或有序，取决于观念所表象的对象是否值得我们注意。再说感觉。“感觉支配我们，控制我们，决定我们的偏好，令我们感到高兴或悲伤，取决于它们是香甜的还是令人烦恼的，是令人愉悦的还是令人不快的。”感觉对我们的推动或刺激的强度，则取决于它们的密度或钝度。观念在一定程度上是可由主体控制的，感觉则依赖于外物以及某种内在脾性，不受主体掌握。最重要的是，观念是易于表达的，感觉则是难以描述的，尤其是对于毫无相似经验的人来说，就更加难以交流。②

这样看来，只有在涉及美之观念时，“美”才有可能成为可谈可论的题目。所以，“某某是美的”这句话之所以常常显得模棱两可，人们之所以（如笛卡尔）会武断地认定美难以成为研究对象，正是由于忽略了这种双语义性质，用感觉的难以言传性掩盖甚至替代了观念的可表达性和可交流性。

然而，关于美之观念，谈论起来仍有困难，它乍看起来也不像一个稳定的研究对象。对于同一事物，有人认为美，也有人认为不美；即便是同一个人，此时认为此事物是美的，彼时却可能断定其不美。可见，对于美之观念，人与人、人与自身之间能够达成的共识极其有限。比如自古代以来，西方人就倾向于认为合乎比例的东西是美的；然而，对于合乎怎样的比例才美，不同的人往往持不同见解。就此，克鲁萨提出了“美的一般观念”（idée générale du Beau）这个概念。

他指出，有一类表示实体的词，比如一匹马或一棵树，它们可以在绝对意义上被使用。我们可以说“这里有一匹马”，“那是一棵树”。又存在着另一类表示非实体的词，仅用于表达一种关系，一种心物关系。这类词包括“真”“正直”“健康”“美”等等。设定该词为 A，则当

① 按笔者的理解，此处的复合应指简单之物的复合，因此仍保持清晰分明的特征，可作为审美对象。

② J.P. de Crousaz, *Traité du beau*, pp.8—9.

我们说某物是“A的”(其形容词形式)时，我们的意思其实是：该物符合A观念。比如，当我们说一个命题为真，指的是观念与其所应用的事物之间的关系是相符的。三角形有三个角，“三个角”符合三角形之观念。木头是可燃的，“可燃”符合木头之观念。又如，当我们说某行为是正直的，指的是该行为符合正直之观念；当我们说某食物是健康的，意思是说它符合健康之观念。如此等等。真之观念在不同的人那里可能有所不同，然而，但凡使用真之观念，皆着眼于某物与真之观念的关系。比如，有的地方的人可能认为木头不可燃，由此而判定“木头可燃”之命题为假，而将“木头不可燃”判定为真，那么在后一个句子里，“不可燃”仍符合其木头之观念。又如“正直”。苏格拉底和孔子都曾使用“父子相隐”的典故来探讨它。有人认为父子相隐是不正直的，有人(如孔子)恰恰认为“直在其中矣”。两种观念截然不同，但同样着眼于父子相隐这种情况与正直观念之间是否相符。

这就是克鲁萨所说的“一般观念”(idée générale)。它表示思与物的符合关系，它是“人所共有且恒久不变的，即便在使用上并不相同”，因而，它拥有包容了相异性的普遍性，和包容了相对性的一般性。克鲁萨也把这种一般性表述为“实在性”，即不是被任意捏造出来的空幻之物。在他看来，美同真、正直、健康等一样，都不是想象性的，而是实在的；不过，它是相对的实在，而非绝对的实在①，即非同于一匹马或一棵树那样的实在。

“美的一般观念”也是如此。它指的是在我们的观念(或感觉，或知性，或心灵)与被称作“美的”的事物之间的符合关系。不可从实体意义上理解美之观念，它的含义不可能是绝对的、固定的；因此之故，我们不可仅因某一种比例不被广泛接受为美的而否认美之观念的普泛存在。

通过这个概念，克鲁萨实质上提出了一种“美在关系”说。如前所述，“美在关系”不是全新的想法，它早在笛卡尔那里已经被表述过。但克鲁萨对之进行了改头换面的重新阐发，从而疏通了被笛卡尔堵塞的论美之途。他用美之观念所基于的普遍而恒久的稳定的结构关系，取代了审美主体与对象之间因个体差异而造成的任意关系，

① J.P. de Crousaz, *Traité du beau*, p.51.

以此消解了审美关系中的主观随意性，同时又容纳了审美现象的相对性。在这个意义上，克鲁萨的关系说克服了笛卡尔那里因相对主义而导致的美的虚无主义，维护了美的（相对）实在性，从而为论美找到一个相对可靠的起点："美的一般观念。"这种关系美学的思路得到了塔塔尔凯维奇的欣赏，因为这种哲学式的思维在当时法国的艺术和诗歌批评里是很少见的[①]。这是克鲁萨美论的第一个可贵之处。

三、美的一般原理

解决了论美的起点问题后，克鲁萨自信地表示，此时只要我们发现一种原理并正确而精准地使用该原理，就可以在美的问题上达成一致。美的一般原理指的是，在满足怎样的条件时，人们必然说某某是美的。

这个一般原理在克鲁萨这里有多种表述。他有时称其为"从多样中见出统一"。他发现，"对美（Beauté）而言，往往需要从多样性化约到某种统一性"[②]。这种统一性或者说一律性有三种形式：规范（régularité）、秩序（ordre）、比例（proportion）。克鲁萨说这三者"必然令人类心灵（Esprit）感到惬意"[③]，它们是美的实在特征，是建立在自然和真理之中的美的特征。克鲁萨也将这三者统称为"比例"。

"美在比例"仍旧不是新观念。它可以远溯到毕达哥拉斯学派。该学派认为，身体美在于各部分之间的比例对称。古罗马的西塞罗也说过："美是物体各部分的适当比例，加上悦目的颜色。"这个观念传布得如此深广，以至于到了新柏拉图主义者普洛丁生活的年代成了被广泛接受的意见，反衬得普洛丁对这个观念的怀疑相当特出。[④] 在中世纪的教父哲学家那里，"美在比例"这一观念进一步被强调。圣奥古斯丁写过一部多卷本的《论美与适宜》（已亡佚），圣托

---

① Tatarkiewicz, *History of Aesthetics*, Vol. III, *Modern Aesthetics*, p.431.

② J.P. de Crousaz, *Traité du beau*, p.50.

③ *Ibid.*, p.14.

④ 具体可参见北京大学哲学系美学教研室编：《西方哲学家论美和美感》，北京：商务印书馆，1980，第 56—57 页。

马斯·阿奎那也认为协调的比例构成美的事物。在各种形式的古典(主义)美学里,比例都是一个核心概念,比例上不合宜的事物一般被认为违反了美的基本规律。

鉴于这一情况,塔塔尔凯维奇认为,相比之下,在这部分论证里唯有多样性与统一性这对组合较有新意。①鲍姆勒也视其为克鲁萨的首创,不过,这种首创性的贡献被卡西尔彻底否定了。卡西尔在其《启蒙哲学》中令人信服地点明了该原则的数学渊源,并认为莱布尼茨和布瓦洛早已在这方面有所建树。②在笔者看来,尽管并非首创,但相比于"美在比例","从多样中见出统一"仍更适合担当克鲁萨那里美的一般原理。一方面,一般意义上的"比例说"仅道出"从多样中见出统一"中的一端,因而后者更全面、更完整;另一方面,"比例说"暗含着客观主义倾向,而"从多样中见出统一"则着眼于主体能力与客体的关系,更符合克鲁萨提出的美的一般观念。按此原理,正像贝克曾指出的那样,美"并非先天地存在于客观上可认定的比例里,而在于对人的能力的相符"③。

在日常经验里,事物的多样性与统一性对人的心灵而言各有其用途。多样的变化令人摆脱千篇一律所带来的无趣和乏味,统一性则削弱多样性所可能导致的混乱和疲倦。这是一种容易获得的经验心理学上的解释。不过,它无法从根本上说明如下问题:为何这条原则不是反过来写作"从统一中见出多样性",为何只有统一性能够担当这个二元运动里的终点,为何唯有在最终见出统一性时,这两种对立性质的并存才能够带给人愉悦感?换言之,为何多样性若想生发审美快感,就必须处在统一性的调节和掌控之下?

对于这个问题,克鲁萨从认知主义的角度给出一个神学依据。人的心灵(Esprit)被创造出来,去认识形形色色的受造物,最终目的是认识其创造者,也就是唯一的神,唯一的客体(Object)——上帝。上帝这位造物主,这位"自然的作者"(Auteur de la Nature),自身是至高的和谐统一(不和谐的上帝是不可想象的),他将自身的统一以不同的方式投射到他所创造的世界中的万物,在万物身上生成变化。

---

① Tatarkiewicz, *History of Aesthetics*, Vol. III, *Modern Aesthetics*, p.431.

② 具体可参见卡西尔:《启蒙哲学》,顾伟铭等译,济南:山东大学出版社,2007,第269—270页。

③ Annie Becq, *Genèse de l'esthétique française moderne 1680—1814*, p.309.

与创造世界的方向正相反，人对世界的认识正是从多姿多样的万物开始，向至高的统一性进发："他在呈现于他面前的这个多重客体里寻找并发现相似的特征，尽管它们复杂多样，却令他将若干事物关联于唯一的首脑，将较大的数量化约到唯一的等级，把多重性最终化作一种组配；因此，正如多样性使其知识多样化和扩展一样，统一性使他的知识得以在记忆里巩固和固定下来。"①于是，审美活动被解释为一种宗教性的认知活动，从多样的万物身上识别出那个隐匿的上帝，那个最终的统一性。

使用"从多样中见出统一"这个普遍原则，可以相对方便地解释丑怪题材的美感生成机制。这是"美在比例"说所难以胜任的，因为那些题材的作品是反比例的。确实，绘画不止画优美怡人的题材，也描绘丑陋可怖的对象，比如蜘蛛、妖怪、野蛮人、杀人场景等等。怪诞形象与丑陋题材有些类似，同样以其不规范性夺人眼目。既然这些题材在现实中令人产生不适的感觉，那么，当我们欣赏以此为原本的绘画时，为何会产生美的判断？

克鲁萨的解释可分作两个层次。第一，绘画只是摹仿，因而不包含原题材中的任何罪恶的或危险的东西，于是，我们不会因此而感到实物所可能引起的恐惧或危险。第二，更重要的是，我们在被描绘的对象与绘画之间发现了相似性关联，由于"心灵从这种巨大的多样性中发现了统一性，故而会感到愉快"②。人喜欢浏览这类形象，为的是从这种极端的"无秩序、不连贯、无联系、无一律性"上觉察到比例，同样地，人们之所以上千次地激起他们的欲念，"为的是随后更加甜美地充实它们"，"拒绝它们，为的是提供更多的丰裕"③。这种解释所看重的是丑怪题材以其极端的多样性挑战人类的心灵，从而具备激发出不寻常之乐趣的潜力。主体辨认出作品与其摹仿的现实题材之间的相似性，从而产生认知的愉悦；丑陋的，尤其是荒诞的题材增加了这项认知活动的难度，一旦认知达成，愉悦感会更为强烈。于是在克鲁萨这里，丑陋题材和怪诞题材的艺术作品非但无法成为反驳"从多样中见出统一性"这一结论的证据，反而从主体的角度和层面再

---

① J.P. de Crousaz, *Traité du beau*, pp.12—13.

② *Ibid.*, p.45.

③ *Ibid.*, pp.45—46.

次确认了这个结论。安妮·贝克进一步指出:“它们的美既不在于其与实在之类似,也不在于一种内在的和谐,而在于这一事实:它们实现了一种任意的自主秩序。”① 这种自主秩序实为对人的认识能力的肯定。

对于克鲁萨有关这两类题材的审美心理的描述,熟悉美学史的人都会觉得它们似曾相识。向前追溯,它们令人窥见亚里士多德摹仿说的影子,向后看,会令人想到杜博几年之后在《对诗与画的批判性反思》(1719)中对艺术欣赏的感觉强度的集中阐释,以及伯克、康德对崇高感的心理分析。这个发现从侧面提示我们,克鲁萨恐怕确实是西方美学史的一个承前启后的重要节点。

当然,克鲁萨在《论美》中并未对“从多样中见出统一性”和“美在比例”说进行比较,更未像本文处理得这样厚此薄彼。他本人的态度是含混的,几乎把二者当作一回事来谈。他甚至说,比例可以是多样的,多样的比例仍是成比例的。比如,行星轨迹所画出的弧线,可能既非正圆亦非椭圆,但这并不意味着没有规范性,只是这规范性很难确定而已。因此,克鲁萨所极力阐发的这个“比例”概念过于宽泛,愈发显得面目模糊,缺乏概念设定所必需的准确性,难以担起帮助分辨何者为美的原则的任务。

几十年后,英国人伯克在《论崇高与美两种观念的根源》(1756)里坚决否定了比例说。他指出,“比例几乎完全只涉及便利,所以应看作理解力的产品而不是影响感觉和想象的首要原因。我们并不是经过长久的注意和研究,才发见一个对象美;美并不要求推理作用的帮助;连意志也与美无关……”② 伯克坚信美是感觉和想象的产物,而比例是理解力的产品,二者之间不可能存在直接的、内在的关联。这与克鲁萨的理性主义美学立场完全相对立。下文我们将看到,对克鲁萨而言,审美活动中的感觉仅仅是观念的一个伴随物,并且,美与想象之间的关系在根本上是不可能成立的。

---

① Annie Becq, *Genèse de l'esthétique française moderne 1680—1814*, p.407.

② 北京大学哲学系美学教研室编:《西方美学家论美和美感》,第119页。

四、美的感觉论

在 1724 年的新版《论美》里，克鲁萨增补了如下陈词，以说明审美过程中愉悦感的生成机制："对象以其种种**同我们的**器官的比例在我们的感官上造成一种惬意的印象，在这种比例里包藏着一种实在的美（beauté reélle）；由此而生发的感觉有别于它的原因，一如我们的种种感觉有别于它们的原因。感觉之愉悦是美的一种结果，美（Beauté）有赖于原因（Cause）之比例，比例与主体（Sujet）的秉性才能一同活动，主体接受其作用……"① 这番话清楚地表明：审美活动肇始于一种感官印象，该印象之惬意来自于主体的心意能力与对象之间关系（比例）上的合宜，也就是前文所说的美的一般观念；从逻辑上看，关系（比例）是原因，愉悦的感觉是结果，是被动的伴生物。可见，对克鲁萨而言，感觉在审美活动中仅发挥一种辅助性的功能，其作用方式是伴随式的，其有效性需要由观念来保障。用安妮·贝克的话说，"感觉更多地被吸收进了理性"②。克鲁萨的这种美的感觉论，与其美的观念论相辅相成，进一步奠定了理性主义立场。

我们把这段引文结合于前面对于"某某是美的"这句话的语义分析来做进一步理解。当"某某是美的"的言下之意为"它令我感到愉悦"时，克鲁萨曾强调，在这种情况下，仍需要区分这感觉是否既愉悦又美，抑或是仅仅愉悦而非美。从这段引文也可推知，判断某物为美，仅仅依据愉悦的感觉是不可靠的，那等于是由果溯因，而造成愉悦感的原因不一定是美。存在着仅仅愉悦而无美的情况，也就是愉悦而不赞同。所以，愉悦感是美（Beauté）的非充分条件，只有当它同时获得理性的赞同时，才出现真正的——即实在的——美。

那么，愉悦感是美（Beauté）的必要条件吗？这等于是以另一种方式究问，当"某某是美的"的言下之意为"它令我赞同"时，仅仅依据主客之间合宜的关系（比例），是否足以断定某物为美？《论美》里

---

① 转引自 Annie Becq，*Genèse de l'esthétique française moderne 1680—1814*，pp.309—310.

② Annie Becq，*Genèse de l'esthétique française moderne 1680—1814*，p.312.

对这个问题的态度并不太明确。单从上段引文来看，愉悦的感觉的产生属于这个审美过程中的必经环节，它帮助我们对美进行确证，是美（Beauté）的必要条件。克鲁萨还说，“美（Beauté）的本义就是营造愉悦的感觉”①。按此，则愉悦感是美的必要条件，主客之间合宜的关系（比例）或者说“从多样中见出统一性”也是美的必要条件。然而，在前述那个候见厅看画的例子②里，愉悦感被压抑，当事人纯粹因赞同而做出了正确的“美”的断言。按照这种解释，愉悦感不是美（Beauté）的必要条件，主客之间合宜的关系（比例）或者说“从多样中见出统一性”是美的充分必要条件。该如何解释这种前后不一的矛盾态度呢？

笔者认为，《论美》一书实际上贯穿了应然和实然两种情况，但行文里对二者的区分并不太明显，缺少一些必要的说明，以致给读者带来一些疑惑。“应然”的意思是从道理上讲理当如此，属于理想情况：在主体方面，应具备理想的人格、理想的心绪、理想的能力；在客体方面，一物在大小、形状、质地、各部分比例上配得上一个开明的心灵的赞同，此物并非作用于感官，它使得灵魂里诞生出一种令人愉悦的感觉，此感觉令其萌生评价和欢喜。③本节开篇的引文属于应然的情况，候见厅看画的例子则属于现实中的特殊变形，这位看画人之所以能够进行正确的美的判断，乃是由于在抵制了不利环境及其压力的干扰的前提下，发挥出了理性的识别能力。设若看画人心绪不宁到了理性难以正常运转的程度，也就无法得出应然的结论。由此可知，从原则上讲，愉悦的感觉对克鲁萨而言是审美的必要非充分条件。

对克鲁萨来说，应然状况的完美性在根本上得自上帝。同美之观念一样，美之感觉的根源也在上帝这位完美的作者身上，同样是人这种受造物与上帝发生关联和沟通的产物，所不同的是，美之观念是对上帝的主动认知，而美之感觉则是对上帝的被动顺从——二者的等级高下在这里再次体现出来。克鲁萨举例道：“当我的鼻子靠近一朵

① J.P. de Crousaz, *Traité du beau*, p.73.

② 科尔曼认为这个例子矛盾重重。此处不赘，具体请参见 Francis. X. J. Coleman, *The Aesthetic Thought of the French Enlightenment*, University of Pittsburgh Press, 1971, pp.10—12。

③ J.P. de Crousaz, *Traité du beau*, p.68.

花，我并不是让上帝身上诞生一种新的意愿，我也不是向他呈现一种新的消遣的内容，我仅仅是利用了上帝在先于我存在时就建立起来的一种法则（Loi），我所感受到的感觉在我身上诞生，它是一种意愿的结果，这意愿是上帝始终拥有而永恒持存的。”①

以此为前提，则审美活动中观念与感觉之间理当（应该）是和谐的：“人有观念（idée）和感觉（sentiment）两种能力，这是一个确凿的事实，也是一个经验原则。既然他的造物主拥有无限的智慧，其思想或作品便不可能相互冲突，那么，这位造物主便不可能让人拥有两种截然不同的思维方式，以致在他身上出现一种对立和悖反的源泉。但凡是造物主认为就其类别而言已臻完成或视作完成、抑或趋于完善的东西，人类的心灵假如正确思考并拥有对它的知识，就不会不同意这一点。正是出于这个原因，它天然地喜欢秩序与和谐……但值得赞同的东西同时也应当激发愉悦的感觉，我们的观念与我们的感觉之间的这种一致性与我们的完美作者（Auteur）相配。”②在上帝这位全知全能的“自然的作者”的作品里，不单人的观念和感觉在美的判断里是和谐一致的，审美对象的本质与其带给人的印象是和谐一致的，而且这些印象与其随后的感觉也是和谐一致的。就这样，克鲁萨用神学加持理性主义，设定了审美的理想（应然）状态。

克鲁萨提出，长期以来，人们时常无法清楚地意识到感觉、激情与我们的理性（Raison）之间的和谐。这里说的正是不够理想的情况。我们知道，不理想的情况往往是现实中最常发生的情况，比如候见厅中的看画人因毫无心绪而厌弃那幅或许非常完美的画作。克鲁萨提到，我们在感觉一物时所感受到美和愉悦，往往不单单是出于此物的优点，也出于我们在感受它的当下此刻所怀有的特殊心绪。③某些笔触或颜色之所以会格外令人愉悦，要么它们确实拥有美（Beauté），要么就纯粹是偏见的结果。同样的，一个人的脾气、话语、风度可能是合情合理的，也可能仅仅出于与我们自己的脾气秉性或习惯的相配。④脾气秉性、风俗习惯等因素，以及个体际遇、前后语境等等，都会塑造不同人的审美期待，塑造他们的趣味，从而具体地

① J.P. de Crousaz, *Traité du beau*, p.66.

② *Ibid.*, p.64.

③ *Ibid.*, p.72.

④ *Ibid.*, pp.56—57.

影响着每个人在每时每刻的审美判断。克鲁萨相当耐心地梳理出干扰理性进行正确判断的偏见之源——脾气秉性、自爱、习惯、激情、轻率。它们彼此之间密切关联，相互加强作用效果，致使我们的审美偏离理性的正规，走入迷途。

如果说克鲁萨从一种折衷的态度出发，给感觉、脾性、激情、惯例等非理性的、携带着个体差异的因素留下一定余地，那么，在艺术创作问题上，他则相当坚决地阻断了对天才（以及灵感）概念和想象（以及幻觉）概念的严肃探讨。在他看来，美既然是实在的，便不是想象性的、抽象的；与此相关，创作一件艺术作品，便不是一种神秘的、不可知的过程，而是将在某种程度上确凿无疑的规则铁律进行落实的行为。① 克鲁萨不遗余力地维护着美的实在性和客观性。这符合已在当时法国盛行半个世纪的理性主义审美标准。

上文屡屡提到，《论美》中的"想象"概念多以与"实在"相对立的形式出现，从而无法与美发生真正的关联。他从一种粗糙的唯物主义视角来解释想象力发挥作用的过程：外部感官接收到的印象传入大脑，当这些印象所留下的痕迹被再度打开时，会令人几乎认为造成它们的事物重又现身了。这一过程常常伴有我们的添油加醋，于是那个事物呈现的样子往往不同于之前所见的样子。另一种时常发生的情况是，我们在大脑里凭空捏造些全新的痕迹，这将导致全新的想象的产生。"想象力唤起它所曾见之物，使之发生万千变化，甚至直至呈现出它所从未见过的大相径庭之物。注意力把秩序放入观念，而这秩序为了让位于混乱的局面而自身消散，甚至人们停止了聚精会神的反思和思考；这样的情况尤其出现在遐想中。"②"想象力对一种秩序的选择经常出于心血来潮，有时决定选择那些看起来最轻松的，也有时习惯于那些超凡脱俗的道路，希冀着显出一种更精熟的样子。"③这里把想象看成反秩序的。所以，想象虽然是一种使不在场的事物呈现得宛在目前的能力，但却并非一种积极的能力，而是将思维

---

① 他还说："如今若是有人呼唤缪斯，那多半是语带讥讽。"而最伟大的诗人，如布瓦洛，也向缪斯求援，他们为的却是经由它而转向那些最严肃、最高级的主题。（J.P. de Crousaz, *Traité du beau*, pp.147—148）

② 转引自 Annie Becq, *Genèse de l'esthétique française moderne 1680—1814*, pp.405—406.

③ J.P. de Crousaz, *Traité du beau*, pp.105—106.

的混乱、错误、无节制等等负面特征展现无遗。想象是制造虚幻、酿成错误的根源。既然美是实在不虚的，想象便无法成为一种审美的能力。

五、结　语

如果把历时性的西方美学史看作一个观念争斗的战场，则克鲁萨必不是一位耀眼的胜利者。用不了几年，杜博的光芒就会将他的身影遮蔽，感性将受到前所未有的重视；再后来，鲍姆嘉通将为这个研究混乱知识的学科进行命名，尝试建立一个“想象的逻辑”[①]，赋予一个哲学门类里的位置；再后来，康德将寻求对感性普遍性做出哲学解释，把美当成知解力和想象力的自由游戏……美学史似乎在越来越彻底地反驳着克鲁萨在《论美》里的思想，不留情面地将其抛在遥远的、不合时宜的过去。就此而言，我们能够在一定层面上理解当时和后世对他的负面评价。不过，假如我们不用后见之明来苛责古人，那么不妨承认，克鲁萨在美学史上确有一席之地，有其独特贡献。以下是本文对他的总结性评价：

第一，在观点上，它并非一部引领潮流的作品，而更是一部继承之作、总结之作。其所代表的是法国古典主义美学成熟时期的观念和特征，全书立场相对保守、拘谨，有的地方令人略感陈旧。然而，它能够在美的理论上既遵循笛卡尔的理性主义，又突破他的相对主义对论美造成的障碍，这一点殊为难得。

第二，在论证方式上，《论美》在很多地方的确有机械、粗糙的毛病，对基督教神学的借重尤其给人以“机械降神”之感，总体上缺乏德国式的严整、严格、细腻以及体系意识。尽管称克鲁萨为“美学家”有些勉强，不过我们又不得不承认，他的这种将哲学思维引入对“美”的讨论的尝试，命中了美学这门学科在 18 世纪的发展方向。

第三，在立场上，他虽然不愿意放弃神学和理性主义的基本态

---

① 这是卡西尔的看法。具体可参见恩斯特·卡西尔:《人论》，甘阳译，上海：上海译文出版社，2013，第 234—235 页。

度，但折衷主义倾向又使其涉足了感觉领域，在一定程度上尊重了审美经验的事实，尽管对想象力和天才问题的彻底忽略令其错失了真正现代意义上的美学。

（作者单位：中国艺术研究院《文艺研究》杂志社）

学术编辑：高砚平

美与功用

——18世纪“审美无利害”观念辨析

陈　昊

内容提要　18世纪西方关于“美与功用”这一论题的探讨，引出了著名的“审美无利害”观念，由此折射出了西方近代美学的发展脉络。一方面，审美逐渐独立于道德和形而上学，从感性本身争取自己的独立地位；另一方面，休谟与康德均提出，美感涉及同情与想象，因而审美具有了道德的意味，更蕴含了我们对“完善性”的预设与追求，这些观点体现出美学逐渐超越自身感性局限的发展方向，更蕴含了“人是目的”的启蒙主义精神。

关键词　美　功用　经验目的　康德

“美”(beauty)与“功用”(utility)之间的关系一直是18世纪西方美学中的核心论题，从夏夫兹伯里到康德，几乎所有这一时期重要的美学家都对这一论题进行过探讨，由此引出了著名的“审美无利害”观念。康德对这一美学论题进行了深刻而精练的解答，他的论述并非横空出世的独创，而是对一个多世纪以来西方美学家们不同见解的浓缩总结。本文试图从历时的角度剖析这一论题在18世纪西方美学中的发展演变，厘清“美”与“功用”这两者之间的复杂关系，由此提炼出这一美学论题折射出的18世纪西方美学的发展脉络。

一

18世纪最先提出“审美无利害”学说的西方美学家当数夏夫兹伯里(Anthony Ashley Cooper，Shaftesbury III)。他在《道德家们》(*The Moralists*)一文中虚构了一场精彩的争论，两位角色为一个问题争执不下——我们是否需要实际拥有山谷或果园这类地产，才可以欣赏这些美景，并从中获得审美的愉悦之感？这个问题的实质正是审美能否脱离功利。夏夫兹伯里借文中人物特奥克斯（Theocles）之口说道：

> 设想一下，如果你在树木的浓阴下歇息，沉醉于眼前的自然美景，你自然而然会对枝头的果实垂涎欲滴；一旦你尝到了这些美味，当你再次临近这片树木时，曾经鲜活的体验会让你沉浸在新的愉悦之中。①

文中另一位人物菲罗克斯（Philocles）则将这种意见斥为“奢侈和荒谬的妄想”②，他坚持认为，我们是否占有某种事物，或者此种事物对我们是否具有功用，这些因素实际上并不影响我们对它的审美体验。这种强调审美独立于实际功用的观点，通常被视为18世纪西方美学中“审美无利害”思想的发源，但实际上这是夏夫兹伯里笔下两位哲学家辩论中的一个论点，夏夫兹伯里并没有将其视作自己的最终立场，相反他采取了执两用中的策略，在虚构的论辩当中不断深化对审美经验的思考，一方面指出审美经验的特殊性，另一方面也没有刻意割裂“美”与“功用”之间的联系。夏夫兹伯里在另一篇文章《杂感》（*Miscellaneous Reflection*）中指出，形状、比例、对称以及秩序，这一系列事物形式上的特点，不仅有助于激发我们的审美愉悦，更适宜于实际的功用目的，因而美与功用之间的关系“很明显相互交织”。夏夫兹伯里对此有过详细论述：

> 如果我们在事物的形式和比例中没有感受到适宜实用的特质，那么就很难对其产生审美的愉悦，反之亦然，那些不合乎自然实用的扭曲病态，只会让我们觉得丑陋。即便在模仿和设计艺术中也是如此，任何形式的美与真，都源于自然秩序的完善，体现于各个物种融合了行动、力量、灵敏和活力的适宜比例之

---

① Anthony Ashley Cooper, *Characteristics of Men*, *Manners*, *Opinions*, *Times*, ed. Lawrence E. Klein, Cambridge: Cambridge University Press, 1999, p.319.

② Anthony Ashley Cooper, *Characteristics of Men*, *Manners*, *Opinions*, *Times*, p.319.

> 中……凡是美的都是和谐的、比例合度的，凡是和谐的、比例合度的都是真实的，凡是既美而又真实的也就当然是愉快的、善的，所有善都伴随着美的享受。①

夏夫兹伯里认为，美并不是事物的绝对属性，它不能离开事物在显得有价值时所处的关系，不能离开事物在实现人的愿望以及要达到目的时的适宜性，更与人的道德感密切相连。乔治·迪基认为："夏夫兹伯里第一个将无利害性与对美的解释结合在了一起，由此开始了一个影响深远的传统。"② 迪基进一步指出，夏夫兹伯里的美学理论带有鲜明的新柏拉图主义的色彩，他侧重于关注"美"的形式，这一点使其不同于后来的经验主义美学，因而他所论述的"适宜"与"美"，实际上都是某种宇宙秩序在人心中的体现。夏夫兹伯里的理论为我们理解 18 世纪"美"与"功用"之间的关系提供了新的角度。

在这一论题的推进过程中，夏夫兹伯里之后的弗朗西斯·哈奇森（Francis Hutcheson）是一位承上启下的关键人物。他对夏夫兹伯里的学说深为服膺，因而支持夏夫兹伯里的"道德感"理论，并将其明确化和系统化。他将个人的美感体验归结为人心中某种天赋的"内在感官"，具有感官体验的直接性，直指人心而无涉利害：

> 把这种较高级的知觉能力称为一种"感官"（sense）是恰当的，因为它类似于其他感官的地方在于，快乐不是源于有关原理、比例、原因或对象有用性的知识，而是因为首先震撼我们的是美的观念。最精确的知识也不会增加这种审美的快乐，虽然它可能会从利益的期望或知识的增加中添加一种特殊的理性快乐。③

哈奇森确立了以下观点，即美感是一种直接的感官体验，不依

① Anthony Ashley Cooper, *Characteristics of Men*, *Manners*, *Opinions*, *Times*, p.415.

② 《美学译文》第2辑，中国社会科学院哲学所美学研究室主编，北京：中国社会科学出版社，1980，第 6 页。

③ 弗兰西斯·哈奇森：《论美与德性观念的根源》，高乐田等译，杭州：浙江大学出版社，2009，第 10 页。

赖于知识、原理和功用，是一种纯粹的愉悦，但人们在审美过程中综合并提升了自己的这一感官能力，使之具有了评判和抉择的功能，因此这种“内在感官”不同于被动接受刺激的“外在感官”，而具有了道德的色彩。哈奇森在此基础上更进一步提出了著名的“寓多样于整一”(uniformity amidst variety)理论(此处沿用朱光潜的译法)，他指出：“能唤起我们美的观念的物体，似乎是那些寓多样性于一致的形体……我们在对象(object)中称为美的一切，用数学方式来说，似乎就处于一致性与多样性的复比例中。”① 换言之，哈奇森认为审美无涉功利的原因在于，美感源自美的观念，即“寓多样于整一”，而非适宜实用的观念。同时，哈奇森强调，当人们摆脱了贪婪和野心，也会超越功利的需求，进而追求“房屋、花园、服装、用具的美和秩序”②，这是人们在满足功利目的之后更高层次的追求。

哈奇森又认为，适宜功用的观念与美的观念之间虽然有很大差异，但两者并不矛盾，因为这体现了神的善意，让我们能够在追求功利和享受美感之间求得平衡，“我们在自然中发现的迷人之处对创造者和被创之物都有益处，对人类的良好生活也有裨益”。③ 哈奇森的观点在这里多少偏离了传统的经验主义，而带有了一些自然神学的目的论倾向，于此我们可以看到夏夫兹伯里对哈奇森思想的内在影响。

夏夫兹伯里和哈奇森对18世纪英国美学的影响颇为深远，但他们的观点在当时也遭到不少思想家的反对，其中最具代表性的是乔治·贝克莱(George Berkeley)。贝克莱旗帜鲜明地指出，秩序、和谐与比例绝不等于美，美的实质在于“功用与目的”。贝克莱举例说明，通常建筑学家认为，一扇门的恰当比例是：高度是宽度的两倍，因为这样比例的门比较适合一般人通过。然而如果某一地方的人，其身体比例与正常的比例恰好相反，那么按照上面比例制造的门一定会被他们所厌恶。贝克莱试图借助理性的力量规范千差万别的审美感受，让人们运用理性的认识和判断能力在探求知识时获取快乐，这

---

① 弗兰西斯·哈奇森：《论美与德性观念的根源》，第15页。

② 同上，第72页。

③ 亚历山大·布罗迪：《苏格兰启蒙运动》，贾宁译，杭州：浙江大学出版社，2010，第38页。

种“理性的快乐”才是贝克莱所推崇的。要确定一事物和谐美丽的比例背后，是否具有一定的“功用和目的”，在贝克莱看来，这更多属于“理性的工作”。他举例说，要判断一把椅子是否具有“使人舒适的功用”，不能光靠视觉，而必须求助理性的思维。他由此进一步提出，“人们通常说的‘美’，根本而言，并不是眼睛的对象，而是心灵的对象”①。

贝克莱对当时哲学家各行其是的审美理论大加抨击，指责这些人“徒具巧智而无智慧可言”(wit without wisdom)。他尤其反对夏夫兹伯里的“美善合一”论，认为夏夫兹伯里“试图用趣味代替法律”：“这位明智的哲学家就像一位君王，他想在自己的王国里不用监狱和刑罚践行律法，而用‘美’来取代，人们在审美的过程中获得纯然的愉悦，这愉悦来自宇宙的秩序与和谐。”②从中我们不难看出贝克莱的讽刺意味。

贝克莱之所以强调美与功用之间的密切联系，原因在于，他认为人们需要借助理性来反思和修正自身的审美趣味。贝克莱并没有简单地在美与功用之间画上等号，而是巧妙地指出，事物比例秩序的美丽和谐不仅仅需要感官的体验，更需要理性的力量加以认知。但无论如何，贝克莱的立场不同于夏夫兹伯里和哈奇森，后两者认为美与功用并不矛盾，但也并不相涉，贝克莱则坚称，我们对一个事物的审美感受与对此事物的功用认知紧密相连。

在美与功用这一论题上，贝克莱虽然言辞辛辣地对夏夫兹伯里和哈奇森进行了讽刺，表面上他们的观点也似乎背道而驰，但实际上他与这两位美学家的立场并无多大差异。贝克莱拒斥由人的感性单独主导审美活动的观点，“看见美是一回事，识别美又是另一回事”。③他认为，审美必须求助于理性的思维与判断，这里的“理性”实际上相当于亚里士多德所说的“理性的快感”：“这种理智力不是主宰理智，而是主宰欲望和激情。”④贝克莱提出，人有三种快乐：理性的快

① George Berkeley, *Alciphron, or the Minute Philosopher*, in *The Works of George Berkeley, Bishop of Cloyne*, ed. A.A. Luce and T.E. Jessop, London: Nelson, 1950, 3: 124.

② George Berkeley, *Alciphron, or the Minute Philosopher*, 3: 132.

③ *Ibid.*, 3: 123.

④ 亚里士多德:《优台谟伦理学》,《亚里士多德全集》, 第8卷, 苗力田等译, 北京: 中国人民大学出版社, 1994, 第358页。

乐、想象的快乐、感官的快乐。他将理性的快乐视为最高级的快乐，感官的快乐则最为低级，因为理性引导人们了解世界整体的秩序与神的善意。如果个人一味追求感官欲望的满足，使得个人趣味凌驾于道德和信仰之上，不仅有损个人的德性，同时也有害公众的利益。在这一点上，贝克莱与夏夫兹伯里以及哈奇森是一致的。

夏夫兹伯里、哈奇森与贝克莱在美与功用这一论题上的争鸣，不仅仅是美学范畴内的讨论，而更体现了这些思想家对个人自由与社会公德之间关系的独特思考，同时折射出了18世纪西方思想中经验主义与理性主义之间的碰撞与交融。在此基础上，休谟与康德两位思想家将这场探讨继续深化下去，由此将近代美学推至新的格局。

二

休谟关于美与功用之间关系的论述在其美学思想中一直较为突出，他在这部分论述中充分发挥了他的“同情”(sympathy)与“联想”(association of ideas)学说，并结合了大量具体事例，在某种程度上体现了当时英国经验派思想中功利主义的倾向。

休谟并不赞同哈奇森的立场，他强调美感必然与功用相连，如“一所房屋的舒适，一片田野的肥沃，一匹马的健壮，一艘船的容量、安全性和航行速度”①，这些对象的性质“就构成这些各别对象的主要的美”②。这些实用的性质为何能够激发我们的美感？休谟的回答是，这种情感体验并非直接的感受，而是间接通过原因或效果的推断产生的。“别人的情感都不能直接呈现于我们的心中。我们只是感到它的原因或效果。我们由这些原因或效果才推断出那种情感来……在这里，被称为美的那个对象只是借其产生某种效果的倾向，使我们感到愉快。那种效果就是某一个其他人的快乐或利益。”③休谟由此进一步推出，美感实际上是相对的，对象特有的性质能够引导我们想象某种“愉快的结果”，因而激发了我们的审美体验：

---

①② 大卫·休谟：《人性论》(下)，关文运译，北京：商务印书馆，2002，第618页。
③ 大卫·休谟：《人性论》(下)，第619页。

> 许多工艺品都是依其对人类功用的适合程度的比例，而被人认为是美的，甚至许多自然产品也是由那个根源获得它们的美。秀丽和美丽在许多场合下并不是一种绝对的，而是一种相对的性质，而其所以使我们喜欢，只是因为它有产生一个愉快的结果的倾向。①

可以看出，休谟通过“功用”这一观念将对象的客观属性与个人的主观情感联系在了一起，“建筑学的规矩要求柱子上细下粗，因为这样的形体才使我们起安全感，而安全感是一种快感；反之，上粗下细的柱子使我们起危险感，这是不愉快的”。② 休谟又以绘画为例，“绘画里有一条顶合理的规则：使人物保持平衡，极精确地把它们摆在各自特有的引力中心上。一个摆得不是恰好平衡的形体是不美的，因为它引起它要跌倒、受伤和苦痛之类观念，这些观念如果由于同情的影响，达到某种程度的生动和鲜明，就会引起痛感”。③ 朱光潜因此将休谟的美学称为“重内容而非形式的思想”，休谟所谓的“功用”实际上多指事物在我们心中形成的观念，而非对象实际对我们造成的利害影响。这种由审美体验而产生的“形式”正是我们通过自己对对象功能的想象和预计，结合对对象客观性质的感知，从而进行的判断与创造。

休谟由“功用”引出了一个论题，即观念的形成取决于具体的情境与个人，因而美也是相对的。功用的观念影响着情感体验，一旦这种观念改变了，情感也会随之动摇。休谟由此指出，美的对象虽然无法等同于功用，但始终能够引导人们产生有用有益的观念，这是人性的“通则”(rule)，“通则创造出一种概然性来，那种概然性有时也影响判断，但是却永远在影响想象”。④ 人心中潜移默化的习俗和观念形式一旦形成，就可以对人们的情感产生稳定的影响。

休谟在功用与美的论述中深化了之前贝克莱与哈奇森争论的论题：其一，功用能够调动起个人具体的观念与印象，使人产生强烈的

---

① 大卫·休谟:《人性论》(下)，第 619 页。
③ 同上，第 334 页。
④ 同上，第 335 页。
⑤ 同上，第 627 页。

好恶之感，因此对象具体的功用为何，实际上取决于个人的观念与想象，而非某种确定的实际目的；其二，在审美过程中，功用与对象的形式联系在一起，个人更多是通过对形式的观察与想象体验功用带来的快感，而非享受其实际的效果。休谟正是在这一点上搭起了沟通美感与道德感的桥梁，在他看来，道德感与美感作用于人心的原理如出一辙，并非对功利欲望的满足，而是出于个人的联想与自省："这个原则在许多例子中不但产生了我们的美感，也产生了道德感……我们必须承认，只要一反省性格和心理性质的倾向，就足以使我们发生赞美和责备的情绪。"①从休谟所举的例子中我们可以看出，审美获得的快感更多涉及的是功用和适意（fitness）的观念，是审美对象的形式与审美主体本身的观念之间的契合，而非直接的感官刺激和实际功利。

在对人有所助益的众多"功用"之中，休谟特意强调了"舒适"（convenience），原因在于，"适意"将美产生的快感与"功用"联系了起来。休谟以房屋为例，因为房屋与人日夜相伴，人们在房屋中体会到的舒适感最为切实："一个以其房屋或大厦向我们夸耀的人，除了其他事情以外，总要特别注意指出房间的舒适，它们的位置的优点，隐藏在楼梯中间的小室，接待室，走廊等……一看到舒适，就使人快乐，因为舒适就是一种美。"②在休谟看来，"舒适"的美不仅是形相之美，而且关乎具体利害。然而我们在审美过程中体验到的舒适感，实际上是借助同情和想象对他人的境遇感同身受："这与我们的利益丝毫没有关系；而且这种美既然可以说是利益的美，而不是形相的美，所以它之使我们快乐，必然只是由于感情的传达，由于我们对房主的同情。我们借想象之力体会到他的利益，并感觉到那些对象自然地使他产生的那种快乐。"③

休谟随之列举了一系列工艺品来强调自己的观点，即审美过程中个人离不开同情与联想，由此才能体会对象的种种特性，进而产生快感与兴趣："这种说法也可以推广到桌子、椅子、写字桌，烟囱、马车，马鞍、犁，的确，可以推广到每一种工艺品；因为它们的美主要由于它们的功用而发生，由于它们符合于它们的预定的目的而发生；

① 大卫·休谟：《人性论》（下），第620页。

②③ 同上，第401页。

这是一条普遍的规则。不过这只是关于物主的一种利益，旁观者只有借着同情才能发生兴趣。”[①] 休谟清晰地指出，美感属于一种平静缓和的情感，物主于对象的利欲则属于强烈的直接情感，两者并不相同，我们通过同情与想象来分享这种快感，但舒缓了利欲对我们情感的冲击，使得这种感受更加持久和稳定。

休谟强调的是，审美过程中涉及的“功用”是想象中的“功用”，并不直接关乎自身境遇，而是借助想象与同情，对他人的感受与境遇进行反思。“爱和恨的原因必然与一个人或有思想的存在者相关，才能产生这些情感，美与丑如果寓存于无生物，则对于和它们没有关系的人，便产生不了任何程度的爱或恨，尊重或轻视。”[②] 在这种意义上，休谟认为，“功用”于人心的复合作用，既有直接的感官刺激，又激发自由而丰富的想象，以及对他人深切的同情，与美感平静舒缓、协调物我的特质正相协调。换言之，在审美过程中个人自然而然地会产生利害之情，但这种利害之情经过了美感的缓和与美化，成为审美体验的一个重要部分。休谟的理论蕴含了一个观点，即美感实际上成为一个调和与沟通的桥梁，用来协调相去甚远的感官领域与道德领域。这一观点得到了康德的发展。

休谟指出人心存有同样的心理机制，通过同情和联想，将事物的功用转化为审美的形式，这一观点很好地调和了哈奇森与贝克莱之间的争论。休谟论述时多采用心理分析的方法，使得他的理论更多局限在个人经验的领域。他只是指出了美与功用所激发的个人感受有着各种相通之处，但对美与功用这两者之间的关系语焉不详，尤其是一些如对称、黄金分割这些形式上的审美特质，它们是否独立于事物的功用，抑或它们才是事物功用真正的基础，在这些问题上，休谟暴露出了经验主义美学的一些缺陷。但正因为他的总结，我们可以更加明晰地看到，对美与功用这一论题，如果单纯用经验主义的思路加以阐释，其结论会是片面的，由此就引出了康德对近代美学的变革与提升。

---

① 大卫 · 休谟:《人性论》(下)，第 402 页。

② 同上，第 367 页。

三

休谟从感性经验出发，强调人的情感与想象对于审美的作用，在休谟的启发下，康德调和了经验主义和理性主义，将经验主义重视快感的因素与理性主义的“合目的性”结合了起来，正如鲍桑葵所说，“在笛卡尔、斯宾诺莎、莱布尼茨、沃尔夫、鲍姆嘉通的著作中，我们可以看到一种抽象的理性主义和唯智主义的思想脉络，而在培根、洛克、夏夫兹伯里、贝克莱、休谟、卢梭的著作中，我们可以看到一种同样抽象的经验论或感觉论的倾向。这两个潮流在康德身上汇合了起来，而且正是由于这两个潮流汇集在他的学说中，这个问题才摆在后来的整个近代思想面前……‘怎样才可以把感官世界和理性世界调和起来？’用美学的方式来说，‘愉快的感觉怎样才可以分享理性的性质？’”①鲍桑葵总结的这一线索，也正是康德对美与功用这一论题的阐释思路所在。

在康德之前，沃尔夫已经确立了理性主义美学的基调，他指出，美即是对于完善的直观认知。在这一时期的大陆理性主义思想家们看来，“完善”是一个本体论的范畴，其内涵比较广泛，如建筑与绘画各自具备其完善的形式，绘画追求的完善是形神肖似，建筑追求的完善则是结构的对称和谐。从这个思路出发，功用自然也可以成为某种完善的形式，由此成为美的导因，因而大陆理性主义者们甚至并没有明确地区分美与功用这两种观念。

康德在这一论题上的立场，表面上和哈奇森非常接近，他在《判断力批判》“美的分析”一章的开端明确指出：“规定着鉴赏判断的那种愉悦是不涉及任何兴趣的。”②随后，康德强调了这一立场，他认为鉴赏判断是一种以“形式的合目的性”为基础的判断：

> 客观的合目的性惟有借助于杂多与一个确定的目的的关系，

① 鲍桑葵：《美学史》，张今译，北京：商务印书馆，1997，第228页。

② 伊曼努尔·康德：《判断力批判》，《康德著作全集》，第5卷，李秋零译，北京：中国人民大学出版社，2007，第211页。译文有改动。

> 因而惟有通过一个概念才能被认识。仅仅这一点就可以说明：其评判以一种纯然形式的合目的性，亦即一种没有目的的合目的性为基础的美者，完全不依赖于善者的表象，因为善者是以一种客观的合目的性，亦即对象与一个确定的目的的关系为前提条件的。
>
> 客观的合目的性要么是外在的合目的性，亦即对象的有用性，要么是内在的合目的性，亦即对象的完善性。我们由以把一个对象称为美的那种对该对象的愉悦不能基于该对象的有用性的表象，因为这样一来，它就不会是对该对象的一种直接的愉悦了，而后一种愉悦却是关于美的判断的根本条件。①

康德强调美并不依附于功用，但也并没有完全否认两者之间的联系。在美与功用问题的这场论争中，康德并没有简单地选择一方作为自己的思想立场，而是试图找到对立双方的某些共通之处。他指出，在不以任何兴趣为前提的“自由美”之外，还存有以对象内在的合目的性，即完善性为依据的“附着美”：

> 然而，一个人的美（而且在这个种类中有一个男人的美，或者一个女人的美，或者一个孩子的美）、一匹马的美、一座建筑（教堂、宫殿、军械库或者花园小屋）的美，都以关于目的的一个概念为前提条件，这个概念规定着该事物应当是什么，因而规定着它的完善性的概念，所以纯然是附着的美。②

康德认为“附着美”以“关于目的的一个概念为前提条件”，但这个概念并不仅仅限于功用，更关乎事物的完善性，即其“应当是什么”。因而我们在“附着美”中所获得的审美愉悦，不仅包括对事物功用的想象，更包含对事物形式的体认欣赏。康德将这种感受称为“审美愉悦与理智愉悦的结合”，对此进行了详细论述：

> 尽管鉴赏由于审美愉悦与理智愉悦的这种结合而在它被固

---

① 伊曼努尔·康德：《判断力批判》，第234页。
② 同上，第238页。

> 定下来这一点上，以及在它虽然不是普遍的，但人们毕竟能够就某些合目的地被规定的客体而言给它颁布规则这一点上有所收获……但真正说来，既不是完善性通过美而有所收获，也不是美通过完善性而有所收获；而是由于当我们把一个对象借以被给予我们的那个表象通过一个概念与客体（就它所应当是的东西而言）作比较时，不能避免把这表象同时与主体中的感觉放在一起相对照，所以，有收获的是表象力的整个能力，如果这两种心灵状态协调一致的话。①

康德指出，着眼于审美对象的“附着美”与着眼于主体感觉的“自由美”，这两者并非泾渭分明，而是相互交织。我们对外在“附着美”的审美感受，实际上也包含着我们对自身内心状态的意识与反思，从而实现想象和知性之间的协调。在这一意义上，美虽然与功用并不一致，但事物如果具有某种现实功用，那么其符合功用的外观仍然是美感产生的必要条件。而在美感源自想象与知性的协调这一观点中，我们也可以清晰地看到康德对英国经验主义者的借鉴。

康德随后在对比艺术和自然的段落中指出，在对有生命的自然对象的审美评判中，客观的合目的性通常会被考虑，这样就使得这种评判不再是纯然审美的判断了，“自然不再是如其显得是艺术那样被评判，而是就它现实地是艺术（尽管是超人的艺术）而言被评判，因而目的论的判断就对审美判断来说充当了它不得不考虑的基础和条件”。②换言之，要欣赏自然的美，我们就需要在自然中寻找一种合目的性与和谐，将之视为宇宙理性的体现。由此可见，附着美实际上不仅体现了鉴赏与理性这两种心灵状态的协调，更是一种对心灵的训练和引导。通过附着美的熏陶，人们才能意识到美是道德秩序的象征，美感在更高层次的理性系统中发挥着关键的作用，进而超越单纯的感官愉悦，获得普遍性的升华：“这些规则在这种情况下也不是鉴赏的规则，而纯然是些鉴赏与理性，以及美者与善者相一致的规则，通过这种一致，前者可以被用作就后者而言的意图的工具，以便把这种自己维持并具有主观的普遍有效性的心灵情调配给惟有通过艰难

① 伊曼努尔·康德：《判断力批判》，第239页。

② 同上，第325页。

的决心才能维持，但却客观地普遍有效的那种思维方式。”①

康德认为我们的美感超越了感官的刺激和功利的追求，而来自对某种目的的体认。康德与休谟不约而同地提到，我们在鉴赏判断下体会到的快感，是审美对象的形式与审美主体本身的观念之间的契合，而非直接的感官刺激和实际功利，两者所不同之处在于，“康德不但认为审美是‘由判断而生愉快’，而且是‘由判断而生目的’”。②康德通过对美和功用的论述指出，在我们对附着美的判断中，不仅蕴含着对某种预设的目的的追求，也蕴含着对“完善”概念的期待和接近，体现了审美主体在鉴赏过程中感受到的审美愉悦与理智愉悦的协调，这种协调意指人们在审美过程中不仅实现了知性与想象力的自由游戏，同时理性也有所收获，因其在主体诸认识能力的自由游戏中起到了引导的作用，由此一方面保证了审美对欲望、道德及知识的独立，另一方面在更高层次上又重建了美与善的联系。

结语

18世纪有关“美与功用”这一论题的探讨，实际上折射出了美学这一学科的发展脉络。一方面，审美逐渐独立于道德和形而上学，从感性本身争取自己的独立地位，夏夫兹伯里指出美感是宇宙秩序的体现，哈奇森强调美感具有评判和抉择的功能，都是这一倾向的体现。另一方面，休谟提出美感涉及同情与想象，因而具有了道德的意味，康德更是指出，附着美属于客观合目的性与主观合目的性的混杂，蕴含了我们对“完善性”的预设与追求，这些观点体现出美学逐渐超越自身感性局限的发展方向，更蕴含了“人是目的”的启蒙主义精神。因此，深入具体地探究美与功用这一论题，有助于我们全面地把握西方美学的近代转向，并从中发掘出一些新的问题。

（作者单位：深圳大学人文学院）

学术编辑：何兰芳

① 伊曼努尔·康德：《判断力批判》，第239页。

② 易中天：《破门而入——美学的问题与历史》，上海：复旦大学出版社，2004，第75页。

自我表现与自由交流

——克罗齐与杜威的艺术表现论之比较

庞　飞

内容提要　克罗齐与杜威都曾为20世纪初西方美学思想中"情感表现论"的主流贡献过自己的力量，显然，由于思维模式以及理想追求的根本差异，二者在"情感表现论"上又存在着广泛的差异。在表现的来源上，克罗齐把表现看作认识过程的一个阶段，而杜威的情感表现则是一个生命过程。在表现的内容上，克罗齐重在自我情感的抒发，杜威却认为情感不是一个等待被表现的东西，而是一个过程。在表现的目的上，克罗齐主张情感的自我表现，而杜威则认为艺术不是为了自我而表现，而是为了交流，正是通过无所不在的自由交流，艺术才实现了自身的社会价值。

关键词　克罗齐　杜威　表现论

自浪漫主义运动以来，表现理论一直是艺术理论家与美学家们不断讨论的话题，随着托尔斯泰的《什么是艺术》(1897—1898)与意大利哲学家克罗齐《美学原理》(1902)等著作的相继出版与发表，表现理论更是引起了极大的关注，尤其是克罗齐的"直觉—表现"理论，一度被托马斯·库恩、吉尔伯特称为在20世纪的头25年的美学界占据统治地位的理论。①活跃于这一时期的艺术家，无一不是艺术表现论的推崇者。对于主要思想体系成熟于这一时期的杜威来说，虽然没有在这一时期发表过系统的美学著作或论文，但是在1934年出版的《艺术即经验》中，体现出了对表现理论的强烈关注。甚至可以毫不夸张地说，"表现"范畴在杜威的美学理论中占据着仅次于

---

① 凯·埃·吉尔伯特、赫·库恩:《美学史》(下卷)，夏乾丰译，上海：上海译文出版社，1989，第722页。

“经验”范畴的地位。美国杜威美学的研究专家亚历山大就曾指出：“对于理解艺术和审美经验而言，‘表现’这个概念至关重要，对于理解杜威的意义和社群理论也确实同样如此。”[①]在克罗齐与杜威的晚年，两人之间曾经有一次引人瞩目的争议。[②]克罗齐曾经暗讽杜威在很多方面借鉴了他的理论却没有提到过他，其中“表现”理论就是一个重要的方面。杜威并未就这一指责进行直接回应，只是笼统地说明了他与克罗齐的根本不同。1970年道格拉斯对这场争论进行述评的时候，除了指出二者之间深刻的误解以外，又概括出了二者在审美理论上的共同立场：一是关于审美经验在人类生活中的地位，二是关于表现的理论。[③]在当代，也常常有人把克罗齐与杜威作为情感表现论的代表放在一起。这种观点显然忽略了二者立场的针锋相对性，美国学者亚历山大曾提出，“把杜威关于表现的观点与克罗齐或桑塔耶纳联系起来，是莫大的错误，”[④]他重点提到了二者的根本差异在于杜威反对克罗齐思想中的二元论倾向，而关于二者表现论有着怎样的差异，亚历山大也并未具体展开。因此，关于二者“表现论”比较的话题仍未结束，在艺术表现的原因、内容与目的上，他们都有着显著的不同。

一、“表现”的来源：认识的过程与人生的需要

克罗齐的“直觉即表现”理论，既被看作是当时影响最大的美学创见，也是其心灵哲学体系中最容易受到批评的一部分。用克罗齐自己的话来说，这个理论最重要的贡献，就是“恢复艺术的非逻辑特点”，[⑤]通过“直觉＝表现”“表现＝艺术”这样简洁明了的公式，克罗齐在美学史上给艺术的独立属性作了明确的区分。在克罗齐看来，表

① 托马斯·亚历山大：《杜威的艺术、经验与自然理论：感受的诸视野》，谷红岩译，北京：北京大学出版社，2010，第271页。

② 对于二者争议的焦点问题与历史影响，笔者曾进行了专文评述，可参见拙文《克罗齐与杜威的主要美学观比较》，《中国海洋大学学报》2016年第5期。

③ George H. Douglas：*A Reconsideration of the Dewey-Croce Exchange. The Journal of Aesthetics and Art Criticism*, Vol. 28, No. 4 (Summer, 1970), pp.497—504.

④ 托马斯·亚历山大：《杜威的艺术、经验与自然理论：感受的诸视野》，第249页。

⑤ 克罗齐：《美学原理·美学纲要》，朱光潜译，北京：人民文学出版社，1983，第180页。

现是人类心灵的基本活动之一，人类心灵的活动无非以两种形式进行，即知与行。知代表着对世界的认知阶段，即知识的构成无非是直觉的知识（对个别事物的知）和逻辑的知识（对事物之间关系的知）；而行则代表着心灵活动的实践阶段，即各种实用的活动，无非是经济的（追求个别的利益）和伦理的（追求普遍的利益）活动。这两种形式四个阶段并非是相互对立或者是可有可无，而是依次生长的："直觉——概念——经济——道德"，缺一不可。任何人的心灵活动，都要经历这样的四个过程，它们按逻辑次序依次生展，才能组成完整的心灵活动。所以，直觉在克罗齐心灵哲学体系中具有基础性地位。克罗齐并未像理性主义时代的哲学家那样将直觉当作是认知的低级而又混乱的阶段予以抛弃，也并未像20世纪后来的哲学家那样，只是把直觉理解为一种非理性的生命活动（如柏格森）。他将直觉视为完整的表现，即一个事物只有以非常清晰的形象表现于认识者的心中，它才是一个真正的直觉，至于是否需要借助语言、图画、形式等传达出来，这就是心灵活动的实践阶段所要面临的问题了。所以，与以前的表现理论不同的是，克罗齐没有把"表现"的来源放在物质载体上，而是放在了心灵活动的第一阶段，这就不仅为后期他提出的"艺术是情感的表现"埋下了伏笔，也使得表现活动变成了一种精神活动而拒斥任何生理、生物学的干扰，"生理的器官或工具不过是一群细胞，取一种特殊方式组织安排起来的，这就是说，它只是一个物理的自然的事实或概念。但是表现却与生理的事实无关。表现以印象为起点，至于印象经过怎样的生理的途径达到心里，却与表现毫不相干"。①

但是从另一方面来说，无论克罗齐如何为"直觉即表现"辩护，总是改变不了这一事实：艺术活动也是一个认知活动，甚至是认知活动中的较低环节。无论克罗齐给予艺术怎样的独立属性，它最终将要向概念、经济、道德等活动衍生，这是他的心灵哲学体系的基本规律；但是克罗齐又坚持强调艺术与其他三者的不同，尤其是与概念活动，几乎是处于公开为敌阶段，（例如，他认为，"数学的精神与科学的精神是诗歌精神的最公开的敌人"②）这不禁给人以自相矛盾之感。

① 克罗齐：《美学原理·美学纲要》，第22—23页。
② 克罗齐：《美学原理·美学纲要》，第180页。

即使他非常强调所谓“相异者的同一”的辩证法，但如何实现从直觉阶段到概念阶段的生展与过渡，仍然是克罗齐思想体系中的薄弱环节。

相比之下，杜威的表现动机理论则更多地体现出了生物学色彩。杜威认为，表现与一般日常行为的区别在于：在表现中，经历了一种双重的转变——任何一个经验都是伴随着一个冲动开始的，而冲动来自于需要，“来源于一种属于作为整体的有机体的饥饿和需求，并且只有通过建立与环境的确定的关系（积极的关系，相互作用）才能满足这种饥饿和需求”。[①]当这个冲动遇到抵抗和阻碍的时候，它有可能会激发一种计划并将情感转变为兴趣的智能，如果“所依赖的是阻碍条件与自我所拥有的、成为工作的依托的先前经验之间的关系”。[②]也就是说，当一个冲动遇到障碍的时候，它会激发一个人内心的试图逾越或克服障碍的情感，这个时候，人们会想方设法地调动自身的经验，以及努力观察周围事物，使自己的经验与周边事物之间的关系达到一种巧妙的融合，如果这个融合是成功的，那么它就有可能将情感转化成为一种兴趣；反之，如果这个整合是失败的，那么它就会使人感到烦躁和愤怒，兴趣自然也就丧失了。所以，杜威说，只有促进了这种新与旧的双重转变，一个活动才会有机会转化成一个表现行动。

但是，杜威也强调，要把表现的行动与一个受本能和习惯性的冲动所支配的活动区别开来，以往的表现理论中，显然这两者是混淆在一起了。“正是这种错误使审美理论不幸受到了排挤”[③]，把表现当成了情感的发泄，把艺术品看作是作家主观心灵的吐露。但是，事实上被表现的情感与生活中自然流露的情感是有着极大不同的。举例来说，当一个人在哭泣时，我们并不能说：看，他在表现他的悲伤！喜怒哀乐，这只是一个受本能和习惯所支配的活动，却不是一个表现的动作。我们只能说，那个人在哭泣或悲伤，却不能说他在表现悲伤。“尽管，没有一种从内向外的喷发就没有表现，所喷发出的东西必须通过接受先在经验所赋予的价值以进行清理，才能成为一个表现行动。并且，不通过直接的情感与刺激的环境中的对象，这些价值

① 杜威：《艺术即经验》，高建平译，北京：商务印书馆，2005，第63页。

② 杜威：《艺术即经验》，第64页。

③ 同上，第65页。

就不能发挥出来。情感的发泄是表现的一个必要的但不是充分的条件。"[1] 但是，表现不是发泄，"发泄是消除，排解；表现则是留住，向前发展，努力达到完满"。[2] 这就是说，情感的表现来自于冲动与需要，但并不能直接等同于生理与需要，而是必须通过与周围环境的融合与协调，经过阻碍、控制，才能将其转换成被表现的情感。大量的艺术创作的例子告诉我们，一个处于极度悲伤中的艺术家很难成功地通过作品表现出他的情感，因为那一时刻情感只是作为一个生理的冲动而存在，却不是被表现的。被表现的情感，还需要媒介的作用与秩序、节奏的控制，等等。

显而易见，虽然克罗齐和杜威都强调表现来自于人生的必需，但是在表现的动因上二者又有着很大的不同。杜威主要是从生物学的角度去揭示表现的生理基础，将其视作是有机体与环境之间互相交流的必经阶段，每一次成功的表现都伴随着有机体自需要而来的冲动，以及冲动向兴趣的转化，只有经历了这两重转化，情感才能相伴而生。克罗齐则把表现看作是人类心灵活动的重要阶段，也是认识活动的第一阶段，它排斥生理的冲动与需要。

二、"表现"的内容：自我情感与情感过程

克罗齐强调直觉与逻辑的不同，又拒绝它的生物学基础，但是在关于表现内容的问题上，在前期的《美学原理》中，他只是强调表现与直觉的一致性，而没有过多涉及表现什么。我们只知道，直觉是关于个别事物的直接印象，是心灵的赋形能力，对于眼前的这张桌子来说，在我们形成"这是张桌子"的判断之前，必得有一个阶段：这桌子的形状"悬于心眼前观照，眼中只有那形状的一幅图画，如镜中现影，不肯定或否定它是某某，不追问它的意义和关系，甚至不想到我是知识主体而它是知识对象"。[3] 因此，直觉便是对眼前这个桌子的认知，但还没有形成"这是张桌子"的判断，因为判断是概念，是对

---

① 杜威：《艺术即经验》，第 65—66 页。

② 同上，第 66 页。

③ 朱光潜：《克罗齐哲学述评》，《朱光潜全集》（第四卷），合肥：安徽教育出版社，1988，第 333 页。

事物之间关系的认知，这是认知活动的第二个阶段的事情了。既然直觉只是对个别事物的直接印象，那么它就与表现活动极为相似了。克罗齐强调说，人们平常理解的表现都是狭义的，即只关注通过文字、声音、色彩、线条等外在物质载体呈现出的形象，事实上，表现的活动早已在直觉的阶段就完成了。直觉与表现的关系在于，直觉是心灵的活动，而表现就是把这个心灵活动以清晰、完整的形象呈现在心灵中，即是说，在我们的心灵中呈现出完整、清晰的桌子的形象的时候，一个关于这个桌子的表现活动就已经完成了。很明显，在克罗齐早期的美学思想中，表现主要是作为认识活动的基础阶段起作用的。如果一定要回答“表现了什么”这个问题的话，那就是呈现于观察者心灵中的一个清晰而又完整的个别事物的形象。

但是，在后期的《美学纲要》中，克罗齐又把情感的因素注入表现的活动之中，认为情感才是表现的主要内容，他强调“是情感给了直觉以连贯性和完整性：直觉之所以真是连贯的和完整的，就因为它表达了情感，而且直觉只能来自情感，基于情感”。①但是至于这个情感是什么，为什么表现的内容是情感，克罗齐却并未明说。朱光潜认为，直觉就是心灵的活动，而表现“是就感触（物质）对象（有形式的意象）而言，感触外射于意象，就已在那意象里表现了”。②这个过程就是艺术的过程，因为“艺术创造就是化感触为意象，使感触表现于意象，使内容得到可观照的形式，那种活动，即上文所谓直觉”。③其中，他又认为，“内容即上文所谓‘感触’（普通译为‘情感’）”，“艺术所表现者都不外是一种感触（情），所以艺术都是‘抒情的表现’（lyrical expression）”。④显然，在这个解释中，朱光潜先生进行了成功的概念置换，他直接将汉语的“感触”（feeling）与“情感”（emotion）画上了等号，显然，英语语境中的 feeling 与 emotion 的所指是大不相同的。之所以在解释者这里存在着这种混淆，主要的原因还在于克罗齐那里就没有充分阐释情感的定义到底是什么。

相比之下，同样都是将表现的内容归结为情感，杜威却更加关心这样的问题：一个情感是怎样通过表现活动转换成了审美情感的？

---

① 克罗齐：《美学原理 · 美学纲要》，第 186 页。

② 朱光潜：《克罗齐哲学述评》，《朱光潜全集》（第四卷），第 334 页。

③④ 朱光潜：《克罗齐哲学述评》，第 334 页。

首先，情感来自于一个冲动，但它不是一个东西。杜威认为，已有的情感表现理论中，似乎预设了这样一个情境，已经有一个情感在那里，等着人们借助某种媒介去表现，是先有了情感，然后才是情感的表达。情感一旦生成，无论如何都是要表达出来的，但是问题在于，怎样区别情感的表现与情感的表达？在杜威看来，没有一个先在的情感孤零零地存在于人的内心，等着一个合适的途径传达出来，情感的生成总是伴随着具体事物的刺激而产生的，"一个情感总是朝向、来自或关于某种客观的、以事实或者思想形式出现的事物。情感是由情境所暗示的，情境发展的不确定状态，以及其中自我为情感所感动是至关重要的"。因此，没有抽象的喜怒哀乐，只有为了哪件事、哪个人的喜怒哀乐，情感总是与具体的、个别的事物联系在一起的。"除了名义的以外，并不存在害怕、仇恨、爱这样的情感。独特的、不可复制的所经验事件和情境的特征，灌注着所激发的情感。"①情感不是先前在心里等着被表现之物，而是一个行动，因此，"艺术家不是用理性与符号的语言来描绘情感，而是'由行动而生出'情感"。②进一步来说，艺术中不存在绝对的内容与形式的划分。情感对于艺术来说是重要的，但是绝不能把情感等同于艺术作品的根本内容。语言、符号等物质载体不是艺术表现情感内容的形式，情感必须通过一定的行动才能得到表现。"它不是被表现出来的东西。没有情感，也许会有工艺，但没有艺术；如果直接显示，尽管有情感而且很强烈，其结果也不是艺术。"③无论是艺术创作的理论还是实践都能充分证明，艺术家被一种情感所控制，就不能表现它，那只是情感的发泄，却不是对情感的表现。那么，怎样才算是情感的表现而不是表达？

其次，表现是一个行动。情感的表现必须满足两个条件：内在的冲动和外在的压力。杜威的情感表现过程理论，又被称为"柠檬汁"理论④，他是从词源学的角度分析"表现（Expression）"的，认为表现的行动是挤出或压出（ex-press 即 press out）。当葡萄在榨酒机（wine express）中被压碎时，葡萄汁就被压出（express）了；这是被压的东

---

①② 杜威：《艺术即经验》，第 72 页。

③ 同上，第 75 页。

④ 高建平：《从自然王国走向艺术王国——读杜威美学》，《中国社会科学院研究生院学报》2006 年第 5 期。

西和外在的压力之间互相作用的结果，要想压出葡萄汁，就既需要榨汁机，也需要葡萄。因此，表现的行动既依赖于内在的物理要素，也需要外在的压力，仅仅是自然的释放或流出，如花的香味，这不是表现。一个情感的表现“不仅需要内在的情感和冲动，而且需要周围的、作为阻力的物体”。[①] 所以，生活中情感的表达不是表现，只有借助一定的材料，通过一定的媒介并被赋予一定的秩序传达出来才是表现。生活中的哭就是哭，笑只是笑，它只是情感的自然释放，没有借助任何媒介。相反，演员在表演时的哭与笑就是通过身体的媒介表现出来的，受到了一定的秩序化的处理，是可控制的情感，这就是表现。所以，杜威特别强调说，“构成一件艺术品的表现行动是时间之中的构造，而不是瞬间的喷发”[②]。值得注意的是，杜威所说的必须对情感进行控制，并不是说要压抑情感，而是强调要把情感引导到一定的媒介上来，它必须与一定的物质材料结合在一起，才会得到真正的表现。

最后，表现是混乱的情感的澄清。伴随着外在材料对内在冲动的不断挤压，一个冲动不再是原初的欲望与需要，而是逐渐升华成为一个审美情感。情感不是被表现之物，情感表现的过程，就是情感形成的过程。从一个原初的情感转变成一个审美的情感，最为关键的步骤是将它与某种确定的媒介结合，使其能够与材料结合在一起，使这种材料转变为媒介，使这种模糊的情感转变成审美的情感。杜威说：“要想成为艺术家，我们中绝大多数人所缺乏的，不是最初的情感，也不仅仅是处理技巧。它是将一种模糊的思想和情感进行改造，使之符合某种确定的媒介的条件和能力。”[③] 正是这样，“情感当附着在一个由表现性动作构成的对象之上，而这个表现性动作取前面所给予的定义时（即内在的冲动与外在压力的结合），它就是审美的”。[④] 杜威甚至举例子说，当一个婴儿发现哭泣与微笑可以被用作一个有目的的行动而故意通过哭与笑来引起注意时，“就有了萌芽阶段的艺术了”，[⑤] 因为这正是体现了一个由“自然的”行动向“艺术的”行动转变的过程。因此，成为审美的情感就意味着，它符合一定的规则、

① 杜威:《艺术即经验》，第 68—69 页。
② 同上，第 69 页。
③④ 同上，第 81 页。
⑤ 同上，第 67 页。

秩序，具备了意象性并成为可传达的。同时，情感在被表现的过程中又是一种内在的凝聚力量，具有组织与指导的作用。在表现的过程中，它能自动地规划和整理材料，将杂乱无章的情绪和材料以一种规则的形式呈现出来，它像一块磁铁一样将合适的材料吸向自身。“一种情感比起任何警觉的哨兵来，都更加有效。它伸出触角，寻求同类，找到可滋养它的东西，使它得以完善。”①简言之，“表现是混杂的情感的澄清”。②通过媒介而得以清楚阐释的情感，才是真正的表现。

如果只从“表现是混杂的情感的澄清”这一结论上来看，杜威的观点确实又与克罗齐的“美是成功的表现”有着极大的相似之处。无论二者在情感表现理论的内核上有多大差异，但是在这一点上还是有着深刻的共鸣的。

三、“表现”的目的：自我表现与自由交流

对于克罗齐来说，直觉与表现的关系是一致的。作为认识活动的一个环节，直觉本身就是心灵活动的主观选择，在这个过程中，只要在心灵中对事物形成了清晰完整的印象，就是一个表现，因此，既不是为了形成对事物的直觉而表现，也不是为了情感的传达而表现，表现和直觉一样，是一次成功的认识活动。它的作用是认识论上的而不是价值论上的。虽然我们不能武断地说克罗齐的表现理论就是为了表现而表现的理论，但是当他说出“艺术是诸印象的表现，不是表现的表现”③的时候，我们就知道，对于克罗齐来说，一个艺术活动早在精神活动的阶段就完成了，只要他能够对事物在心灵中构建起清晰、完整的形象，那么他就是一个艺术家了，至于传达与否，要不要用媒介、材料的形式呈现出来，这已经是实践阶段的任务了。克罗齐所说的人人都有一点诗人、雕刻家、音乐家、画家、散文家的本领，指的就是这个意思。而我们与大艺术家们的区别就在于这个心灵的直觉表现阶段，因为他们对事物的直觉更加清晰，所以在呈现的时候

① 杜威：《艺术即经验》，第72—73页。
② 同上，第83页。
③ 克罗齐：《美学原理·美学纲要》，第18页。

就会更加完整。因此，对于克罗齐来说，表现就是表现，我们不能也不应该从价值论上或者是目的论上对它进行评判。

虽然克罗齐赋予了“表现”范畴以独特的含义，但是却严重背离了艺术创作过程的一般规律，让人费解。克罗齐的直觉表现论只重自我表现而不注重传达的问题，只重心灵的主观活动而忽视客观的物质材料的媒介作用的观点，曾经遭受到广泛的批评。英国学者李斯托威尔说，“真正的艺术家却总是力求认识他的物质媒介所特有的那种长处和短处”。①中国学者朱光潜说，克罗齐的表现论，只描述了艺术创作的想象阶段，却不涉及艺术作品的传达与鉴赏阶段，割裂了艺术活动中想象与传达、创造与欣赏的统一关系，忽视了媒介的作用，“传达的媒介可以影响到艺术作品的本质”。②分析美学家们在批评克罗齐的直觉表现理论时，也将艺术家和观众的隔离视作克罗齐美学的重大缺陷之一进行批判。③

但是在杜威那里，表现的作用或目的就完全不一样了。如前所述，杜威的情感表现理论中，情感既不是一个固定的东西，也不是一个抒情的自我；情感的表现不是个人情绪的发泄，而是在内在冲动与外在压力双重作用之下有机体与环境之间相互协调的结果；情感不是表现的内容，而是表现的方式，情感表现的过程就是情感形成的过程。这样，情感的表现就不再只是个人的喃喃自语，甚至也不是克罗齐所说的那样只是属于纯粹的心灵活动而几乎不涉及物质材料。杜威偏偏认为，如果没有媒介的作用，也就没有情感的表现，“只有在材料被用作媒介时，才有表现与艺术”。④正是通过媒介，原来自发的情感才有可能升华成审美的情感，使其具备了可传达的意义。“一首诗和一幅画所呈现出的是经过个人经验蒸馏过的材料。它们不存在前身，没有普遍的本体。然而，它们的材料来自于公众的世界，因此具有与其他经验材料同样的性质，同时，该作品在其他人那里唤起新的对于共同世界的意义与知觉。”⑤通过表现的活动，这些材料不再是生糙的自然，而是变成了艺术的媒介；个人的痛苦与快乐不再只是生

---

① 李斯托威尔：《近代美学史评述》，蒋孔阳译，上海：上海译文出版社，1980，第130页。
② 朱光潜：《克罗齐哲学述评》，《朱光潜全集》（第四卷），第385—387页。
③ 舒斯特曼：《实用主义美学》，彭锋译，北京：商务印书馆，2002，第30页。
④ 杜威：《艺术即经验》，第68页。
⑤ 同上，第88—89页。

理的冲动，而是可传达的情感。所以，“艺术作品所要表现的，并不是情感，而是带有情感的意义”。[①]意义正是在人类普遍的互相交流中产生的，意义必须是可传达的，它只能在交流中才能体现其价值，独立的事物不具有意义。因此，**艺术的表现不是为了自我，而是为了交流**，这是一个非常耐人寻味的观点。他说当一个婴儿知道了哭可以获得相应的安慰而故意去哭的时候，就有了萌芽阶段的艺术，这个例子是意味深长的，因为杜威不仅将艺术的领域扩大到生活中的一个场景或者行为，而且把艺术的活动建立在了人与人之间广泛的交流之上。正是通过表现，个人的情感变成了有意义的公共交流，“每一种艺术都由于其表现而传达，它使我们能够生动而深刻地分享其意义”。[②]

通过表现，杜尚的小便器已不再只是一个生活器具，一块生糙的石头在雕刻刀的雕琢之下就变成了一匹生动的马，它们是能与人交流的作品。演员的哭与笑也不再只是个人情感的流露，而是感动了成千上万的观众，个体的情感升华为普遍的情感，并具有了审美的意义。艺术活动提供了一个最为开放和平等的交流空间，它向每一个欣赏者无限敞开，又使人们能够发现新的意义。因为交流不是你说我听，也不是大声地宣布某事，“交流是创造参与的过程，是将原本孤立与独特的东西拿出来共享的过程；它所取得的奇迹部分在于，在交流时，意义的传达不仅将肉体与意志提供到听话者，而且提供到说话者的经验之中”。[③]所以，艺术家不仅将物品创造成了作品，也创造了观众和欣赏者。艺术家、环境、作品、欣赏者这些要素，共同构成了一次完整的艺术表现活动，这是杜威与克罗齐最大的不同。因为，自从浪漫主义运动兴起以后，表现理论就把重点放在强调艺术家的情感而不是观众或者读者的情感身上，这一点到了克罗齐与科林伍德的理论中，更是登峰造极。但是，杜威把这个理论的目标指向了观众，他明确指出，没有观众的参与，就不可能有一个完整的表现活动，“艺术家在向观众进行传达时，是在创造观众”。[④]换句话说，艺

① 高建平:《从自然王国走向艺术王国——读杜威美学》,《中国社会科学院研究生院学报》2006 年第 5 期, 第 107 页。

② 杜威:《艺术即经验》, 第 271 页。

③ 亚历山大·托马斯:《杜威的艺术、经验与自然理论》, 第 271—272 页。

④ 杜威:《艺术即经验》, 第 113—114 页。

术不仅强化和扩大了我们的个人经验，而且使其成为可在社群中共享的经验，“最终，在一个充满着鸿沟和围墙，限制经验的共享的世界中，艺术作品成为仅有的、完全而无障碍地在人与人之间进行交流的媒介”。[①] 无论是情感表现的“柠檬汁”理论还是过程理论，其最终目的都是为了实现情感表现的交流价值，杜威的理论体系中，艺术之所以能够占据着“经验的最高峰”“自然的顶点”[②] 的位置，也正是因为艺术作品为人们提供了一个最为普遍最为自由的交流形式，而这种交流，正是通过表现来完成的。

结 语

克罗齐曾经暗讽过杜威在情感与表现理论方面“借鉴”了他的思想，是有失公允的，二者的思想有着根本的差异。克罗齐的“直觉表现”论，仍旧有着浓厚的二元论痕迹，恰如杜威所说，克罗齐的直觉理论只有在他的心灵哲学体系中有效，他把精神活动看作惟一的真实，无限地拔高了主观心灵的地位，而使得物质媒介方面的作用被贬低了。归根结底，克罗齐的美学依然属于传统美学的余绪，其思想中浓厚的康德、黑格尔色彩也使其经常在新康德主义与新黑格尔主义之间不断摇摆。因此，在二元论思维模式之下，克罗齐的“直觉表现”论很难实现真正的超越，这也是克罗齐最被后人诟病的地方，“直觉表现”论在 20 世纪三四十年代以后很快被其他美学理论所超越，原因正在于此。而杜威则把表现理论建立在有机体与自然之间的相互交流与作用之上，他吸收了前人的情感表现理论，但又不是把情感看作是一个固定之物，而是视作一个过程；不是把情感的表现看作自我的抒发，而是将其当作是有机体与自然、作者与观众、作品与其所处的环境之间不断交流与融合的场域。杜威的情感表现理论既重视情感的抒发，也给予媒介充分的地位，他不再把艺术视为完全独立于生活之物，而是有着广泛的社会价值——为社群提供自由通畅的交流。所以，托马斯·亚历山大在评论杜威艺术表现论的贡献时曾

① 杜威:《艺术即经验》，第 114 页。

② 杜威:《经验与自然》，傅统先译，南京：江苏教育出版社，2005，第 5 页。

说“对于传统表现理论的指责，不能用于杜威的表现理论，因为他的理论完成了彻底转换”。[①] 显然，这种彻底的转换主要指的是杜威的艺术表现论思想已经不再适合用传统的二元论或者是一元论的思维方式来评价，而是代之以整体性的过程化思维。虽然曾经有不少的评论家宣称杜威的思想也有着浓郁的二元论倾向，但是就其开辟的美学新路向来说，杜威关于艺术交流的表现论确实比克罗齐的直觉表现论有着更深远的影响，二者的思想在 20 世纪西方美学发展中的不同境遇便是明证。

（作者单位：浙江工业大学之江学院）

学术编辑：赵彦芳

① 亚历山大·托马斯:《杜威的艺术、经验与自然理论：感受的诸视野》，第271页。

当代艺术论辩

东方哲思与约翰·凯奇的艺术哲学

刘桂荣

内容摘要 约翰·凯奇是20世纪美国最著名的先锋艺术家之一，他在音乐、表演和视觉艺术方面的先锋理念受到东方的禅宗、易经和道家哲学思想的巨大影响，其艺术哲思别具风格，独树一帜。凯奇主张艺术创作应空却自我，将艺术家个人意趣从艺术中排除，以此颠覆现代艺术以来艺术家的主导身份，可谓“无我之我”；艺术家隐遁，世界显现自身，自然之物呈现为本然，凯奇让世界还原其“本来面目”；艺术不再是精英化的导引，而是生活本身，艺术即生活的理念如同禅之“平常心即道”；凯奇受东方哲思影响但反对任何的束缚，从而悠游其中，主张“睁开眼睛”又要“一无所有”，因而在“无之无化”中成就着艺术的先锋性和当代性。

关键词 凯奇 禅宗 易经 先锋性

20世纪以来西方轰轰烈烈的先锋艺术及其哲学理念似乎无关乎东方，但深入其中会发现，在这一艺术实践与哲学之思的进程中，东方哲学如禅宗、易经和庄子的思想以及东方艺术的美学观念对之影响非凡。美国先锋艺术家约翰·凯奇（John Cage）便是其中最为重要的代表。凯奇被公认为是后现代音乐艺术的先锋，但实际上他在戏剧、表演、视觉艺术等诸方面均有广泛而独特的探索，而东方哲思成为其重要的思想支撑。早在20世纪30年代凯奇通过坎贝尔（Joseph Campbell）和库玛拉斯瓦米（Ananda K. Coomaraswamy）及其弟子接触到印度哲学和艺术。1936年，凯奇在西雅图听了罗斯（Nancy Wilson Ross）《达达和禅宗》（*Dada and Zen Buddhism*）的演讲，对禅宗生发兴趣，后研读禅宗的著作并接触到禅宗艺术，50年代跟随铃木大拙学习禅宗并成立俱乐部传播禅宗，成就了当时艺术界著名的“凯奇禅”。凯奇曾读到第一版英译的《易经》，对庄子的思想也很感兴趣。这些东方哲思被凯奇接受挪用转换，建构了其艺术的先锋性及其艺术哲学思想。

一、“无我之我”

东方禅宗和庄子之“无”的哲思深契于凯奇，他认为寻找到“无我之我”(selfless self)很重要。① 凯奇非常欣赏南禅慧能世系黄檗希运的思想，《黄檗传心法要》是其珍视的禅宗经典，其中黄檗禅师所强调的“整个宇宙是佛，发现自身之佛性，不应该依附任何东西甚至是佛，自己头脑本来为空”的思想对凯奇影响至深，《禅十牛图》的作者斯蒂芬·艾迪斯认为黄檗的此种思想和凯奇利用日常噪音和偶发方法进行艺术创作有直接的关联。凯奇曾将铃木大拙讲的禅宗故事传递给他的听众：三个人外出散步，看到一个人站在前面的山上，于是分别猜测这个人站在那里的缘由并看谁猜得准确，当三人走到此人面前汲汲然追问答案之时，这个人静静地回答：“我只是站在这里而已。”② 这一记载出自凯奇著名的《沉默》(*Silence*)一书，此书1961年出版，其中所传播的东方哲思在美国艺术界影响巨大。虽然凯奇并没有对这则禅意故事长篇大论，而是以惯常的沉默待之，但此正合禅意，沉默如同那个人的回答一般具有警醒的力量。

另外一位先锋艺术家艾德·莱因哈特也深受禅宗思想影响，在《抽象艺术的抗拒》(*Abstract Art Refuses*)一文中言道：“今天有很多艺术家跟我一样拒绝被卷入某些观念中。绘画对我而言，不是欺骗眼睛，不是墙上的窗孔，不是幻觉，不是再现，不是联想，不是扭曲，不是画漫画，不是奶油图片或点滴绘画，……不是神圣的启示或每天辛劳的汗水，不是个性图画，不是浪漫的引诱，不是新宗教或新建筑的把戏，……不是实验，不是规则，不是无政府状态，不是反智主义，不是天真无邪，不是非理性主义，不是低层次的意识，不是现实简化，不是生活反映，不是抽离事物，不是参与活动，不是混淆画与非

---

① Stephen Adiss & Ray Kass, *John Cage: Zen Ox-Herding Pictures*, New York: George Braziller, Inc. 2009, p.15.

② 约翰·凯奇：《沉默》，李静滢译，桂林：漓江出版社，2013，第38—39页。

画。”①这里莱因哈特以完全否定的非本质界定的言说方式界定着绘画的本质，完全不同于传统艺术定义的话语模式，这与其说是对抽象艺术的抗拒，不如说是对传统绘画的整体颠覆。这种观念和言说方式受到禅宗思想的影响，铃木大拙在其著作《禅宗手册》中就以这种否定的形式诠释禅宗的空无思想，②此书30年代在美国先锋艺术家中传播并引发很多人对禅宗的兴趣，莱因哈特和凯奇浸润其中。凯奇将禅宗的“空无”之思扩展到音乐、绘画等整个艺术领域以及在世的生命自身，不仅针对艺术作品而言，且以“无我之我”直指创作者的主体地位。

不仅仅是禅宗，凯奇也深切领会《庄子》中无为而自然的思想，“你只须处心于无为之境，万物会自然地有所变化。忘却你的形体，脱离听觉和视觉，忘却你和万物的共同之处。让你自己渐渐混同于冥茫的自然之气，解除思想的束缚，释放你的精神，木然如同没有魂灵。万物纷杂繁多，全都回归本真，对此却不自知。一切归于混沌状态，终身不会背离；假如知道了自己回归本真，就是背离本真。它们不问名称，它们不探求本质，万物就是如此自然而然地生长”。③凯奇将鸿蒙对云将的言说自我化了，他将禅之空无与庄子的自然无为一并收纳，强调艺术家的“无我之我”，“我要我的作品避免自己的喜好，因为我认为音乐应该避免作曲家的感情和思想”。④“即兴创作一般是演奏你所知道的、你所喜欢或所感的，但是这些感受和喜欢是禅让我们摆脱的。”⑤凯奇倡言空却自我，将自我之好恶感受、意图目的、情欲兴趣、利益权力等从自我意识中排除出去，此正如禅之拈花微笑“不立文字”之旨。所以他强调艺术本质的过程性，而非艺术家个人意趣的实现，艺术“不是自我表达，而是自我改变”。⑥这样，艺术家便隐遁了，他不再是主导者或干预者，甚至这种隐遁的意识也要

① Helen Westgeest, *Zen in the Fifties—Interaction in Art between East and West*, Zwolle: Waanders BV, Reaktion Books, 1998, pp.72—73.

② D.T. Suzuki, *Manual of Zen Buddhism*, New York: Grove Press, 1994, pp.26—29.

③ 约翰·凯奇:《沉默》,第75页。

④ Jeremy Millar, *Every Day is a Good Day*: *The Visual Art of John Cage*, Hayward Publishing Southbank Centre, 2010, p.63.

⑤ Jeremy Millar, *Every Day is a Good Day*: *The Visual Art of John Cage*, p.65.

⑥ Alexandra Munroe, *The Third Mind*: *American Artists Contemplate Asia*, *1860—1989*, New York: Solomon R. Guggenheim Museum, 2009, p.202.

清空，即禅家的“空也为空”，任何的执著都放下。

凯奇之于艺术家身份的哲思可以说是对西方现代艺术观念的一种颠覆，在现代艺术中，无论是野兽派的狂野和奔放，立体派的解构和重组，抑或是形式主义对内容的剔除，表现主义对情感极端的推崇，如此等等，都是以艺术家为主体来构建整个艺术世界，艺术家精英群体的生成也就意味着与大众疏离的围城的营建。而凯奇对艺术家身份的颠覆正是打破了这种壁垒，刺破了光环，使艺术家在艺术作品中不再出场。

为了实现这种无目的的目的，凯奇创造了非目的性（non-intention）、非决定性（indeterministic）的“随机操作”（chance operation）的表现手法，而中国的《易经》（*I Ching*）便成为其最好的工具。《易经》被看做是变化之书（The Book of Changes），凯奇说：“宇宙是不断变化的，人类必须在这种变化中找到自己进入的方式并适应它，而不是力图干预和改变它。”①“《易经》是自我的训练，它利于自我改变，弱化自我表达……当我避免目标追寻、快乐给予、善恶区分的时候，即当我写诗、音乐创作或美术创作的时候，我就用《易经》。”②凯奇会根据《易经》六十四卦象的变化原理以抛硬币的方式自由组合音高、音色、速度、力度等，或是让演奏者在演奏现场自由发挥。20世纪50年代，凯奇创作了一系列这种被他称之为“无目的性”“非决定性”或“不确定性”的音乐作品。在80年代早期，凯奇甚至让他的电脑程序员将《易经》设计成电脑程序，凯奇用这种程序进行艺术创作。

《易经》“随机”的方式同样被应用到凯奇的诗作和演讲过程中，他打破传统的逻辑严明的文本时空结构，在文本中随意穿插游走，制作空白间隔，或是伴随着偶发的音乐。在他的视觉艺术创作中，凯奇选择毛笔、颜料、纸张、石头等工具和媒材，以之决定画幅的尺寸、宽窄，画面的垂直、水平等结构布局。这种方式以及特有的意象的创造使得凯奇的视觉艺术作品独具深蕴。1969年，《关于马塞尔，沉默待之》（*Not Wanting to Say Anything About Marcel*）被认为是凯奇的第一件视觉艺术作品，其题名正应合了“无我”的理念。凯奇受东方禅画《牧牛图》及《牧牛图序》的影响，用素描、烟熏印制、围绕石头

---

① Jeremy Millar, *Every Day is a Good Day: The Visual Art of John Cage*, p.64.

② *Ibid.*, p.65.

画圆等方式创造了一系列圆相图“○”的作品，将“○”之“本来无一物，万象自从从”“凡情脱落，圣意皆空”的禅意呈现，从而也将艺术家的意图空却。在晚年凯奇利用水、火、气、烟等不确定的自然物象来彰显这种“无我之我”的思想，让主体自我在变化、消失、存在、空无的世界中体验时空的流转和生命的变迁。在凯奇的艺术中，自我不是谁之主宰，自我不过是宇宙世界一尘子而已。自我本亦是一局限的存在，应该面向世界，应在世界中敞开并成就自身。

二、“本来面目”

创作主体隐去，世界自身显现，“知念亦无念，如是见世间”，“万象之中独露身”，凯奇的艺术主张正是让物是其所是，世界成为其自身，即呈现其“本来面目”(original face)。1953 年凯奇看到劳申伯格在纽约的展览时写道：“对于那些人，无主题，无形象，无趣味，无客体，无美，无天才，无技巧(不为什么)，无理念，无意图，无艺术，无情感，无黑无白，经过深思熟虑，我的结论是在这些绘画中，没有什么不能改变，他们可能出现于任何光线中，而不会被光影所破坏。”① 这和莱因哈特的思想如出一辙，正是铃木大拙所谓“空无”。这里，凯奇的系列否定类似在剥洋葱，最后呈露的“无”正是洋葱真实的结构，凯奇依此揭示绘画的“本来面目”。

在先锋音乐的实验中，凯奇要实现的是使声音成为声音自身。他让噪音、环境之声、无声等进入到音乐的创作之中，凯奇曾谈到“噪音”：“无论我们身在何处，我们所听到的大部分都是噪音。我们试图忽视噪音时，它会令人烦躁。不过当我们侧耳倾听时，却会发现它如此迷人。”② 当人们对噪音汲汲躲避时，凯奇却以欣赏的态度待之，当然这并不意味着凯奇艺术作品中出现的噪音或对噪音的应用是使欣赏者获得美感，而是转换摒弃人之视角，让噪音显现自身，1958 年的《芳塔娜混合曲》(*Fontana Mix*)完全由噪音构成。凯奇

---

① This text from *the New York Herald Tribune* was quoted in HARRIS, 1987, p.226. Cited in Helen Westgeest, *Zen in the Fifties—Interaction in Art between East and West*, p.73.

② 约翰 · 凯奇:《沉默》, 第 5 页。

1952 年创作了最著名的《4′ 33″》，他声称此作品并非为创作而创作，当阐释者以“有”来解读此作品时，凯奇却说这是一种误解，他认为应该以“无”来理解这件作品，但他又认为没有真正的“无”，“有(something)都是无(nothing)的回声”。[①]此作品中的“无”便是由演奏者的出场、退场，观众的嘈杂声、呼吸声和室外的环境声等“有”来构成，也就是此时此地的所有声音共同建构了这件作品，“有”在“无”中现身，这是人们第一次以欣赏钢琴曲的名义关注并建构了声音自身，其颠覆的不仅仅是人类的听觉和美感的诉求，更是人之现实生命的此在性，但同时也建构着生命的此在性，解构与建构同在。这在他晚年的视觉艺术创作中也同样如此。1952 年，凯奇还创作了著名的表演性的《水乐》(*Water Music*)，使人们在耳闻且目睹中体验水的乐音；在 1962 年的《0′ 00″》中，蔬菜被搅碎，凯奇喝下菜汁，声音通过音响扩散出去。这样，日常生活中那些被遮蔽、忽略甚至鄙弃的多种声音被唤起和呈现，从而使人们所生存的世界因此而改变，实质上则是世界回归自身。

这种音乐的先锋性的探索，凯奇多次强调“没有目的，只为声音”，“在这种新音乐中，出现的不是别的，只是声音：记谱的以及未记谱的声音。那些未被记谱的声音以静默的形式出现在乐谱中，把音乐的大门向环境中的所有声音敞开。……世界上不存在空置的空间和空闲的时间”。[②]“实验行为的本质是什么？它只是结果无法预知的行为而已。因此，如果一个人决定让声音显示自身的特点，而不是运用声音来表达感情或者对秩序的看法，那么实验行为将非常有用。”[③]在凯奇看来，声音并不属于人类，它们不是一种思想，不是一种理所当然之存在，也不需要别的声音来阐释自己，它们只是声音，且所有的声音都是平等的，无需过滤和区分，它们充满着整个世界，人类可以去聆听而不是预设，所以坚持“放弃控制”，“意图归零”，“让我们身上的一切顺其自然”，凯奇认为这初看起来似乎是放弃一切属于人类的东西，而实际上是“把人们带入自然界，在此人们会慢慢地或突然地意识到人类和自然并未分离，而是共存于这个世界；放

① 约翰·凯奇:《沉默》，第 181 页。

② 同上，第 11 页。

③ 同上，第 93 页。

弃了一切之后，也不会再失去什么了。事实上，你获得了一切”。[①]人类自然而然，世界亦然，人与自然万物“不二”之态才是本真之应然。“放弃一切即是获得一切”，“有便是无，无便是有”，凯奇曾有《关于无的演讲》(*Lecture on Nothing*)和《关于有的演讲》(*Lecture on Something*)，深谙“有无”之意。

凯奇承认这种思想受到东方禅宗的深刻影响，“自从 40 年代通过跟随铃木大拙学习禅宗哲学，我认为音乐是一种改变思想的方式。……正是通过禅宗的学习我的困惑减少。我看到艺术不是仅作为艺术家和观众之间交流的组成部分，而是作为声音的活动，通过这种活动艺术家找到使声音成为其自身的途径”。[②]“我为什么要说，让声音仅仅作为声音非常重要呢？有很多理由可以对此进行解释，一种理由就是：这是为了让每个声音都成佛。如果有人认为这种说法太东方化了，也可以借用基督教诺斯替教派的论述：‘劈开枝条现耶稣。’”[③]“每个声音都成佛”，“佛的启示渗透在时空中的各个方向和各个点上”。[④]世界万物皆有佛性，凯奇领悟于斯。

因此，不仅是在先锋音乐的探索上凯奇立基于此，他还将这种东方哲思应用到表演、戏剧以及大量的雕刻、印刷、绘画等视觉艺术的创作中。凯奇的视觉艺术创作可谓独到，其先锋性及艺术价值绝不逊于他在音乐上的开创，只不过《4′ 33″》的先声夺人以及音乐归属的过早定位遮蔽了其视觉艺术的成就，而凯奇一生的作品恰是对这种“确定性”的反动。例如，1988 年凯奇将东方艺术中的“石头”应用到他的创作中，他将大量的大小不一的石头搬进他的工作室，根据《易经》卦象选择石头和所用笔墨材料，围绕石头画圆，然后以水墨或水彩或空白为背景创作了作品《新河水彩》(系列三、四)(*New River Watercolours*, *Series III*、*IV*)，1990 年又以石头和烟熏火烧方式创作了系列作品《河石和烟》(*River Rocks and Smoke*)以及大幅作品《新河石和烟》(*New River Rocks and Smoke*)和《新河石及其冲刷》(*New River Rocks and Washes*)。

---

① 约翰·凯奇:《沉默》, 第 11 页。

② John Stephen Adiss & Ray Kass, *John Cage*: *Zen Ox-Herding Pictures*, New York: George Braziller, Inc. 2009. p.11.

③ 约翰·凯奇:《沉默》, 第 94 页。

④ 同上, 第 90 页。

凯奇之所以选择石头正是与他的禅宗美学观念相关。首先，在凯奇的视野中，石头即人，如同宇宙万物生命一样，是生命的个体，“我逐渐认识到因为我学习禅宗，教会我们每一种生物，不论其是有知觉的（如动物），或无知觉的（如石头和空气）都是佛。每一种生命都是宇宙的中心，创造物是多样性的中心”。[①]石头作为宇宙之一物是生命的存在，这一生命同样具有佛性，亦是宇宙之中心。凯奇曾解释说石头系列的风格与其梦境相关，单一的石头如同“世界中孤独的人”[②]，又说“我将石头看做一个人，一个巨大世界中的小人”。[③]因此，这一生命即使在宇宙中如此微小但同样具有佛的觉慧和尊严，而“孤独的人”在禅宗美学中即是纯然清明绝尘净洁之人，此一“孤独”不仅在言说个体与世界的关系，更是一种生命存在的禅意表达。其二，既然宇宙万物都具有佛性，那么万物就具有平等的觉慧，“石头”或“人”作为个体均有其生命的灿然，如同日本诗人松尾芭蕉所咏赞的开在篱墙边的一朵荠花，同样具有生命的秘意；如同茫茫草原上的一棵小草，同样具有生命的绚烂，此即“黄花翠竹无非般若”，“石头”亦复如是，这既是“石头”的本然，亦是世界之真如。凯奇虽在言“石头”，实际是在对世界言说，本质上是让“石头”或世界万物自在说。其三，石头为宇宙创化的自然之物。凯奇从日本的寺院庭园和绘画作品当中领悟到东方艺术中石头的特有的魅力，所以在创作过程中他和朋友从很远的地方将石头运到工作室，创作时按照“随机操作”的方式挑选出来标号使用。因为石头源自天然，所以，凯奇要将这种自然的本质呈现在他的作品当中，消除人为，还原石之“本来面目”。其四，凯奇作品中的石头为“实”，有其确定性的一面，但其形态各异，又本为自然之物，因此有变化不拘的一面，此即为生命的存在、变迁和流转。凯奇围绕石头所画的圆以及画面背景中水墨的流动、烟气的缥缈、火燃烧的痕迹都营造着宇宙的变化空无，而在这虚虚实实中“空无”也为“空”。在这一艺术创作过程中，“石头”或是“空无”并不是艺术追求的目的，而是一种素材一种媒介，其言说的是宇宙万物之真如本性。

---

① Stephen Adiss & Ray Kass, *John Cage: Zen Ox-Herding*, p.12.

② Ray Kass, *The Sight of Silence—John Cage's Complete Watercolors*, Charlottesvill: university of Virginia Press, 2011, pp.33—34.

③ Ray Kass, *The Sight of Silence—John Cage's Complete Watercolors*, p.78.

通过禅宗的启示，凯奇认为艺术不过是“本来面目”的现出途径和方式，“本来面目”呈现才是最终的诉求，这样，艺术的本质不再归属于人类的自我塑造和表达，而是归属于宇宙万物的世界，这应该是凯奇理解的艺术之“本来面目”。凯奇这种先锋性的探索如其所言是由“空白的灵魂酝酿而成”，开创着无限的可能性。

三、“平常心即道”

20 世纪五六十年代美国艺术的先锋性集中在对艺术与生活问题的探索上，杜尚、凯奇、劳申伯格、沃霍尔、约翰逊、小野洋子等人都是这种先锋潮流的代表。而此时东方的禅宗在美国艺术界的影响也达到高潮，对此，美国著名艺术批评家阿瑟·丹托论道：“克服艺术和生活的界限成为 60 年代早期前卫艺术家的信念。它确定为激浪派的宗旨，其中很多人通过凯奇那种音乐而致达艺术。小野洋子作为经过培训的音乐家，在加入激浪派前学习过禅。允许一切成为艺术则来自杜尚和他的现成品。我认为是凯奇、杜尚和禅的结合造就了这一意料之外的艺术革命。”① 丹托也曾聆听过铃木大拙在哥伦比亚大学的演讲，并深切了解当时艺术界的状况，他认为美国艺术家的这种先锋特质是禅宗思想推动下的产物，此正是当时艺术革命的典型症候。

“平常心即道”是洪州禅马祖道一的思想，所谓“平常心”即“无造作，无是非，无取舍，无断常，无凡无圣。经云：‘非凡夫行，非贤圣行’，是菩萨行。只如今行住坐卧、应机接物尽是道。道即是法界，乃至河沙妙用不出法界”。② 依此平常心而行便任心自运，自自在在，而于生活便饥食渴饮，挑水担柴，即俗即真，这便是马祖的自然而然的生活禅，铃木大拙称马祖的“平常心”为佛家哲学最高之教义。凯奇深受此思想的影响，禅宗的“日日是好日”成为凯奇的名言，凯奇曾说：“我采取的态度是每天的生活比各种庆祝形式更加有趣，当我

---

① Arthur C. Danto, *Upper West Side Buddhism*, in *Buddha Mind in Contemporary Art*, Berkeley: University of California Press, 2004, p.57.

② ［北宋］道原：《景德传灯录》卷 28，上海：上海书店出版社，2010，第 2252 页。

们有此意识时，也即我们的意图归零时，突然你会注意到世界是如此神奇。”[①]他非常喜欢铃木大拙讲的：“饥来即食，渴来即饮。”[②]这便是将生活美学化艺术化了，但对凯奇而言，这并不意味着审“生活”之美，如当下所谓“日常生活的审美化”，因为这还是有心为之，即还有自我之审美主体和生活之审美客体的二分存在，而凯奇是“无心之我”的本然生活，“正如铃木大拙所言，自我充当着我们经验的障碍（无论其来自外部还是来自内部）或者其随经验而流逝……无论其来自夜晚还是白天，通过梦幻还是感觉。他说禅所需要的是任流逝发生，白天出去夜晚回归，人成为整个生活圆周的一部分，而不是生活的障碍”。[③]不是人对生活的设定，而是趋近生活本身，让生活自我显现。因此，凯奇的艺术创作同他自身到树林采蘑菇，或是聆听“噪音”，或是打开窗户迎进一个个早晨，都是快乐的源泉，是意义的充满，这种“生活美学”是还生活以自身，生活自会散发美丽，这既是生活的本质，也是艺术和美的本质。

因此，凯奇对艺术本质的思考和实践探究可谓是禅的修行，他不主张坐禅，而是将禅修和生活和创作融为一体。他倡言艺术就是一种生活方式，是世界的全部，就像乘车、摘花、扫地、读书等，和生活不可分离，“当代音乐与其说是艺术，不如说是生活”。[④]他言道：“艺术是璀璨的，而生命中的其他部分则处于黑暗之中。我本能地反对这种观点。如果生活中有一部分是如此黑暗，是绝对地远离艺术之光，那么我愿意进入那片黑暗之中，如果有必要的话还要不断摸索，不过当然先要生存下去。”[⑤]凯奇认为，生活即艺术，艺术即生活，不论其是璀璨还是黑暗。他立基于这种观念，将艺术从主体自我中解放出来，引其进入真正的生活天地。

除了将艺术家放归于生活，凯奇对观众的传统地位和身份也进行了颠覆。1952 年凯奇在黑山学院创作了美国第一件偶发艺术作品《戏剧作品 1 号》（*Theatre Piece No.1*），这一作品包括凯奇的演讲、劳申伯格的绘画、坎宁安的舞蹈、奥尔森的诗歌、都铎的钢琴，以及影

---

① Jeremy Millar, *Every Day is a Good Day*: *The Visual Art of John Cage*, p.62.

② *Ibid.*, p.66.

③ *Ibid.*, p.61.

④ 约翰·凯奇：《沉默》，第 58 页。

⑤ 同上，第 60 页。

片、幻灯片、留声机唱片、收音机等，是多种艺术行为的混杂。凯奇此作的先锋意义是让观众体味到艺术即是生活。在凯奇的演出或展览中，观众经常是被放到中心场域，他们可随意走动，自由出入，以及现场参与互动和交流，甚至受达摩面壁的影响凯奇背对观众。这样，观众在凯奇的艺术世界中，由“看者”“听者”而成为参与者、体验者和诠释者；他们不仅仅直面艺术作品本身，也融入到作品及自我所存在的环境，这种环境是开放的，包括整个艺术场域所限定的空间以及场域内外的关联，以致环境的无限延展。因此，观众成为彻底的生活者。

“艺术即生活”成为五六十年代美国艺术的先锋理念，颠覆了现代艺术时期艺术的精英化、自制化的生存，艺术不再从“神坛”俯视和导引生活，这种思潮和东方禅宗的哲思和审美旨趣密不可分。禅宗的引入消融了艺术和生活之间的障壁，将艺术归还于生活，将生活变成了艺术，实质上，是将艺术和生活均归还于生命的当下。因为禅宗的“不二”慧智不是将世间万物弥合为一混沌，而是以平等觉慧观照尊重每一生命个体。凯奇的艺术哲思即领悟于此，“我们学习那些给予我们非凡影响的东方思想，事实上，我们身在其中。冷静而安宁的心灵通过感受及梦之升华使自我随物之流荡。生活中我们的使命即是顺应我们的生活，艺术能帮我们如此”。[①] 凯奇通过艺术践行着他的理念，从而唤醒实际生活中真实的生命。

四、“无之无化”

凯奇受到东方哲学特别是禅宗深刻的影响，同时他也将禅宗思想广泛传播，因此便有了“凯奇禅”之誉，当时的很多先锋艺术家都受到其影响，他们经常到凯奇的俱乐部谈论禅宗，詹姆斯·布鲁克斯在 1965 年曾谈到这种影响：“禅宗是以非常强势的姿态来到俱乐部，很多成员乐于接受它是因为它强调纯然地面对事物而不是理智化……深切地感知需要以更加纯然的方式面对事物，没有成见，或是

① Alexandra Munroe, *The Third Mind: American Artists Contemplate Asia, 1860—1989*, p.201.

尽可能地纯真行事。……试图真正地看待事物或只纯然地体验事物，禅宗全然地影响了我们，我们大量地论及于它，不管我们认为是否已经接受，禅宗的确在一般态度上影响了我们。”[①]从中可见当时禅宗美学的巨大魅力。大卫·克拉克（David Clarke）认为凯奇是美国先锋艺术家东方哲思的阐释者，从而摧毁了艺术创作中的西方理性支撑。

凯奇尽管也多次论及东方哲学的非凡影响，但他反对将其标签化和绝对化，“我不希望人们把我所做的归咎于禅宗影响，虽然说，如果我不参与禅宗活动（参加阿兰·瓦兹和铃木大拙的讲座并阅读相关作品），我未必能做出我所做的。我也听说，阿兰·瓦兹曾经怀疑过我的作品和禅宗的关系。我提及这点是想表明，禅宗不为我的行为承担任何责任。不过我仍然会这样行事”。[②]这并不意味着凯奇要摆脱东方而回归西方，凯奇曾引用保罗·克利的话说：“我想成为一个新生儿，什么都不知道，对欧洲完全彻底地一无所知。”[③]他希望像孩子那样学习和游戏，没有规则，他认为与自然抗争的西方哲学和接受自然的东方哲学在美国的相遇不受过去、传统和其他一切的束缚，“的确一切皆可——只是要以无为基础”。[④]因此，他参究东西哲学。凯奇非常欣赏杜尚的艺术哲学，法国的存在主义也是常谈论的话题，但批评萨特的存在论是典型的西方二元思维，认同海德格尔“存在”与“无”相通的思想，也会借用柏格森的语汇，总之，对于西方哲学和艺术，凯奇更多是以反思待之，对东方思想的接受更具有根基意义，但并不拘泥，他接受中国、日本、韩国、印度的哲学思想和艺术，并以自己的方式阐释应用禅宗、道家和易经的思想，这种创造性的“混合”成就了其艺术的先锋模式及哲学理念的前卫性。

凯奇提出20世纪的艺术功能即是“睁开我们的眼睛”，但他又强调“我们要意识到我们一无所有”，欣赏“无所见”（nothingtoseeness）。这似乎很矛盾，但实质上恰是凯奇的独特睿智之处，应该说是真正的“凯奇禅”，这从他对圆相图的喜爱亦可见出。

此之可谓“无之无化”，禅宗讲“无念无相无住”，这样万象无住于心，“无亦为无”，世界自在如如，这即是唐代青原惟信禅师三十年

---

① Helen Westgeest, *Zen in the Fifties—Interaction in Art between East and West*, p.59.

② 约翰·凯奇：《沉默·序》，第27页。

③ 约翰·凯奇：《沉默·五十周年纪念版序》，第14页。

④ 约翰·凯奇：《沉默》，第226页。

参禅之后的“见山是山，见水是水”，凯奇曾在《一个演讲者的 45 分钟》(*45' for a Speaker*)中论及这一禅宗公案。此种“无之无化”之思开启了艺术更为深度的探索，在将艺术非本质化的表象中赋予其最为本质的存在，在还世界及生命以本然的同时还艺术以本然。如果还要追问此本然何为？艺术本质究竟为何？那便如同禅家弟子一直穷究的“如何是祖师西来意”？师傅便以机锋棒喝待之。凯奇艺术的先锋性在当代艺术创作中仍具有巨大的启示意义，随时可彰显其棒喝之力，甚至比一些所谓当代艺术更具有“当代性”。

（作者单位：河北大学艺术学院）

学术编辑：高砚平

从丹托到希基：美的滥用，还是美的回归？

金影村

内容提要 受艺术史上达达主义运动的影响，当代艺术呈现出了一股强势而主流的反美学浪潮，这种趋势在后现代语境中则愈演愈烈。哲学家阿瑟·丹托（Arthur Danto）于1980年代提出的“艺术终结论”及“寻常物的嬗变”等理论，更是将艺术的美感放逐于对20世纪当代艺术的认知之外。然而，在艺术界将“反美学”浪潮推向极端之后，美国艺术批评家戴夫·希基（Dave Hickey）却反其道而行之，预言1990年代之后当代艺术将重新聚焦于“美”。对此，丹托又在2003年出版了《美的滥用》（*The Abuse of Beauty: Aesthetics and the Concept of Art*）一书，正面回击了希基对“美的回归”的预言。本文将通过对这两种话语的比较与分析，更深入地阐释二者真正的交锋及此种争论对晚近当代艺术批评与实践产生的深远影响。

关键词 希基 丹托 美的滥用 美的回归 交锋

“美的回归”是当代艺术批评话语中一个既重要又极富争议性的命题。尽管从艺术实践上看，1980年代以后的当代艺术对“美”的探索与反思已经层出不穷，而首次将这一命题搬上理论舞台的，是美国艺术批评家戴夫·希基。他于1993年撰写了《神龙：美学论文集》（*The Invisible Dragon: Four Essays on Beauty*）一书（以下简称《神龙》）。在当代观念艺术依旧盛行的1990年代，希基大胆预言，20世纪90年代之后艺术将会重新转向“美”。这一预言在美国学术界一石激起千层浪。“美”（beauty）这一重要的美学属性，在阔别艺术界近一百年之后又重新回到了当代艺术批评话语的视野中。

从直观上看，希基的这一预言，针对的是同为美国重量级艺术批评家阿瑟·丹托提出的"艺术终结论"①。作为对丹托的反驳，希基提出未来的艺术非但不会"终结"，而且将回归到一种自由化、民主化的美国式审美。面对希基的预言，丹托又在 2003 年出版了《美的滥用》一书。作者在书中多次正面回击了希基的设想。在此书中，丹托坚持当代艺术的观念价值已经取代了传统意义上的审美价值，并从哲学的角度重新定义了美与前卫艺术、美与政治、美与崇高等多方面的关系。由此，丹托以"美的滥用"为主题，与希基展开了正面交锋。

一、美的回归——希基的核心思想

希基关于"美的回归"的探讨集中体现在了他的《神龙》一书中。相较于丹托写作的思辨性与逻辑性，希基的行文则较为感性与散文化。在这本论文集中，作者开篇便点明了写作意图。当被问到什么将是 90 年代的议题时，他回答："90 年代的问题将会是美！" 而他的这一预测，迎来的则是周围人们的沉默和怀疑。由此，希基才决定将这一任性的想法梳理成真正有说服力的论文。《文集》共分为四个章节，分别讨论的是"美的土俗性"(*the Vernacular of Beauty*)、罗伯特·梅普尔索普(Robert Mapplethorpe)的摄影(*X Portfolio*)，"艺术作品中的性别"以及"美与治愈性机制"。作者虽然运用了诗意的语言，却也梳理出了一条相对清晰的脉络。其中，与"美的回归"直接相关的包括美的土俗性、古典绘画审美趣味以及美国式审美这三个议题。

在《美的土俗性》一章中，希基开宗明义地将美与视觉愉悦联系在一起：

---

① 1960年代，阿瑟·丹托受波普艺术家安迪·沃霍尔《布里洛盒子》(*The Brillo Box*)的启发，便开始构思"艺术终结论"。1964 年，丹托便发表了《艺术世界》(*The Artworld*)一文，提出了自己的艺术哲学。他的这一思想于 1980 年代以著作《哲学对艺术的剥夺》(*The Philosophical Disenfranchisement of Art*，中文版译为《艺术的终结》)正式发表。"艺术终结论"也因此成为丹托对 20 世纪艺术批评最大的贡献，沿着丹托的思想脉络，哲学对当代艺术的话语权大肆剥夺，也反过来推进了当代新观念主义的盛行。丹托著作详见阿瑟·丹托:《艺术的终结之后——当代艺术与历史的界限》，王春辰译，南京：江苏人民出版社，2007。

> 在图像中，美是一个中介，引发观看者的视觉愉悦。获取愉悦是我们观看任何事物的真实诱因，那么，任何不考虑观看者愉悦的图像理论，都回避了艺术效能（art's efficacy）问题的实质，注定是不合逻辑的。①

由此，希基为视觉欣赏设立了标准，这一标准便是图像是否符合“艺术效能”从而带来感官的愉悦。接着，希基分析了1980年以后美的进程停止的原因。他认为，在这一时期，美国艺术界一旦提出“美”的问题，立刻会点燃一个议题：市场。而“美”则成为了市场腐化的代名词——因为“漂亮的东西就好卖”②。这成为了艺术界的一种共识。而这个所谓的“艺术界”，则是由学院、专业机构、专业策展人及赞助体系组织起来的封闭王国。由于“美”的属性更接近大众市场的“土俗性”，就被驱逐出了“艺术”这个独立王国。这种80年代以来新兴的艺术体制，更多地关心艺术作品的“意义”（meaning），而不是作品的外观。然而，这和艺术欣赏的本能恰恰背道而驰，由此导致了高级艺术与大众艺术的尖锐分离。继而，希基将艺术界比作边沁（Jeremy Bentham）笔下的“圆形监狱”，将艺术商业比作国王，将艺术机构的管理者（馆长、策展人）比作典狱长。后者真正关心的是艺术家的意图，因此完全不信任作品的外部。这就意味着，他们同时否定了视觉愉悦所能唤起的人们内心真与善的力量，否认了美的朴素性。③

为了说明这一点，希基穿越回了巴洛克时代，例举了卡拉瓦乔（Caravaggio）创作的《玫瑰经圣母像》（图1）。他指出，在作品创作的年代，这幅画像毫无疑问是为教廷服务的。然而，今天的我们再去观赏这幅作品时，即便不熟悉画面的创作背景，也一样可以欣赏她的美。由此可见，即便图像在历史上的意识形态功能失效，图像仍然可以越过政教宣传的环节，直接抵达个人趣味。而现今，令希基感到担忧的是图像要抵达观众，必须要通过前文所述的当代艺术体制。④

---

① Dave Hickey, *The Invisible Dragon: Four essays on beauty*, Chicago: The University of Chicago Press, 1993, p.2.

② Dave Hickey, *The Invisible Dragon: Four essays on beauty*, p.3, p.7.

③ *Ibid.*, pp.6—7.

④ *Ibid.*, pp.10—11.

在《平地上的舞会之夜：论艺术作品的性别》(*Prom Night Flatland：On the Gender of Works of Art*)一章中，希基则透露出了自己对古典“错觉式”绘画的青睐。对现代主义绘画所倡导的“平面性”，在希基看来与美无涉。在艺术作品失落了错觉空间和想象力之后，视觉的枯竭导致了图像的无能，而“反修辞的平面性拥有新教式的霸权”。这迫使当代艺术家转向其他领域，开拓“语义空间”和“修辞手段”。但即便如此，现代主义绘画在希基看来也远远达不到古典画家所制造出的画面效果。更进一步，希基将古典至现代主义的审美趣味比作由优美、和谐、丰富的女子气转向力量、特异自主性的男子气。可是恼人的是，“我们将 20 世纪的艺术作品描述为一个迷人的自律性实体，需要我们终日去理解它，它虽向我们提出要求，却又假装我们不在那儿”。① 正是这种父权式的压迫，导致观者再也无法轻松愉快地欣赏现代主义绘画。

那么，什么才是希基所期待的审美呢？在《神龙》的第五章，作者提出了一种“美国式审美”。此章中，希基对美的民主传统进行了反思，重申当代艺术审美几乎已经被霸权化的艺术机制垄断。继而，作者追溯了日常生活中我们如何使用“美的”一词，它是被舒适(ease)和愉悦(pleasure)所定义的，是一种由衷的感叹。而感叹是“无意识”的个人行为和“自我实现”，同时又回应了某种公众的选择，从而产生了情感的共鸣。这个过程，就构成了希基描摹的美国式审美民主。进而他提出：“这些思索建立起的客观标准不止一个。实际上，它们无意中促成了在西方观看事物方式上的一种持久而深刻的民主革命。”② 由此，对图像的个人喜好取代了工具化的政教宣传。至于审美与商业的结合，希基认为这是出于对“美的事物”共同争辩的传统，促成的个体与集体之间的联盟。当今的审美趣味或许带有商业化的气息，但不一定非要被金钱左右。③

最后，希基提出了一个十分朴素却极为重要的核心思想：美，就是我们追求幸福与快乐的本能。为了阐释这一点，他例举了美国《独立宣言》中耳熟能详的一句开场白：

---

① Dave Hickey, *The Invisible Dragon*: *Four essays on beauty*, p.42.

② *Ibid.*, pp.71—72.

③ *Ibid.*, pp.72—73.

我们认为以下真理是不言而喻的……①

以此类推，希基将这句话转化成了自己的思想，亦即追求幸福的本能是不言而喻的，那么对美的向往也无需争辩，不证自明。美就是简单的“喜欢”某物。由此，作者区分出了美国式民主审美与欧洲式精英审美——前者自由、民主、普及，后者则由等级化的专员来逐一“净化”大众的审美趣味。②

二、美的放逐——丹托的核心思想

《美的滥用》涉及当代美学中多个重要的问题，包括美与艺术的哲学定义、前卫艺术的再探讨、美与美化、内在美与外在美、美与政治、美与崇高等。丹托在1964年发表了《艺术世界》一文之后，逐渐建立起了一套个人化的理论体系，主要用以阐释当代观念艺术以及“后历史”时代的艺术审美。从哲学上看，丹托沿袭了黑格尔的美学思想，认为艺术和宗教一样，在经历了自我提升和自我实现之后，便将为最高形式的“理念”所取代，从而完成自身的历史使命。③丹托对黑格尔理论的发展则主要表现为，他将这种理论与后现代语境紧密结合起来，并试图用分析哲学的方法论阐释1960年以后盛行于美国的波普艺术。假若我们试图梳理丹托的著作为其思想脉络，则可发现《美的滥用》沿袭了《寻常物的嬗变》(*The Transformation of Commonplace*, 1981)、《艺术的终结之后》(1997)等多种文献的思维逻辑，其中还有不少重复赘述的地方。但在这本著作中，丹托特别地将靶心对准了希基预言的“美的回归”，书中导言部分便开宗明义地

① 摘自美国《独立宣言》，1776年7月4日。宣言以“我们认为以下真理是不言而喻的”开篇，宣扬了人道主义中那些不可转让的权利，包括平等、生命权、自由权和追求快乐的权利。《独立宣言》亦成为美国开国以来作为自由民主国家的基石，一直被传诵至今。

② Dave Hickey, *The Invisible Dragon: Four essays on beauty*, p.86.

③【德】黑格尔:《美学》，朱光潜译，北京：商务印书馆，1997。在此书中，黑格尔详细描述了艺术发展的历史进程，认为艺术发展的规律“始于追求，继而到达，终于超越”，这里的“超越”即艺术最终要让位于哲学，艺术本身随即解体。

写道：

> 事情开始在20世纪90年代有所改变。受人尊敬的艺术批评家戴夫·希基很挑衅地宣布美是那十年的决定性问题，这个观点很受欢迎，被认为是一个让人激动的思想。我的感觉是它之所以激动，与其说是因为美本身，不如说因为美代表着某种曾经几乎消失掉的东西……即享乐和愉悦。1993年，当希基的论文发表时，艺术已经历一种剧烈的政治化时期……希基的预言没有成功。发生的事情与其说是艺术家在追求美，不如说是批评家和策展人受到希基的启发，认为另眼看美恰逢其时，于是通过一系列的展览和会议，以追求美的观念。①

丹托认为希基的预言没有成功，但这并不代表当代艺术不再追求美了，而是要求我们“另眼看美”。在丹托看来，“反美”也是一种审美角度，它不仅已经成为现代主义与历史前卫主义②的传统，还将继续在后现代的艺术创作中发挥重要作用。在《美的滥用》中，作者大致阐释了艺术史中的两个阶段：

第一阶段指涉的是一战期间萌发于苏黎世地区的达达主义运动。艺术家以插科打诨的方式，对美进行戏仿与挑衅。在对美的放逐中，他们想要实现的是一种艺术家面对残酷战争的社会姿态。自席勒以来，“美”和“美育”号称能以净化心灵的方式介入政治的维度，构建社会的和谐。然而讽刺的是，20世纪极权主义的诞生与欧洲各国之间大大小小的战争，使艺术家彻底看清了美已经沦为意识形态的宣传工具。在普遍的怀疑与悲观中，达达主义试图通过对美的消解来实现对资产阶级社会的政治批判。正如马克斯·恩斯特（Max Ernst）在回忆中所言：“我们陷入一场崩溃之中，经历了所有的讥讽和羞辱，而这一切却对我们表现为正义、真实以及美。我那一阶段的作品

① 【美】阿瑟·C.丹托：《美的滥用——美学与艺术的概念》，王春辰译，南京：江苏人民出版社，2007，第8页。

② 即二战以前的先锋派艺术，主要艺术家和作品集中在欧洲，以达达主义、早期超现实主义为代表。比格尔在《先锋派理论》中对此有详细论述。见【德】彼得·比格尔：《先锋派理论》，高建平译，北京：商务印书馆，2002。

创作的目的不是为了吸引人们，而是让人们发出尖叫。”[①]（图 2）由此，艺术的任务转变了：从发掘提升现实中的美变成了揭露社会制度的伪善。在此基础上，当代艺术中爆发了一种丹托所称的“恐美症”（Kalliphobia）——之所以用这样一个临床术语，其用意就在于说明原本我们视为理所当然的追求（美）居然在特殊的政治氛围中成了艺术创作的病症。[②] 而对“美”的反叛就成为了“艺术家脱离他们所轻蔑的社会的手段”。[③]从1922年的柏林达达运动到苏联社会现实主义运动，20世纪的艺术史远不是现代主义的历史，而先锋派艺术成为了社会政治批判真正的“先锋”。丹托例举了达达运动中最为著名的艺术家杜尚（Marcel Duchamp）的《L.H.O.O.Q》（图 3）：

> 如果说通过滥用伟大艺术而达到滥用美的举动，我想最生动的例子当属杜尚 1919 年的作品。他在蒙娜丽莎明信片上画上了小胡子，而且在那件最伟大的典范艺术的下面，写了一句温和的猥亵话。这件作品和杜尚的每一件作品一样，引起了激烈的、相互矛盾的阐释，但我想把它看成是一种历史路标，反映某种态度的深刻变化，它呼吁一种历史的阐释。[④]

丹托举出杜尚这件作品的例子，意在阐明达达艺术如何通过对经典美的亵渎来解构那些优美的关于艺术的陈词滥调。而正如前文所述，达达主义之所以做出这样的举动，不仅是艺术史内部的变革，更是艺术对外部世界的一种反抗。

在《美的滥用》中举出的第二个阶段，丹托谈到了后现代语境中的“恶心艺术”和“卑贱艺术”。他例举了英国艺术家达明·赫斯特（Damien Hirst）的例子——这位艺术家将死去的动物做成标本，将成千上万只苍蝇做成艺术品，将腐烂在牛头上的蛆虫放在玻璃展柜中（图 4）……观众实在无法把这些也看成是美的，正如康德在《判断力

---

① Marc Dachy, *The Dada Movement: 1915—1923*, New York: Skira Rizzoli, 1990, p.122.

② Arthur C. Danto, *Kalliphobia in Contemporary Art*, *Art Journal*, Vol. 63, No.2 (Summer, 2004), pp.25—27.

③ 丹托：《美的滥用》，第 31 页。

④ 同上，第 29 页。

批判》中所言，恶心“是一种美学上无法挽救的特性”[①]。但赫斯特的成功让我们不得不重新思考当代艺术的美学价值，我们承认他的作品是艺术，“这表明我们如今早已远离 18 世纪的美学观念，也表明‘难以驾驭’的前卫艺术已经取得了多么全面的胜利”。[②] 然而，即便是这样的艺术，同样有理论家言之凿凿地为其辩护。丹托引用了法国批评家让・克莱尔（Jean Clair）的观点，认为“恶心”打开了当代艺术新的审美范畴。[③]我们不再因为艺术作品不美就不再欣赏它们，相反，我们还要用开放的美学视野来接受那些让我们反感的事物。可见，从“不美的艺术”到“恶心的艺术”，我们不仅体会到了什么是“艺术的终结”，还深深感受到当代艺术对普通人身心愉悦的谋杀与趣味的颠倒。

三、希基与丹托之争的焦点

《神龙》与《美的滥用》两本著作虽然都在评论当代艺术，但指涉的对象却有所不同。作为一名“错觉性”绘画的拥护者，希基坚守自己的古典趣味[④]，并试图通过对文艺复兴及巴洛克时期艺术的再欣赏来唤起人们对“美”的记忆。而丹托则着重探讨现代主义艺术和当代艺术，古典艺术几乎不在他的视野范围之内。由此，两人对“美”在艺术中扮演的角色得出了截然不同的结论，也就不难理解了。然而，我们需要进一步探索的是，希基与丹托同为当代艺术批评家，他们对艺术美的交锋到底在哪呢？他们的理论出发点又有什么本质的差异？以下试从两个方面展开讨论。

焦点 1：美是不言自明的吗？

这个问题是两人争论最重要的理论歧点。如前文所述，在希基看来，美是不言自明的。艺术的直接体验者是观众，美的外观就是其

---

① 转引自丹托：《美的滥用》，第 33 页。

② 丹托：《美的滥用》，第 35 页。

③ 同上，第 35、44 页。

④ 正如 Alexander Nehamas 所言：“希基对手工制品不加掩饰的青睐，如同他喜欢‘低级’艺术一样，是他批评的核心。他热爱错觉性绘画……”见 Alexander Nehamas, *Review*: *The Return of the Beautiful*: *Morailty*, *Pleasure*, *and the Value of Uncertainty*, in *The Journal of Aesthetics and Art Criticism*, Vol. 58, No. 4 (Autumn, 2000), p.398.

中唯一的中介。而评价一件作品美丽与否，希基也给出了清晰的标准，即作品能否给人带来感官上的愉悦与身心的自由与解放，这与英国经验主义美学中的审美主观唯心论殊途同归。① 换言之，在希基看来，当代艺术体制过度关注作品的"意义"而忽略了美本身。在《神龙》中，无论是卡拉瓦乔的例子，还是对罗伯特·梅普尔索普摄影（图5）的解析，作者都意在阐明"美的定义就是观者产生视觉愉悦的中介"。②

然而，在丹托的体系中，对艺术美的定义则要复杂得多。首先，丹托引用了阿多诺《美学理论》中的名言，指出"与艺术有关的一切，无论是艺术的内在生命，艺术与世界的关系，还是艺术存在的权利，都不再是不言自明的了"。③ 那么，如何界定艺术的美呢？丹托提出了一种非视觉的理论，即"再生的美"。这一思想来源于黑格尔对自然美与艺术美之间的严格区分。丹托并不否认自然界本身的美，他指出："如果我们可以选择一个美的世界，我们当然愿意。"④ 但是，艺术作品中的美不等于现实世界的美，它要求独立的阐释角度来证明其自身的美学价值。⑤ 那么，什么才是艺术作品独立于自然之外的美学价值呢？丹托提出了"从心灵中诞生，然后再生"（born of the spirit and born again）这一说法。⑥ 这就要求我们不能再从作品的外观上来鉴别艺术美了。对此，丹托举出了例子：如果一位画家画了水仙花，并且画得非常逼真，那么这幅画之所以美，是因为水仙花作为自然物是美的，而并不能证明画本身具有美学价值。但是，如果我们反观另一件作品——罗伯特·马瑟韦尔的《西班牙共和国挽歌》（Robert Motherwell, *Elegy to the Spanish Republic*，图6），则会发现，作为一件祭奠西班牙历史事件的产物，这幅画的主题并不美，相反，它带给我们的是沉痛、悲伤的感受。然而，"它奇特的美来自它们是

---

① 如英国经验主义美学家代表休谟就曾指出："美就不是客观存在于任何事物中的内在属性，它只存在于鉴赏者的心里。"见休谟：《论趣味的标准》，《古典文艺理论译丛》第5辑，北京：人民文学出版社，1963，第4页。

② David Carrier, Review: *The Invisible Dragon: Four Essays on Beauty by Dave Hickey*, *The Burlington Mazine*, Vol. 136, No. 1091 (Feb., 1994), p.127.

③ 转引自《美的滥用》，第15页。

④⑤ Arthur C. Danto, *Kalliphobia in Contemporary Art*, p.33.

⑥ Dave Beech, ed., *Beauty*, London: Whitechapel and MIT Press, Documents of Contemporary Art, 2009, p.64.

挽歌，因为挽歌就其本质而言意味着美。不知何故，挽歌的美是为了把痛苦转变成可以忍受的某种东西。所以，美将内在于作品的意义”。更进一步，丹托又提出了另一种外在于作品意义的美，例如杜尚的《泉》(*Fountain*)、安迪·沃霍尔(Andy Warhol)的《布里洛盒子》(*Brillo Box*)等，这些作品的外观并不美，并且它们的意义外在于作品本身，因而在欣赏这类作品时，我们需要调度出一种美的意义机制来对它们进行哲学阐释。① 事实上，丹托对“外在美”的说法与他分析安迪·沃霍尔的《布里洛盒子》作为寻常物的嬗变几乎异曲同工，由于本文主要探讨的是《美的滥用》，此处就不加赘述了。

焦点 2：好的艺术一定要美吗？

这是希基与丹托的第二个重大分歧。毫无疑问，在希基看来，好的艺术必须是美的，并且这种美必须要让观众直接感受到。为此，他追溯到了 400 多年前的欧洲艺术，屡次说明图像让观者感受到“美”，是艺术作品最基本的要求。此外，在谈到梅普尔索普的摄影时，他的喜爱之情溢于言表，因为它们的唯美属性，令作者感受到了这些作品与达·芬奇、拉斐尔、卡拉瓦乔等古典画家创作风格的内在联系。梅普尔索普的展览《完美的瞬间》(*The Perfect Moment*)于 1989 年在康克兰(Corcoran)艺术博物馆被禁止，并不是因为它的作品在题材上冒犯了当局，而是因为它们的“美”本身近乎“堕落”，用希基本人带有讽喻性的话来说，便是这些作品“一点都不像上帝的孩子”。② 但是，在丹托看来，梅普尔索普就是一个“过分关注优雅的艺术家，以至于失去了与他媒介的局限性联系”。③

丹托认为，自现代主义传统以来，艺术批评界存在一个重大的误会，即“好的艺术一定要是美的”。而事实上，从 20 世纪初的前卫艺术到 1960 年代以来的新前卫艺术，美已经几近被“废黜”了。④ 在这一点上，丹托借用哈尔·福斯特(Hal Foster)的思想，在现代主义与后现代主义之间设置了一种对立关系，而实现对抗的渠道便是

---

① 丹托：《美的滥用》，第 12—13 页。

② Dave Hickey, *The Invisible Dragon*, p.19.

③ 丹托：《美的滥用》，第 11 页。

④ 同上，第 9 页。

“反美”①。继而，丹托用了一个逻辑学专业术语“析取项”（disjunct）来形容“美”在当代艺术中的地位。②通俗的理解，这就是指美之于艺术是一个充分不必要条件。例如，丹托反复提到亨利·马蒂斯（Henri Matisse）的作品《蓝色裸女》，这件作品固然可以被现代主义者从形式分析的角度认定是“美”的，但丹托指出：“这绝不是它的精华，美也不是世界上大多数伟大艺术的精华。它更不是当今艺术的精华。”③

更进一步，丹托指出了以罗杰·弗莱（Roger Fry）为代表的形式主义艺术批评家所犯的错误，他们是如此竭尽全力地捍卫现代主义艺术（如后印象主义、野兽派等），可是他们还是一味抓住这些作品的形式美感，以此来说服观众这些作品也是“美”的，因而就可以被欣赏。但是，丹托以“好的艺术不一定是美的”为出发点，指出：“毫无疑问，弗莱维护作品的艺术卓越性是对的，但是他说，当人们渐渐了解它们的创作原则时，就会把它们看成是美的，则是错误的。”④

四、结　论

希基与丹托由于在理论素养、个人趣味、知识背景等各方面的差异，对当代艺术得出了“美的回归”与“美的滥用”这两个截然相反的结论。但是，我们必须承认的一点是，两位艺术家之所以有可比性，根本原因在于二人还是在某种“学科自律”的范围内谈论当代艺术。对希基来说，这种自律可能可以追溯到“为艺术而艺术”（Art for Art's Sake），对丹托而言，则或许是“艺术为哲学”。然而，两人都没有过多地受到当代美学与艺术史学科之外的意识形态的影响。例如，希基明确反对社会道德对艺术创作的干涉，而丹托也巧妙地引证了乔治·爱德华·摩尔（G.E.Moore）的《伦理学原理》（*Principia*

① Hal Foster, Preface to *Anti-Aesthetic*: *Essays on Post-Modern Culture*, New York: The New Press, 1998, in Danto, *Kalliphobia in Contemporary Art*, p.26.

② 丹托：《美的滥用》，第 9 页。

③ 同上，第 20 页。

④ 同上，第 92 页。

Ethica)，来说明最高级别的美德就是艺术。[①]

其次，二者都强调艺术作品给观者带来的情感共鸣。区别在于，希基强调的是感性的视觉直观带来的愉悦，“他（希基）将艺术的能力视为与观者的交流，这种交流在于艺术作为一种美的、移情的对象的属性”。[②]而丹托则从另一个角度，挖掘艺术作品在知性层面上的情感底色。例如，在《当代艺术中的恐美症》(*Kalliphobia in Contemporary Art*)中，丹托例举了林璎（Maya Lin）设计的《越战纪念碑》，说明该作品通过激发美国民众的情感共鸣来诠释艺术作品的内在美。[③]在关于“美”的认知上，希基从感性出发，以古典审美为切入点，他“热爱美，仅仅因为她给我们带来的愉悦。他视道德主义为敌人，因为道德正是美变成‘一个无语……的词汇’的原因”。[④]而在丹托看来，当代艺术需要知性的阐释，认为“艺术美在某种意义上是一种知性产品，而不是自然产品”。[⑤]

最后也是最重要的一点，两人都反对用现代主义形式分析的方法论阐释当代艺术的美。如前所述，希基将现代主义审美看作对普通观者的视觉压迫和知性苛求；而丹托则认为形式主义批评家诸如罗杰·弗莱、格林伯格（Clement Greenberg）等，都走向了“形式论”“媒介论”的死胡同，将艺术囚禁在“形式美”的牢笼之中。

沿着丹托“美的滥用”的思路，我们固然能够寻到一条完整严密的逻辑链，来为各种形式的当代艺术做注脚。然而，正如沈语冰在《二十世纪艺术批评》中所言，丹托对当代艺术“一切皆可”的态度，实际上是一种悖论。“一切皆可”亦即“一切皆不可”，直至哲学彻底剥夺艺术，艺术创造力面临消亡。[⑥]当今艺术的鱼龙混杂，似乎已经印证了这一后果。正是在这样的语境之下，希基提出“美的回归”才具备某种救赎意义上的价值。正如大卫·卡里尔（David Carrier）所

---

① 丹托:《美的滥用》, 第 12—13 页。

② Tom McDonough, Review: *The Invisible Dragon: Four Essays on Beauty by Dave Hickey*, *Art Journal*, Vol. 55, No. 3 (Autumn, 1996), p.98.

③ Arthur C. Danto, *Kalliphobia in Contemporary Art*, p.33.

④ Alexander Nehamas, *Review: The Return of the Beautiful: Morailty, Pleasure, and the Value of Uncertainty*, in *The Journal of Aesthetics and Art Criticism*, Vol. 58, No. 4 (Autumn, 2000), p.397.

⑤ 丹托:《美的滥用》, 第 12 页。

⑥ 沈语冰:《二十世纪艺术批评》, 杭州: 中国美术学院出版社, 2003, 第292—301页。

言：“今天，当讨论美的中心学院审美体制已经寥寥无几的时候，当更加屈指可数的艺术史家愿意将他们的专业知识严肃地用在当下艺术的时候，希基打开了一个重要问题的讨论……（通过希基的比较）或许后现代主义已经重新发现了美丽图像中固有的修辞力量。”① 当然，“美”天然的感性特质与希基同样感性的论述，使论证“美的回归”成为一个任重道远的难题。而我们所能期待的，或许就是“美的回归”为后现代艺术带来的更多可能性与意外惊喜。

图录：

图 1：卡拉瓦乔：《玫瑰经圣母像》，布上油画，1607，364.5×249.5 cm，维也纳：艺术史博物馆。

① David Carrier, Review: *The Invisible Dragon: Four Essays on Beauty by Dave Hickey*, *The Burlington Mazine*, Vol. 136, No. 1091, p.127.

图 2: 马克斯 · 恩斯特:《家中的天使》(*L'Ange du Foyeur*),
布上油画, 1937, 114 × 146 cm, 私人收藏。

图 3: 杜尚:《*L.H.O.O.Q*》, 纸上铅笔画、现成品,
12.4 × 19.7 cm, 1919, 费城: 费城美术馆。

图 4: 达米安 · 赫斯特:《一千年》, 装置 · 综合材料,
213 × 427 × 213 cm, 1990, 伦敦: 萨奇美术馆。

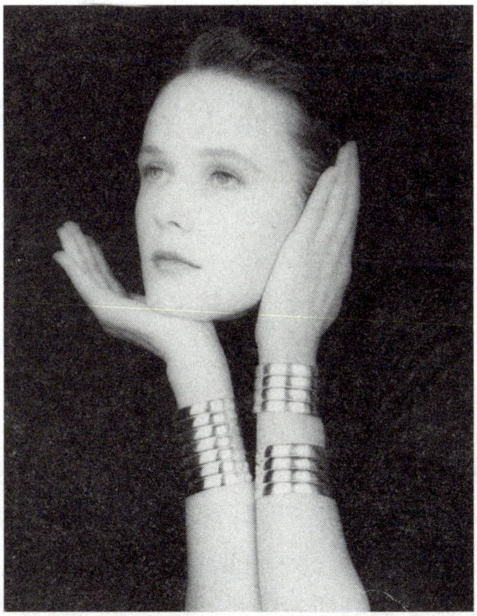

图 5：罗伯特·梅普尔索普：《露西·菲丽》(*Lucy Ferry*)，
摄影，1986，58.7×48.6 cm，洛杉矶：盖蒂美术馆。

图 6：罗伯特·马瑟韦尔：《西班牙共和国的挽歌》，布上油画，
约 2.4×3.5 m，1971，纽约：古根海姆美术馆。

（作者单位：浙江大学美学与批评理论研究所）

学术编辑：高砚平

阅读与交流

实用主义、身体美学与中国文化的对话

——访舒斯特曼教授

姚文放　[美] 理查德·舒斯特曼
高砚平　翻译整理

2017 年 5 月 19 日，“实用主义美学与儒家美学的对话”国际高层论坛在扬州大学如期举行，当时正在复旦大学讲学的美国著名实用主义哲学家、美学家理查德·舒斯特曼受邀与会。翌日，扬州大学文学院教授姚文放约请舒斯特曼进行了一场关于实用主义、身体美学与中国文化的讨论。

美国实用主义在中国

姚文放（以下简称姚）：实用主义进入中国已近百年，经历了漫长而曲折的过程。杜威 1919 年至 1921 年间来中国讲学，在三四十年代，杜威的实用主义在中国影响很大，但是 1949 年之后，这种影响消退了。1960 年，傅统先先生翻译了杜威的《经验与自然》，当时只是供学术界批判作参考之用。这是杜威一部非常重要的著作。五六十年代还翻译和重印过杜威的一些著作，而他最重要的文论、美学著作《艺术即经验》，则直到 2005 年才由高建平译出。到了 80 年代末 90 年代初，罗蒂的《哲学与自然之镜》《后哲学文化》被译成中文。接下来，2002 年您来中国讲学，彭锋翻译了您的几本著作，我们也开始接触到身体美学。这是我们了解美国实用主义三代哲学家的一个过程。但这三代人之间其实有一些不同。可能在一些文章和一些场合，您已经介绍过。但作为一个中国学者，还是想听您介绍这三代人的差异，以及实用主义如何走向身体美学。

舒斯特曼（以下简称舒）：思考杜威翻译为何在中国出现过一个

巨大的空白期，是一件很有意思的事。除了政治原因，从 20 世纪 50 年代到 90 年代早期，实用主义在美国本土也同样并不受欢迎，分析哲学风靡一时，杜威的哲学被认为是过时的。需要提一提罗蒂。罗蒂是一位非常成功的分析哲学家，正是他使得杜威重新回归到美国哲学的中心地带。分析哲学家们开始意识到杜威的著作是很有趣的，实用主义由此日趋重要起来。所以说，实用主义是经由分析哲学的回归，包括罗蒂，也包括普特南等人。普特南不做美学。分析哲学的介入过程也解释了三代实用主义家的不同。在杜威和詹姆斯这些经典实用主义家那里，经验的概念是至关重要的。而在分析哲学中，语言最重要，分析哲学与逻辑、语言联系在一起。罗蒂从属于此流派，认为哲学只应关注语言，而经验过于模糊、主观，以至很难成为哲学的主题。虽然他如此仰慕杜威，但他还是没法欣赏杜威对经验的强调。他认为经验概念于哲学是无用的，甚至是危险的，容易导向主观主义，而语言则是清晰的、逻辑的、可分析的，不像经验那样躲闪不定，难以经受分析。因此，他拒绝经典实用主义的经验概念。而在我这里，虽然我也是分析哲学出身，在牛津接受过分析哲学训练，但意识到我们既需要语言，也需要欣赏语言之外的意义，对我来说，经验概念是有意义的。所以，你可以发现这三个阶段：注重经验；因为语言而拒斥经验；同时建立在语言和经验之上的哲学。此外，杜威和詹姆斯的哲学中有身体这一概念，而在罗蒂那里是没有身体概念的。当然在我这一代，还是有人跟从罗蒂的道路，不去处理经验问题，主张哲学家的工作是解释意义如何发生、信念如何证实。这是分析派的、认识论的、逻辑的实用主义。另一位哲学家 B. 布兰顿（Robert Brandom）继承了这种分析哲学，通过语言来处理意义和论证问题，他对美学并无兴趣。我的实用主义则主要是一种生活哲学（living philosophy）以及其他。我认为，哲学是一种生活之道，对美学而言，经验的、质性的（qualitative）维度非常重要，而不只是命题的论证。罗蒂是两面的，既有侧重逻辑的、分析的一面，也有文化的一面。我的重点更多是在文化这一面。

姚：其实杜威的经验主义很适合中国人。中国哲学讲“善”，讲究经世致用，讲究对实际生活的价值和作用，中国哲学是植根于大地、植根于生活的，不崇尚语言的繁琐分析。这也是为什么杜威与孔子相像的原因。有这样一个观点，认为杜威是美国的孔子。为什么近一二十年杜威会在中国重新热起来？我认为，原因在于，杜威的实用主义美学打通了哲学与日常生活，打通了各个领域之间的经验的联系，这与当今全球化、商品社会、大众媒体时代的日常生活审美化趋势相互吻合。

舒：在中国，杜威曾被视为“赛先生”吧？在美国，他是哲学家，也是教育家。他在芝加哥大学期间创办了小学，有一套自己的教育理论。您是对的。经典实用主义拥有实践维度，这跟儒家很接近，但杜威也有自己的形而上学，只是他对语言分析不甚感兴趣。

姚：孔子也是教育家，孔子也有自己的形而上学。

舒：经典实用主义尤其是杜威，持有连续性原则，认为人世经营与科学之间，日常生活美学与艺术之间，知识与行动之间，思想与感受之间，皆具连续性，而非传统哲学的二分。您说得对，在一个更具内在联结的世界中，在电信网络的时代，我们需要的是某种联结的而不是分割的思想，是某种能够帮助我们意识到这种内在联结性的哲学。

姚：在这个意义上，杜威比分析哲学更具有现代性乃至后现代性。

舒：实用主义不是经院哲学，而是与广阔的生活相联结的，它更大。

姚：它是打通的，而不是相互分割、相互分裂的。

舒：实用主义在本质上是开放的，向新事物开放。它不是封闭的领域。它不只关心意义、真理、论证，而且向各种各样的新主题开放。杜威认为，哲学应该关心人的问题，而不仅是具体的学术上的问题。

姚：正因如此，在中国学界，杜威的影响比分析哲学要大。

美国实用主义哲学现状

姚：实用主义哲学目前在美国的发展现状如何？

舒：正如前面提到的，当下的实用主义，既有分析哲学派的实用主义，注重语言和论证，这包括R. 布兰顿、罗蒂、普特南、戴维森等人，也有更具身化的、文化的实用主义，包括我自己和M. 约翰逊（Mark Johnson）——他更多地将身体与认知科学相联系，不太关注当代艺术。身体美学还试图与艺术家合作，这是另一种“做”的方式，这与中国士大夫接近，不仅撰写理论，而且也做艺术。我的一本新书《金衣人历险记》(*The Adventures of The Man in Gdd*)是对我自己的一次行为艺术表演过程的记录，也是一部小说。此外，在实用主义一派中，总不乏追随杜威的人，即使杜威在美国并不显赫的时候，也总有一群人亦步亦趋。这些学者在哲学上或许并不享有盛誉，但他们一直很活跃，做了很多资料整理的工作，不是很有原创性。他们尊奉杜威如同中国人从前尊孔，视杜威学说为圣经。但实用主义的精神却是要求变化呢。

姚：已如前述，美国实用主义已经历了三代人，能否对实用主义作一个简明的界定，实用主义的共性是什么？

舒：实用主义的共性就是注重实践和行动。即使其中做语言哲学的，也关注意义如何从行动中获得，如何通过语言的使用论证句子、命题和阐释。正如维特根斯坦所言，语言来自使用，来自论证、信念。“实用主义”(pragmatism)这个词来自希腊语 pragma，原义是行动。但我也强调感受的维度，这是经典实用主义和我的共识，颇似中国哲学所说的“心”。

姚：昨天，咱们在会上提到“实用主义”这个中文翻译不能让人满意，您怎么看？

舒：在任何一种语言中，pragmatism 都是成问题的，即使在英语中，也极让人与功利主义(utilitarianism)相联系。

姚：“实用”确实很容易让人联想到功利、实利的意思。是不是可以考虑改译成“实践”“践行”或者“履践”呢？看来必须为以往人们已经用惯了的“实用主义”一说正名，给出正确的名分。中国人讲究“正名”，“名不正则言不顺，言不顺则事不成”，这是孔子说的，直至宋明理学都十分讲究“名分大义”。因此，如果能够给以往所说的“实用主义”一个正确的概念或说法，无疑将有利于对它的研究和使用。

舒：我们应该试一试。

实用主义与文学理论

姚：据我所知罗蒂也做文学理论。

舒：的确。罗蒂关心的唯一一门艺术就是文学，他从不谈论其他艺术。他的父亲是位诗人，家里是没有电视机的，他不看电视。他在自己的文学理论中提出，阐释可以重造文学。这一点我在《实用主义美学》中提到过。

姚：我也认为如此。阐释和批评是重造文学、生产文学，其生产性并不亚于创作本身。比如《红楼梦》，有诸多阐释。红学各家各派各有观点，创造和造就了各不相同的《红楼梦》。西方人说，有一千个观众就有一千个哈姆雷特。

舒：罗蒂的另一个理论是，哲学家和诗人之间具有某种连续性。罗蒂认为，文化的创造和发展是通过新的语汇。在这个意义上，诗人有时甚至比哲学家还重要。但好的哲学家也像诗人那样创造新语汇。人们借助这些新语汇来生活。他认为，人是通过语言来生活的。不过，我的观点是，我们也通过其他东西来生活。

姚：我下面将要做的一个题目是，"作为艺术生产的文学批评研究"或"生产性文学批评研究"。

舒：对此，我的观点倾向于多元。一些批评是创造性的，另一些则试图阐明文本原义。我同意创造性维度，但不同的批评拥有不同的目标。实际上我自己有一本书,《文学批评的对象与实践》(*The Object of Literary Criticism*)(王耘译，复旦大学出版社即出——编者注)谈的就是这个问题。它在 2009 年翻译成法文。所以说，我进入美学的起点是文学批评。我的第二本著作是关于艾略特的，名为《艾略特和批评的哲学》。《实用主义美学》是第三本。

姚：是什么导致您这样的转变?

舒：其实这与我从分析哲学到实用主义哲学的转变是相并行的。我早期的文学理论是分析哲学的。转变的原因在于实用主义是更为开放，更为具身化的，可以包纳舞蹈、艺术、身体，等等。正是"身体"把我带入了实用主义哲学。

身体美学与中国哲学

姚：您的身体美学是建立在对鲍姆嘉通美学的挑战之上的。鲍姆嘉通美学是理性主义的，尽管他强调感性，但实则贬低感性。

舒：是的。但鲍姆嘉通是有用的，至少他认识到美学不应囿于艺术，而是指向知觉。而且，他认识到美学具有实践的价值，人们可以通过提高知觉能力来改善生活，他也提到了实践性的练习，比如通过练习提高想象力，通过诗歌、智力游戏提高感知力。但他的错误在于，他贬低了感觉，并且没有意识到身体是重要的。他所说的练习并不涉及身体。他认为感性知觉并非来自身体，只是器官从属于身体而已。

姚：我对鲍姆嘉通有这么几个看法。一，他是在认识论上做美学；二，他是排斥感性的；三，他所说的感性只是感性认识。其实所谓“感性”包括感性认识和感性生活两个方面，前者包括感觉、知觉、表象、联想、想象，后者包括欲望、愿望、追求、幻想、冲动、性，在鲍姆嘉通这里，后者是缺席的。

舒：对，在鲍姆嘉通的美学中，身体也是缺席的。这来自德国理性主义传统。在那里，唯一的价值是知识与认知。

姚：所以，在这一问题上，我们的观点是重合的。我认为，第一，美学不应只是认识论的，而应该将实践论、价值论、功能论等接纳进来，当然，还有体用论、知行论、身心论。第二，美学不应排斥感性。第三，美学不应只谈感性认识而回避感性生活。鲍姆嘉通的感性学是关于怎样提高感性认知，而不是怎样丰富感性生活的。

舒：所以身体美学正好填补了鲍姆嘉通美学的一个空白。身体美学来自实用主义的传统。鲍姆嘉通认识到感觉给予知识，介入知识。他并不拒绝感性，只是把感性看得比较低，就像所有德国理性主义传统的哲学家那样。他没有意识到身体对感觉是非常重要的。在他这里，提升感性并不包括提升身体经验。

姚：身体美学与中国哲学的身心论之间有着非常密切的联系，有着惊人的相似之处，昨天会上多个学者已经提及。中国哲学和美学博大精深。3000 年以来，涌现了很多派别，包括儒、道、佛、玄、禅、理、心等大的派别。而这七个派别当中，又各有若干分支。所谓“儒分为八，墨离为三”。道家又生出道教，禅宗也有不同分支，宋明理学也同样如此。身体美学从中可借鉴的东西是特别丰富的。舒斯特曼先生，我很想知道，您目前对中国哲学、中国文化与身体美学的研究有什么新的进展？

舒：我在 2001 年之前，并未读过任何中国哲学。我开始读，是因为彭锋让我为《实用主义美学》以及《哲学实践》的中译本写序。我总是为自己的书写序，因为我认为书是一个工具，必须将其语境化，以便这个国家的人阅读。渐渐地，我开始接触中国哲学。但问题是，很多中国哲学著作并未翻译成英语，包括一些古代哲学。我不能阅读中文，所以很受限制。我最近又发现，为了理解中国文化，除了哲学，你还得熟悉书法、水墨画等。因为艺术家有更好的做身体美学的方式，他们通过书法、水墨画来修身；有更多的“身体”在其中。比如，用“体”指示风格，用身体的语汇“筋”“肉”“骨”描述书法，或为书画而准备你的身体状态，像庄子的“解衣盘礴”。中国文人用各种感官享受生活，比如香道、音乐等。在这些传统中，有很多身体美学的资源。我当时开始研究它，是因为潘公凯邀请我参加一次会议，为此我写了一篇《水墨画中的身体美学：修身与风格》，后来发表在《诗书画》上。我由此意识到，为了理解中国古代身体美学，仅仅学习中国古代哲学是不够的。

姚：希望您更多地了解中国哲学和文化，从而为我们研究中国古代身体美学提供有益的借鉴，这同样也有利于身体美学的发展。比如说，宋明理学是非常丰富的，我自己研究过的以王艮为首的泰州学派只是其中一支。

舒：是的，不过这也有赖于中国典籍的英译工作。在西方，老子的译本可能有无数个，王艮和泰州学派却一个都没有。又比如嵇康，复旦大学有位学生研究他的身体美学。嵇康的著作中，仅仅《声无哀乐论》翻译成了英文，其余的都只是一些断片。因此，就这一方面，中国学者还大有可为。

（作者单位：扬州大学文学院
美国佛罗里达亚特兰大大学
译者单位：中国社会科学院文学研究所）

学术编辑：何兰芳

身体、艺术与伦理

——匈牙利塞格德身体美学国际会议综述

高砚平

2017年6月26日，由塞格德大学哲学系、匈牙利哲学协会和塞格德哲学基金会联办的身体美学国际会议“身体：作为美学、伦理学和政治的核心”（The Soma as the Core of Aesthetics，Ethics and Politics），在匈牙利塞格德大学（University of Szeged）举行，为期三天。来自美国、加拿大、中国、意大利、罗马尼亚、芬兰、瑞士、土耳其、埃及、印度、日本以及匈牙利等12国的近三十位学者参与了发言和讨论。与会学者就身体美学及其伦理向度的理论争论与建构，艺术诸门类的具身化问题及伦理、政治蕴含，文化研究中的具身化视角等主题展开了严肃的探索与热烈的争鸣，尤其是对身体与伦理之间的理论张力与实践例证，作出了富有成效的探讨。此次会议也为身体美学的自我检审提供了良好的契机，为身体美学认识自身之优势、限度与前景提供了种种线索。

论及会议的源起和目标，召集人塞格德大学哲学系教授、《今日实用主义》（*Pragmatism Today*）主编 Alexander Kremer 谈道，由于历史原因，德国哲学美学研究一直是统治匈牙利美学研究的主流，但近年来美国实用主义哲学及身体美学的接受呈上升趋势。Kremer 本人早年研究德国阐释学，后转向新实用主义研究，他以为，实用主义和身体美学确可提供对待经验的别样的、更富成效的方式，且有利于建立一个更为民主的社会。为此，匈牙利哲学学会曾于2014年举办“审美经验与身体美学”会议，此次会议则可视为其延续与拓展，试图将对话空间从美学延伸到与伦理、政治交叠的领域。参与会议的既有实用主义、哲学现象学、德国解释学研究领域的哲学学者，又有从事艺术研究的艺术史家，更有经验丰富的艺术实践者，包括画家、歌者、舞者、设计师、瑜珈师等。以智性活动见长的理论家与更富身体经验的实践者共聚一堂寻幽探胜，此场景颇具实用主义哲学的某种意味。

一、身体美学之伦理向度的理论探究

作为会议的主题发言人，美国实用主义哲学家、佛罗里达亚特兰大大学教授理查德·舒斯特曼（Richard Shusterman）在题为《伦理与美学，身体美学与生活艺术》的演讲中指出，伦理和美学往往被视为彼此不同的、对峙的价值领域。如何缓和这两者之间的理论张力？首先，他通过对伦理和美学概念的复杂性的谱系学分析指出，在西方古典美学史和古代亚洲理论中，两者实际上不时交叠。其次，他也阐明，在实用主义和生活具身化的艺术——身体美学中，这两个概念又是如何相互交集的。那么，身体美学在何种意义上可以是一种伦理学？针对此，舒斯特曼著作的匈牙利译者 Alexander Kremer 以《作为伦理学的身体美学？》为题旨，指出伦理向度并非身体美学的必然推论，但身体美学为此提供了可能性。他认为，一方面，舒斯特曼倡导审美的自我创造、人生的艺术化和自我的风格化，具有一定的精英审美色彩；但另一方面，舒斯特曼关注大众文化，强调身体意识的普遍性，又显得民主。他认为后者为身体美学提供了通向伦理王国的可能道路。

身体转向是 20 世纪哲学研究的重要转向之一。作为对意识哲学与理性主义进行批判的结果，现象学传统的身体话语同样具有非同寻常的意义。美国圣母大学 Dimitris Apostolopoulous 的《审美的反思：重审梅洛-庞蒂与身体美学》，将梅洛-庞蒂现象学置于身体美学框架的考察之下，认为梅洛-庞蒂的美学中亦有身体美学所强调的反思的、行动的维度，尽管较为迂回。而在布达佩斯 Eötvös Loránd 大学的 Kristóf Zámbó 看来，身体是梅洛-庞蒂的弟子瓦尔登菲尔茨（Bernhard Waldenfels）反应现象学的一个重要概念。他在题为《激情的身体：身体经验的现象学和身体美学》的发言中论道，瓦尔登菲尔茨通过强调经验中的情感方面，批评胡塞尔传统中的经验自我建构（egologic）模式，并在激情与反应的概念中指涉身体底基，强调身体的核心作用，其强调程度堪与舒斯特曼的身体美学相并论。Zámbó

进一步承认瓦尔登菲尔茨的激情概念并非与行动相隔绝，正如胡塞尔哲学中也并不缺乏指向行动的部分。

瑞士圣瑞盖大学的 Thomas Telios 介绍了法国学者、德里达弟子 C. 梅尔堡（Catherin Malbou）的身体"塑造性"（plasticity）理论，提出主体是主体化过程的交叉场域，主体的身体则是这些过程交叠和相遇的结点，Telios 又试图从身体角度论证主体是一种集体事件。尽管与会学者认为梅尔堡的理论颇成问题，但从中也可一窥当下法国学界对身体研究的现状。此外，德国理论并未在此会议中消隐不见，来自罗马尼亚的 Silvia Giurgiu 和匈牙利的 Éva Podlovics 分别从茵加登的阅读理论和海德格尔的"他人"理论中汲取解释学和伦理学的思想资源，以期批评性地建设和丰富身体理论话语。

二、艺术的身体美学

从身体美学的角度探讨舞蹈、雕塑、流行音乐、陶艺、人声艺术等，展现出身体美学对各门类艺术的阐释力。匈牙利杰尔的赛切尼·伊斯特万大学 Nóra Horváth 的《"跨越界限的游戏"：P. 弗勒纳克（Pal Frenak）的舞蹈哲学》，以现驻巴黎的匈牙利舞蹈家、编舞家弗勒纳克的舞蹈艺术为例，探讨了舞蹈这一"身体艺术的典范"。弗勒纳克出生于聋哑家庭，父母皆不能语，依赖手势符号生活的经验为他走向舞蹈人生提供了历史的因由。Horváth 指出，弗勒纳克以人的裸体为媒介试图跨越身体界限的舞蹈艺术，实则是以自我认识为目的的人生哲学。她认为，这种以身体为工具并致力于身体的自我发现和知觉之精微化的人生美学，实与舒斯特曼的生活哲学意气相投。就在会议前几天，在会议组织者的安排之下，部分与会学者在匈牙利"舞蹈之都"杰尔观赏过弗勒纳克编导的《挣扎》（*Lutte*），对其舞蹈语言中强烈的具身化倾向深有感会。

匈牙利体育大学教授兼舞蹈疗愈师 Katalin Vermes 的《谁的身体？身体群体动力学的现象学》探讨了"精神动力运动和舞蹈疗愈"（psychodynamic movement and dance therapy）中自我和他人的关系性。实用主义身体美学与身体现象学认为，我们不是拥有身体，而是生活在身体的有意义的生活之中，"我们即身体"，同时自我又是由主体间化进程或实用主义意义上的交互过程所塑造。传统的身体训练（如亚里山大功、费德克拉斯、瑜珈或太极）注重的是自我审视和自我提升，并未顾及自我与他人之间的关系，“精神动力运动和舞蹈疗愈”则是一个在群体中通过共同的节奏而舞动的疗愈运动，兼顾了个体性和关系性，在此运动中，个体身体的自我感知、运动与群体相交织，自我身体的自主性不再凸显，而与他人建立关系的伦理潜能则暗含其中。

芬兰声乐学者兼歌手 Anne Tarvainen 结合身体美学、人声研究和种族音乐学建构了自己的人声身体美学。从《人声的身体美学：一种民主地使用人声的方法》这篇发言可见，她并不关注人声作为音乐和语言的工具性价值，而是关注个体通过发声或聆听别人发声所引发的身体经验及其意识上的自我认同过程，将研究从“是否好听”或如何好听，转移到人声和发声的民主潜能。此时，人声不再致力于建构供耳朵愉悦的功能或引发审美判断的联想，而是直接指向个体生存的状态和权力。作为歌唱家、比约克研究者，Tarvainen 并不津津乐道于音乐艺术的唯美之道，而是转向对普通人的发声教育，并试图通过声音训练提升普通人的身体知觉能力，继而增加对生活的整体感知，这使得她的音乐教育具有充分的伦理色彩。与此议题相关联，博洛尼亚大学的 Stefano Marino 追随舒斯特曼的拉谱音乐研究，提出在流行音乐研究中身体之维不可缺失，活生生的有感觉的身体是流行音乐创造和欣赏的重要条件。他从阿多诺的流行音乐研究文本入手，指出阿多诺流行音乐研究中身体维度的缺席，同时试图援引身体美学而建构某种流行音乐理论，并对各种流行音乐中身体介入的不同程度和不同方式作出了具体的分析与描述，这使得他的理论构想更为可信与及物。

莫霍利·纳吉艺术和设计学院的艺术史家兼批评家 Attila Horanyi 通过对美国艺术家波洛克、匈牙利概念艺术家 Antal Lakner 和英国陶艺家 Edmund de Waal 的分析，探索了艺术史中触觉诗学或隐或显的存在样态，提供了身体美学介入艺术史的可能路径。中国社会科学院高砚平结合温克尔曼的艺术史和艺术批评精心构建温克尔曼的身体美学。她认为，作为曾经的医学学生和热烈的同性恋者，温克尔曼的身体经验和身体意识极大程度地渗入自身的生活和艺术事业，当他面对雕像，自身丰富的想象性触觉不可避免地介入观看活动，并潜在地将“可触性”充当判断的标准，进而影响了他的观看之道、美学和艺术史构造。

三、文化研究的具身化视角

匈牙利体育大学的 Botond Csuka 在题为《竞技体育的美学：身体美学和运动美学》的发言中指出，自 20 世纪下半叶以来，旨在描述、分析和批评运动经验的运动美学成为哲学研究的丰饶领地，向理论阐释发出了难以抗拒的邀约。他回顾了体育美学的历史，对建立在“审美态度”或狭隘的审美概念基础上的运动观作出了批评。他注意到运动美学的新路径，集中关注戏剧性、力量、“烈性存在”（intensified presence）这些概念。最后他转向日常生活美学和舒斯特曼的身体美学、“戏剧化”概念，并指出身体美学是把握体育美学最富希望的方法。

从事文化研究的匈牙利学者 Robert Smid 以《数字的身体技术：一些赋予秩序和互动的新实践》，论及数字科技的涉身性问题。涉身性技术（Körpertechniken）是当下媒介理论、文化研究和哲学共同关心的话题，一些理论家认为数字科技在某种程度上压抑了身体的经验和可及性（譬如，以为“后人类”等同于去涉身化），但与此同时，当代数字装备已经使得一些涉身性技术成为可能，且当下的数字认识论领域实际上正在扩大身体实践。Robert Smid 提到多位回应此类情形的哲学家，比如 Erhard Schüttpelz 的理论。与会学者也对与数字技术相关的后人类与跨人类思潮展开了较为热烈的讨论。就此话题，一些与会学者也回应道，身体美学的理念实已运用到当代设计之中（比如瑞典宜家）。

印度科技大学的 Swathi Elizabeth Kurian 博士是艾扬格瑜珈的修炼者。她在题为《〈少林 36 房〉中作为身体美学双关语的“圣人”》的发言中，通过对香港影片《少林 36 房》的分析，对中国功夫与印度瑜珈作出跨文化的比较研究，指出通过身体训练达至精神启蒙的可能性，以及身体智能如何有效地助力于伦理和政治的回应。此外，埃及开罗大学的 Mattew Crippen 论及缅甸泼水节，指出通过较强烈、非日常的身体运动，泼水节具有摆脱宗教和政治压抑的功能。塞格德大学的 Gergely Tari 则就神经化学（药物）介入身体反应的伦理问题进行了探讨。

由是观之，身体经验为理论提供了繁多的灵感刺激和智性挑战，现实的多样性、变动性诱使身体美学考察自身的疆域与可能性。身体理论为那些具有身体经验的实践者打开了自我认识和经验反思的理论空间，同时实践者更为理论研究提供了审慎的检验及思想的质料，对身体理论话语的精微化与“及物”不无裨益。经验内含的微妙、幽微与复杂，何尝不是理论话语所企望的品质？由此看来，在与现实、与经验的相互摩荡中产生出具有实践意义的、质性的、及物的美学话语，非但是身体美学的本质要求，也应是一般意义上的美学研究的内在诉求，或至少是其中之一。

（作者单位：中国社会科学院文学研究所）

学术编辑：何兰芳

《外国美学》征稿启事

《外国美学》集刊自创刊至今已经有三十多年的历史。1983年，朱光潜先生在为《外国美学》集刊创刊所写的贺词中写道：“今天已不再是闭关自守的时代，坐井观天者就难免诬天渺小。……在汝信同志的领导之下办好这个《外国美学》专刊，我相信它既有助于提高美学著作的质量，同时也有助于培养出一批杰出的美学方面的科学家。”几十年来，《外国美学》没有辜负朱光潜先生的期望，在培育人才、积聚研究力量、推动中国美学的发展方面，做了很多工作，刊出了一批好文章，形成了自己的传统。

研究外国美学，借鉴外国美学，与国际美学界对话，发展中国美学，这是中国美学家们的共同心愿，也是我们这个集刊的宗旨。近年来，中国美学界与国际美学界的对话和交流有了长足的发展。一些重要的国际美学会议在中国召开，中国学者参与国际美学活动的意愿和能力也有了很大的提高。外国美学研究的一些新的成果，也陆续被介绍到国内。美学这个学科正在重新受到全社会的普遍关注，对人的全面发展起着越来越重要的作用。

《外国美学》将继续保持这个集刊已经形成的坚持马克思主义指导、学风严谨、信息量大、覆盖面广的传统，努力做到古典美学和当代美学并重，中国学者的研究性论文与外国美学重要论文的翻译并重，专论与研究信息介绍并重，哲学美学与各门类艺术美学并重，使集刊的学术质量有进一步的提高。

本集刊将邀请当代世界最重要的美学家、国际美学协会的主要负责人，以及国内对外国美学有专门研究的学者担任编委，形成一个中外结合的编委会，同时，充分发挥编委会的作用，将《外国美学》办成一个高质量的介绍和研究国外美学的重要平台。

《外国美学》在中华美学学会的指导下，由中国社会科学院文学研究所部分科研人员与扬州大学文学院合作编辑，在江苏教育出版社出版。《外国美学》敬请各位专家赐稿。稿件范围包括国内学者首次发表的有关国外古代和现当代美学的研究论文、研究动态，国外学者首次发表的论文及经典性论文或重要论著选段的译作（请自行解决版权）。

论文请附 200 字左右的内容提要和 3—5 个关键词，文章标题需要译成英文。来稿格式务必符合国家统一标准，注释一般采用脚注，每页重新编号，以①②③……顺序自动编排；特殊稿件，可采用尾注。来稿作者请在文末注明真实姓名、学历、职称、工作单位、联系方式等。若系译稿，请附原文。来稿请注明“《外国美学》稿件”。

电邮地址：waiguomeixue@aliyun.com
waiguomeixue@hotmail.com